“十二五”职业教育国家规划教材
经全国职业教育教材审定委员会审定

空气调节技术与应用

主　编　赵继洪
副主编　马　庆　曲成才
参　编　康景献　刘瑞新　曲雪冬
主　审　刘彦明

本书是经全国职业教育教材审定委员会审定的“十二五”职业教育国家规划教材，是根据教育部于2014年公布的《中等职业学校制冷和空调设备运行与维修专业教学标准，同时参考相关职业资格标准》编写的。本书内容包括湿空气的焓湿图及应用、中央空调系统冷湿负荷和送风量估算、空气的热湿设备及处理方法、空气的净化处理设备及处理方法、典型的中央空调系统、空调风系统及设备、空调水系统及设备七个单元。每个单元设计了相应的应用实例。

本书既可作为中等职业学校制冷和空调设备运行与维修专业的教学用书，也可作为工程技术人员自学和培训用书，还可供从事空调运行与管理的人员参考。

本书配有相关教学资源，选择本书作为教材的教师可来电（010-88379193）索取，或登录机械工业出版社教材服务网（www.cmpedu.com），注册后免费下载。

图书在版编目(CIP)数据

空气调节技术与应用/赵继洪主编．—北京：机械工业出版社，2015.7（2023.2重印）
“十二五”职业教育国家规划教材
ISBN 978-7-111-51006-2

Ⅰ.①空… Ⅱ.①赵… Ⅲ.①空气调节—中等专业学校—教材 Ⅳ.①TU831

中国版本图书馆CIP数据核字（2015）第174736号

机械工业出版社（北京市百万庄大街22号 邮政编码100037）
策划编辑：汪光灿 责任编辑：汪光灿 张丹丹
版式设计：霍永明 责任校对：张玉琴
封面设计：张 静 责任印制：刘 媛
涿州市般润文化传播有限公司印刷
2023年2月第1版第4次印刷
184mm×260mm·11.5印张·278千字
标准书号：ISBN 978-7-111-51006-2
定价：36.00元

电话服务 网络服务
客服电话：010-88361066 机 工 官 网：www.cmpbook.com
010-88379833 机 工 官 博：weibo.com/cmp1952
010-68326294 金 书 网：www.golden-book.com
封底无防伪标均为盗版 机工教育服务网：www.cmpedu.com

前言

本书是根据教育部《关于中等职业教育专业技能课教材选题立项的函》（教职成司函［2012］95号），由全国机械职业教育教学指导委员会和机械工业出版社联合组织编写的“十二五”职业教育国家规划教材，是根据教育部于2014年公布的《中等职业学校制冷和空调设备运行与维修专业教学标准》，同时参考相关职业资格标准编写的。

本书具有以下特色：

1. 按照校企合作要求编写。内容紧密结合工作岗位，体现与职业岗位的对接。

2. 选取的案例贴近生产生活实际。

3. 将创新理念贯彻到内容选取、教材体例。

4. 突出能力方面的培养，在保证理论够用的基础上侧重应用，培养学生适应职业变化的能力，使学生初步具备严谨的思维能力和分析问题的能力。在每一单元教学内容前有内容构架和学习引导，教学内容之后有一定量的习题，每一节的学习内容按照相关知识、典型实例展开，方便实用。

本书建议学时为68学时，具体学时分配建议见下表。

单　元	建议学时	单　元	建议学时	单　元	建议学时
绪论	2	第三单元	10	第六单元	6
第一单元	10	第四单元	4	第七单元	10
第二单元	8	第五单元	18		
合计	68				

本书由北京市电气工程学校赵继洪任主编并负责全书的统稿，由河南省鹤壁市机电信息工程学校马庆和山东省日照市机电工程学校曲成才任副主编，由潍坊商业学校刘彦明主审。其中，绪论、第一单元和第五单元由赵继洪编写，第二单元由曲成才编写，第三单元和第四单元由马庆编写，第六单元、第七单元由河南省鹤壁市机电信息工程学校康景献编写。此外，山东省日照市机电工程学校刘瑞新、北京市电气工程学校曲雪冬也参与了部分内容的编写。

本书经全国职业教育教材审定委员会审定，评审专家对本书提出了宝贵建议，在此对他们表示衷心的感谢！在本书编写过程中，编者参阅了国内外出版社的有关教材和资料，在此一并表示感谢。

由于编者水平有限，书中错误与不足之处在所难免，恳请读者批评指正，也可通过E-mail联系我们：zhaojihong621201@sina.com。

编　者

目 录

前言
绪论 ········· 1
习题 ········· 5

单元一 湿空气的焓湿图及应用 ········· 6
课题一 湿空气的组成和性质 ········· 7
课题二 焓湿图与湿空气的变化过程 ········· 11
课题三 湿空气的湿球温度与露点温度 ········· 15
课题四 确定湿空气的混合状态 ········· 17
习题 ········· 20

单元二 中央空调系统冷湿负荷和送风量估算 ········· 22
课题一 室内外空气计算参数的确定 ········· 23
课题二 空调房间冷湿负荷的计算 ········· 29
课题三 空调房间送风量的计算 ········· 35
课题四 空调系统新风负荷和新风量的确定 ········· 38
习题 ········· 41

单元三 空气的热湿设备及处理方法 ········· 44
课题一 空气热湿处理途径及设备 ········· 45
课题二 空气的热处理设备 ········· 48
课题三 空气加湿和减湿设备 ········· 56
课题四 喷水室的结构及处理空气过程 ········· 67
习题 ········· 77

单元四 空气的净化处理设备及处理方法 ········· 80
课题一 空气的一般净化处理 ········· 81
课题二 空气的特殊净化处理 ········· 89
习题 ········· 94

单元五 典型的中央空调系统 ········· 96
课题一 空调系统的分类 ········· 97
课题二 普通集中式空调系统 ········· 101
课题三 风机盘管加独立新风系统 ········· 113

课题四 集中冷却的分散型机组系统 …… 122
习题 …… 125

单元六 空调风系统及设备 …… 127
课题一 空调房间的气流组织 …… 128
课题二 风道系统的结构组成 …… 134
课题三 风机的结构与选型 …… 140
习题 …… 142

单元七 空调水系统及设备 …… 144
课题一 空调水系统的典型形式 …… 145
课题二 水系统的管材与管件 …… 151
课题三 水泵结构与选择 …… 153
课题四 冷却塔的类型与选择 …… 157
习题 …… 163

附录 习题参考答案 …… 165

参考文献 …… 175

绪　论

内容构架

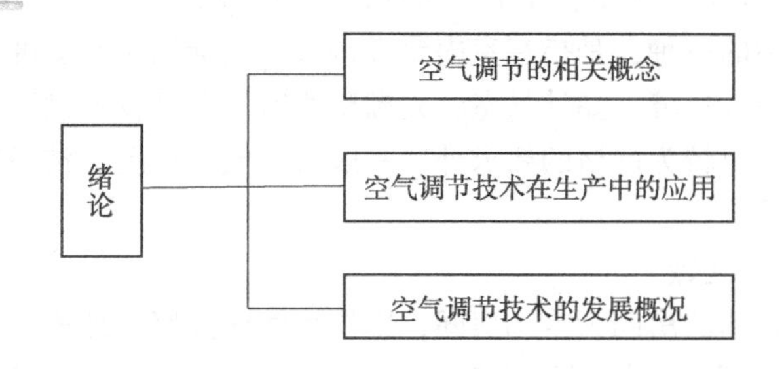

学习引导

目的与要求

- 了解空调技术的发展概况。
- 掌握空气调节的相关概念。
- 熟悉空气调节技术在生产中的应用。

重点与难点

- 学习难点：空调房间的室内温度、湿度基数和空调精度的关系及应用。
- 学习重点：空气调节的相关概念。

在长期的生产实践和生活过程中，为了有个舒适的工作和生活环境，人们希望在炎热的夏季能设法降温以保持舒适。温度对生产的影响很大，如材料的某些重要特性就与温度有关。因此，为了满足生产和生活的需要，人们在生产和实际生活中广泛使用空气调节技术。空调技术是为了满足人们健康及舒适度要求和生产工艺要求发展起来的一门技术。

相关知识

一、空气调节的相关概念

1. 空气调节

使室内空气温度、相对湿度、流动速度、压力、洁净度等参数达到给定要求的技术，称为空气调节，简称空调。空调具有制冷、制热、去湿、加湿、净化、消声六大功能。

2. 舒适性空调与工艺性空调

根据服务的对象不同，通常把空调分为舒适性空调和工艺性空调两大类。舒适性空调以室内人员为对象，着眼于营造满足人体卫生要求、使人感到舒适的室内空气环境，民用建筑和公用建筑的空调多属于舒适性空调。工艺性空调则主要以工艺过程为对象，着眼于营造满足工艺过程所要求的室内空气环境，同时尽量兼顾人体的卫生要求，工厂车间、仓库、计算机机房等的空调属于工艺性空调。

3. 洁净空调与恒温恒湿空调

工艺性空调根据要求不同可分为洁净空调和恒温恒湿空调。洁净空调是空调工程中的一种，它不仅对室内空气的温度、湿度、风速有一定的要求，而且对空气中的含尘粒数、细菌浓度等都有较高的要求，相应的技术称为空气洁净技术。根据需要对空气温度、湿度、洁净度、压力、噪声等参数都进行控制的密闭性较好的空间称为洁净室。洁净室的应用有医院里的手术室、移植病房、ICU，食品、光学、医药试验室，微电子系统和制药工业等。恒温恒湿空调也是空调工程中的一种，是指在室内要维持某一基准温度和湿度，而又允许温度和湿度有一定波动范围的空气环境，如计量室、光栅刻线室、精密仪器制造和装配车间等。恒温恒湿房间除了对温度提出较为严格的要求外，一般对空气的湿度、洁净度、设备的消声防振等也有一定程度的要求。

4. 空调房间与空调区域

一般称采取空调技术的房间为空调房间，空调房间内离墙、地面、顶棚一定距离的空调有效区域（一般恒温恒湿房间指离外墙0.5m，离地0.5~2m内为工作区）称为空调区域，检测空调房间内空气参数的检测点要设置在空调区域内。

5. 全室性空调与局部性空调

整个房间保持空气状态参数在给定范围内的空调方式称为全室性空调；仅使房间内局部区域的空气参数满足空调要求的空调方式称为局部性空调。

6. 空调房间的室内温度、湿度基数和空调精度

将室内的温度和相对湿度保持在一定的范围内，是空调最基本的任务。空调房间要求的最佳温度和最佳相对湿度，分别称为温度基数和相对湿度基数；空调房间允许的温度和相对湿度的波动值，称为空调精度。例如，夏季计算机机房的空调规定温度 $t=(23\pm2)$℃，相对湿度 $\phi=50\%\pm10\%$。这表明，夏季计算机机房的温度基数为23℃，相对湿度基数为50%，空调精度分别为±2℃和±10%。按照这一要求，夏季计算机机房的温度可在21~25℃范围内波动，而以23℃为最佳；相对湿度可在40%~60%的范围内波动，而以50%为最佳。舒适性空调对空调精度无严格的规定；工艺性空调对空调精度则有明确的规定。各类空调房间对温度、相对湿度基数及空调精度的要求，可在有关设计规范中查取。

7. 供暖或降温与通风

工程上，将只实现内部环境空气温度的调节技术称为供暖或降温，将只实现空气清洁度的处理和控制并保持有害物浓度在一定的卫生要求范围内的技术称为工业通风。实质上，供暖、降温及工业通风都是调节内部空气环境的技术手段，只是在调节的要求上及在调节空气环境参数的全面性方面与空气调节有别而已。可以说，空气调节是供暖和通风技术的发展。此外，空气调节须提供一定的热源和冷源，而热源和冷源可能来自人工或者自然。

二、空气调节技术在生产中的应用

空气调节对国民经济各部门的发展和对人民物质文化生活水平的提高具有重要意义。在工艺性空调中，为了保证产品的质量和必要的工作条件，形成了各具特点的行业空调部门，如以高精度恒温恒湿为特征的精密机械及仪器制造业。在这些工业生产过程中，为避免元器件由于温度的变化产生热胀冷缩以及由湿度过大引起表面锈蚀，对空气的温度和相对湿度有严格规定，如 $t=20℃\pm0.1℃$，$\phi=50\%\pm5\%$。对空气的洁净度有很高要求的电子工业，除对空气的温度和湿度有一定的要求外，还对室内空气的洁净度有严格要求。如超大规模集成电路的某些工艺过程，空气中悬浮粒子的控制粒径已降低到0.1μm，并规定1L空气中等于或大于0.1μm的粒子总数不超过一定的数量，如3.5粒、0.35粒等。在纺织、印刷等工业部门，对空气的相对湿度要求较高。如在合成纤维工业中，锦纶长丝的多数工艺过程要求相对湿度的控制精度在2%以上。此外，如胶片、光学仪器、造纸、橡胶、烟草等工业，也都有一定的温度、湿度控制要求。作为工业中常用的计量室、控制室及计算机机房，均要求有比较严格的空气调节。药品、食品工业以及生物实验室、医院病房及手术室等，不仅要求一定的空气温度和湿度，而且要求控制空气的含尘浓度及细菌数量。通信、飞机、轮船等均需采用空气调节，在公共及民用建筑中，空调的应用也到处可见。随着国民经济的发展和人民生活水平的提高，空调的应用将更加广泛。

三、空气调节技术的发展概况

空气调节技术是19世纪末20世纪初开始形成的，并随着工业发展和科学技术水平的提高日趋完善。

1. 国外空调技术的发展概况

19世纪后半叶，工程师可勒谋（Stuart W. Creamer）负责设计和安装了美国南部1/3纺织厂的空气调节系统。系统中，已开始采用集中处理空气的喷水室，安装了洁净空气的过滤设备等。空气调节的英文名称Air Conditioning就是他在1906年定名的。1901年，美国人开利（Willis H. Carrier）创建了第一所暖通空调方面的实验研究室，提出了好几个实践验证理论的计算方程式。1902年，他通过实验结果，设计和安装了彩色印刷厂的全年性空气调节系统。在1905年以前，他把喷嘴和挡水板装置在喷水室内，改善了温度、湿度控制的效果，使全年性空调系统能够满意地应用于200种以上不同类型的工厂。1911年12月，他得出了空气干球、湿球和露点的温度、湿度的关系，以及空气显热、潜热和焓之间关系的计算公式，绘制了湿空气的焓湿图。这是空气调节史上的一个重要里程碑，美国人称他为“空气调节之父”。图0-1所示为开利和他的第一台离心式制冷机。

1937年，开利发明了诱导器系统，在此后的20多年中，该系统风行于旅馆、医院、办公楼等公共建筑。在20世纪60年代，由于风机盘管的出现，消除了诱导器噪声大和不易调节等主要缺点，使空气—水系统更加具有生命力，直至今天在世界各国仍然盛行。全空气系统的进一步发展则是变风量的应用，它可以按负荷变化来改变送风量，起到节能的作用。因此，近20年来各国越来越多地采用变风量的全空气系统。

图 0-1　开利和他的第一台离心式制冷机

此外，20 世纪 20 年代末期还出现了整体式空调机组，如图 0-2 所示。它是将制冷机、通风机、空气处理装置等组合在一起的成套空调设备。80 多年来，空调机组发展迅速，现在通用的已有窗式、分体式和柜式等几类，如图 0-3 所示，并出现了利用制冷剂的逆向循环在冬季供热的热泵型机组。

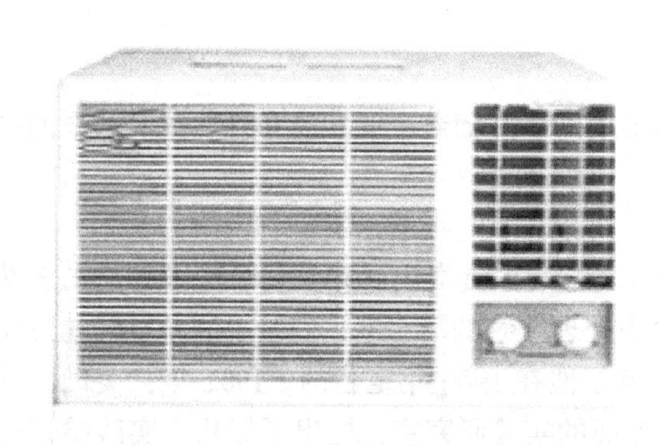

图 0-2　整体式空调机组

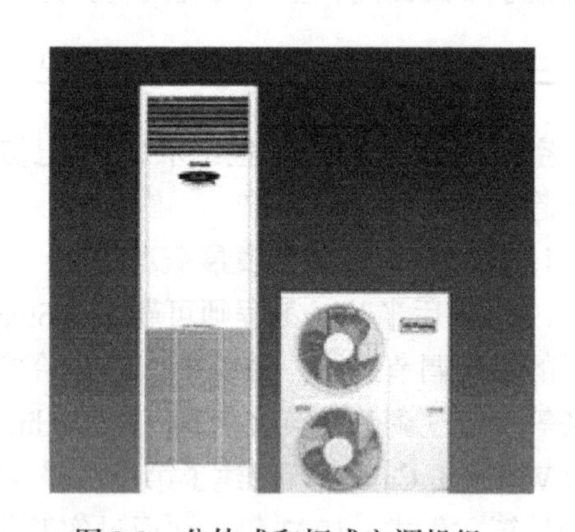

图 0-3　分体式和柜式空调机组

2. 我国空调技术的发展概况

在我国，工艺空调和舒适性空调几乎同时起步。1931 年，首先在上海纺织厂安装了带喷水室的空气调节系统，其冷源为深井水。随后，在一些电影院、银行和高层建筑的大旅馆也先后设置了空调系统。在当时，高层建筑中装有空调，上海是居亚洲之冠的。

20 世纪 50 年代，组合式空调机组广泛应用于纺织工业。1966 年，我国成功研制了第一台风机盘管机组，现在我们已能独立设计、制造和装配多种空调系统，一些专门生产空调设备的工厂，已能定型化、系列化生产各种空气处理设备和不同规格的空调机组，配用在空调系统上的测量和控制仪表以及控制机构的生产，也有了一定的基础。在全国范围内，从事暖通空调专业的设计、研究和施工队伍，已具有相当的规模，不少大、中专院校设有供热通风和空气调节专业，以培养专门人才。

习 题

一、填空题

1. 使室内空气温度、________、流动速度、________、洁净度等参数达到给定要求的技术，称为空气调节，简称________。

2. 根据需要对空气温度、湿度、________、压力、噪声等参数都进行______________的空间称为洁净室。

3. 恒温恒湿空调也是空调工程中的一种，是指在室内要维持某一________温度和湿度，而又允许温度和湿度有________________的空气环境。

4. 空气调节是________和________技术的发展。

二、判断题

1. 舒适性空调以室内人员为对象，着眼于营造满足人体卫生要求，使人感到舒适的室内空气环境。（ ）

2. 工艺性空调主要以工艺过程为对象，着眼于营造满足工艺过程所要求的室内空气环境，不用兼顾人体的卫生要求。（ ）

3. 整个房间保持空气状态参数在给定范围内的空调方式称局部性空调。（ ）

4. 空调房间允许的温度和相对湿度的波动值，称为空调精度。（ ）

三、简答题

1. 简述我国空调技术的发展。

2. 举例说明空气调节技术在生产中的应用。

单元一

湿空气的焓湿图及应用

内容构架

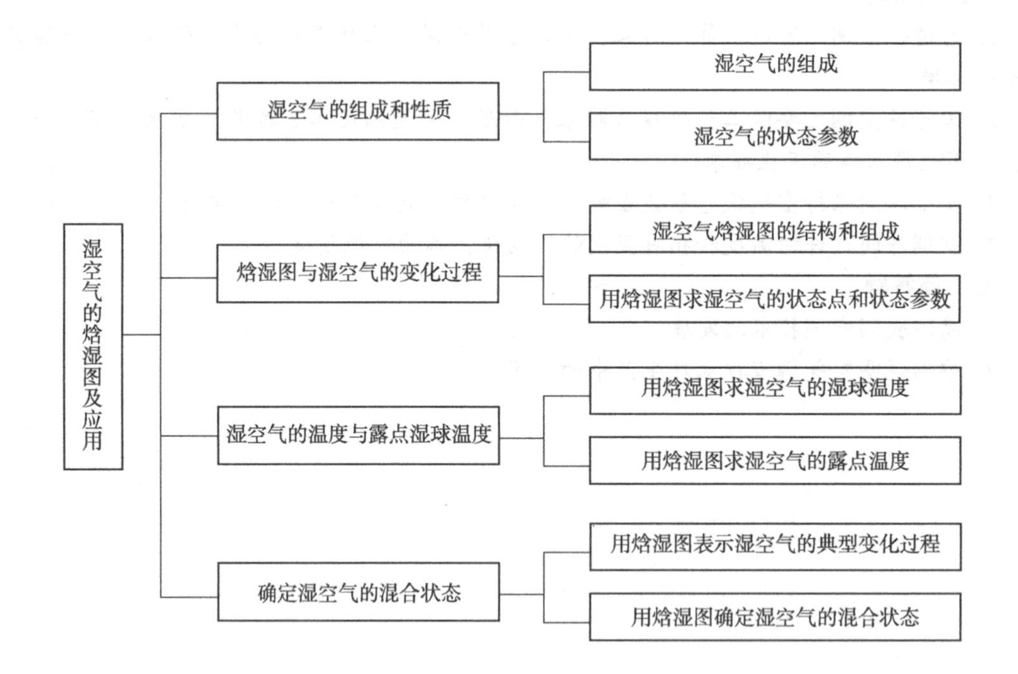

学习引导

目的与要求

➡ 知道湿空气的组成及状态参数，能根据湿空气的性质和状态参数解释生活中所遇到的现象。

➡ 能画湿空气焓湿图的结构简图，能利用焓湿图求湿空气状态点参数、湿球温度、露点温度、变化过程和混合状态。

重点与难点

➡ 学习难点：利用焓湿图求湿空气的混合状态。

学习重点：焓湿图的结构和应用。

课题一　湿空气的组成和性质

相关知识

环绕地球的空气层，称为大气层。地球表面被一层厚厚的大气层所覆盖，人们就生活在这一大气层之中，这层空气为生命提供了必需的养分。

一、湿空气的组成

大气俗称空气，是由干空气和一定量的水蒸气组成的，称为湿空气。干空气是由氮气、氧气、二氧化碳和微量的稀有气体（氩气、氖气、氦气）组成的混合气体，见表1-1。

表1-1　干空气的主要成分

主要组成成分	相对分子质量	体积分数（%）
氮气	28.016	78.084
氧气	32.000	20.946
氩气	39.944	0.934
二氧化碳	44.010	0.033

空气调节技术研究的空气指的是湿空气。湿空气中的水蒸气来自于自然界中江、河中水的蒸发，尽管水蒸气的含量很少，但它对湿空气的状态影响很大，对人体舒适、产品质量及工艺过程控制、设备的维护保养等有直接的影响。如何控制空气中水蒸气的含量是空调技术中重要的调节内容。

此外，空气中还悬浮有尘埃、烟雾、微生物以及废气、化学排放物等。

二、湿空气的状态参数

在空气调节系统的设计计算、设备选择及运行管理中，往往要用到湿空气的状态参数和状态变化等问题。湿空气的状态参数就是表征湿空气状态和性质的各物理量，主要有温度、密度、压力、湿度和焓等。

1. 温度（T）

（1）空气温度的含义　温度是表示物体冷热程度的物理量。空气的温度是表征湿空气冷热程度的指标。由于湿空气由干空气和水蒸气组成，所以湿空气的温度（T）也就是干空气的温度（T_g）和水蒸气的温度（T_q）。

（2）常用的温标及换算　衡量温度的标尺称为温标。常用的温标有摄氏温标、热力学温标（绝对温标）和华氏温标三种。常用的三种温标制及其相互之间的换算关系见表1-2。

表 1-2　常用的三种温标制

温标制	单位	说明	换算关系
摄氏温标 t （又称国标百度温标）	℃	它以纯净的水在一个标准大气压下的冰点为 0℃，沸点为 100℃，其间分 100 等份，每一等份定为摄氏一度，记作 1℃。摄氏温标制为十进制，简单易算。我国与俄罗斯等国都采用摄氏温标。其相应温度计为摄氏温度计	$F=(1.8t+32)$ ℉ $t=(F-32)/1.8$℃ $T=(273+t)$ K $t=(T-273)$℃
华氏温标 F	℉	它以纯净的水在一个标准大气压下的冰点为 32 ℉，沸点为 212 ℉，其间分 180 等份，每一等份定为华氏一度，记作 1 ℉。因其分度较细，故准确性较高，但使用不便。英、美各国仍采用华氏温标。其相应的温度计为华氏温度计	
绝对温标 T （也叫热力学温标，是国际制温标）	K	它规定以纯水的三相点作为基点。为了便于记忆，把纯净的水在一个标准大气压下的冰点定为 273K，沸点定为 373K，其间分 100 等份，每一等份为开氏一度，记作 1K。在热力学中规定，当物体内部分子的运动终止时，其绝对温度为 0K，即 $T=0$K	

按国际规定，当温度为零上时，温度数值前面加“+”号（可省略）；当温度为零下时，温度数值前面加“-”号（不可省略）。三种常用温标的比较如图 1-1 所示。

测量温度所使用的温度计种类很多，空调工程中常用的有玻璃温度计、热电偶温度计、电接点式温度计、电阻温度计和半导体温度计等。

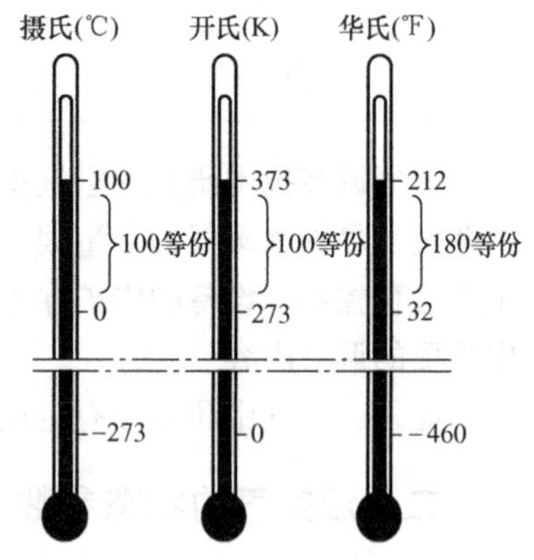

图 1-1　三种常用温标的比较

2. 密度（ρ）

密度是指单位体积内含某种物质的多少，湿空气的密度 ρ 等于干空气的密度 ρ_g 与水蒸气的密度 ρ_q 之和，即

$$\rho=\rho_g+\rho_q \tag{1-1}$$

3. 压力（p）

（1）大气压力　围绕地球表面的空气层在单位面积上所形成的压力称为大气压力，用符号“B”表示，其单位是 Pa（帕），此外还有 bar（巴）、mbar（毫巴）、mmHg（毫米汞柱）、mmH_2O（毫米水柱）、atm（大气压）等，其换算关系见表 1-3。大气压力不是一个定值，而是随海拔高度、季节、天气的变化而变化。

表 1-3　各种压力单位的换算关系

	Pa	bar	kgf/cm²	atm	at	Torr	mmH_2O	mmHg	lbf/in²
1Pa（帕）	1	0.00001	0.00001	0.00001	0.00001	0.0075	0.10197	0.0075	0.00014
1 bar（巴）	100000	1	1.01972	0.9869	1.01972	750.062	10197.2	750.062	14.504
1 kgf/cm²	98066.5	0.98067	1	0.9678	1	735.6	10000	735.6	14.22

（续）

	Pa	bar	kgf/cm²	atm	at	Torr	mmH₂O	mmHg	lbf/in²
1 atm（标准大气压）	101325（约0.1MPa）	1.01325	1.033	1	1	760	10332	760	14.7
1 at（工程大气压）	98067（约0.1MPa）	0.98067	1	0.9678	1	735.6	10000	735.6	14.22
1 Torr（托）	133.3	0.00133	0.00136	0.00132	0.00136	1	13.6	1	0.01934
1mmH₂O（毫米水柱）	9.8067	0.000098	0.0001	0.0000968	0.0001	0.07356	1	0.07356	0.00142
1 mmHg（毫米汞柱）	133.322	0.00133	0.00136	0.00132	0.00136	1	13.5951	1	0.01934
1lbf/in²	6894.76	0.06895	0.07031	0.06805	0.07031	51.7149	703.07	51.7149	1

（2）表压力和绝对压力　在空调系统中，空气的压力是用仪表测量出来的，但仪表指示的压力不是空气压力的绝对值，而是绝对压力（绝对压力表示气体实际的压力值）与大气压力的差值，称为工作压力（也称表压力）。表压力是通过压力表上的数值表示的，是以1atm作为基准的，如果压力比大气压力低时，就是负值。工作压力与绝对压力的关系为

绝对压力 = 当地大气压力 + 工作压力

凡是气体压力低于10^5Pa的状态称为真空。真空分为低真空、高真空和超高真空。真空系统内的压力值与大气压力的差值称为真空度。差值越大，负压就越大，系统内的绝对压力越小，真空度就越高。

绝对压力、表压力和真空度的关系如图1-2所示。

（3）湿空气的压力（p）　空调工程中使用的工质一般为大气，故湿空气的压力即为大气压力B。

1）干空气分压力（p_g）。湿空气中，干空气单独占有湿空气的容积，并具有与湿空气相同的温度时所产生的压力，称为干空气的分压力，用“p_g”表示。

2）水蒸气的分压力（p_q）。湿空气中，水蒸气单独占有湿空气的容积，并具有与湿空气相同的温度时所产生的压力，称为水蒸气的分压力，用“p_q”表示。湿空气中的水蒸气含量越多，其分压力就越大。换言之，水蒸气分压力的大小直接反映了水蒸气含量的多少。由于湿空气由干空气和水蒸气组成，由道尔顿分压定律（混合气体的总压力等于各组成气体分压力之和），可得

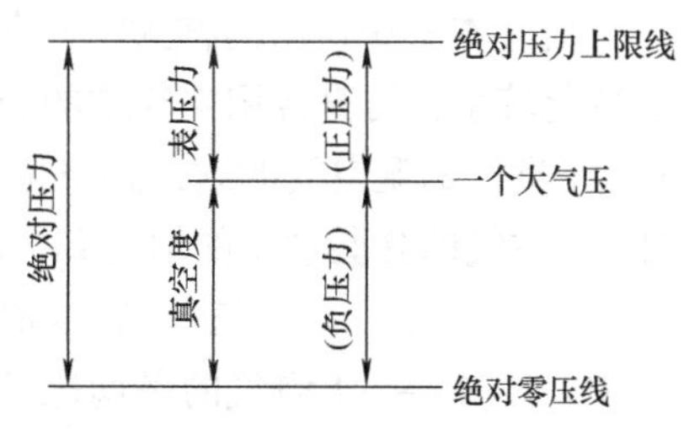

图1-2　绝对压力、表压力和真空度的关系

$$p = p_g + p_q \tag{1-2}$$

3）饱和水蒸气分压力（p_{qb}）。在某温度或压力下，湿空气中的水蒸气达到饱和状态时所对应的水蒸气分压力称饱和水蒸气分压力，用p_{qb}表示。

当$p_q = p_{qb}$时，水蒸气达到饱和状态，湿空气即为饱和湿空气；当$p_q < p_{qb}$时，湿空气为未饱和湿空气，还具有吸湿能力。

4. 湿度

湿度是表示空气中水蒸气含量多少的指标。为方便进行湿空气变化过程的分析计算，常用绝对湿度、相对湿度和含湿量来表示湿空气中水蒸气的含量。

(1) 绝对湿度 (z)　$1m^3$湿空气中含有水蒸气的质量称为绝对湿度。由于湿空气的体积随温度的变化而变化，所以绝对湿度只能反映湿空气在某一温度下单位容积所含水蒸气的质量，不能直接反映湿空气的干湿程度。因此，绝对湿度不能反映湿空气的吸湿能力。

(2) 相对湿度 (ϕ)　相对湿度指湿空气的绝对湿度与同温度下饱和空气的绝对湿度比值的百分数，即空气中水蒸气分压力 p_q 与同温度下饱和水蒸气分压力 p_{qb} 之比的百分数，即

$$\phi = \frac{p_q}{p_{qb}} \times 100\% \tag{1-3}$$

相对湿度 ϕ 反映湿空气中水蒸气含量接近饱和的程度。其值在 0 ~ 1 范围内变化，当 $\phi = 1$ 时为饱和空气，当 $\phi = 0$ 时为干空气。ϕ 值越小，湿空气离饱和状态越远，则空气越干燥，吸收水蒸气的能力越强。相对湿度只能表达空气的潮湿和干燥程度，不能有效地表达出空气湿度处理过程中确切的含水量变化。湿空气中的水蒸气含量越多，其分压力就越大。换言之，水蒸气分压力的大小直接反映了水蒸气含量的多少。

(3) 含湿量 (d)　在含有 1kg 干空气的湿空气中，所伴有的水蒸气质量 (g) 称为湿空气的含湿量，用符号"d"表示，单位为 g/kg (干)。其计算公式为

$$d = 0.622 \frac{p_q}{B - p_q} \tag{1-4}$$

由式 (1-4) 可知，水蒸气的分压力决定着含湿量的大小。在总压力不变的情况下，一定的水蒸气分压力对应着一定的含湿量。

5. 焓 (h 或 i)

焓（本书中比焓简称为焓）是物质内能和推动功的总和。在空气调节中因为空气的压力变化较小，可直接用空气焓的变化来度量空气的能量变化。湿空气中的焓是指空气中对应 1kg 干空气的湿空气的焓，其单位为 kJ/kg (干)，湿空气的焓等于 1kg 干空气的焓 (h_g) 和 1kg 干空气的含湿量 d 的焓之和，即

$$h = h_g + dh_s = 1.01t + d(2500 + 1.84t)/1000 \tag{1-5}$$

式中　1.01——干空气的平均比定压热容；
1.84——水蒸气的平均比定压热容；
2500——0℃时水的汽化热；
h——湿空气的比焓；
h_g——1kg 干空气的比焓；
h_s——1g 水蒸气的比焓；
t——观察点的室外平均气温 (℃)。

焓值的大小取决于空气温度和含湿量两个因素，温度提高，焓值不一定增加，还要看 d 的变化情况。

【典型实例 1】 含湿量和相对湿度在空气调节中的应用。

湿空气的含湿量和相对湿度同为湿空气的状态参数，但意义却不相同。相对湿度能够表示空气的饱和程度，也就是空气在一定温度下吸收水分的能力，但并不反映空气中水蒸气含

量的多少；而含湿量 d 可表示空气中水蒸气的含量，但却无法直观地反映空气的潮湿程度和吸收水分的能力。若湿空气中含有1kg干空气及 d(g) 水蒸气，则相应地该湿空气质量应为 $(1+d/1000)$ kg。

既可以保持湿空气的温度不变，增加水蒸气含量，使水蒸气分压增大（即加湿），使湿空气达到饱和状态，也可以保持湿空气中的水蒸气含量不变，水蒸气分压力不变，降低湿空气温度（即减湿），使湿空气达到饱和状态。

在空调工程设计计算过程中，夏天要从处理的空气中除去多少水、冬天加入多少水才能使空气达到舒服的湿度，都要通过含湿量这个参数的变化来精确地计算。这是湿度处理的重要依据，即通过空气处理过程的含湿量变化量来确定向空气中加入或排出多少水分。

【典型实例2】 湿空气温度、湿度对人体舒适度的影响。

湿空气的干湿程度对于生产和人体生理的影响并不单纯地取决于空气中的水蒸气含量多少，而是取决于空气接近饱和的程度。阴雨天晒衣服不易干，而晴天则容易干；夏天会觉得闷热，而冬天在有暖气的室内会感觉到皮肤干燥不舒服，这些均与温度和湿度有关。在我国空调设计规范中规定：冬季温度应采用18～22℃，相对湿度应采用40%～60%。夏季温度应采用24～28℃，相对湿度应采用40%～65%。这才是人体感觉舒服的温度和湿度，还能达到节能的效果。

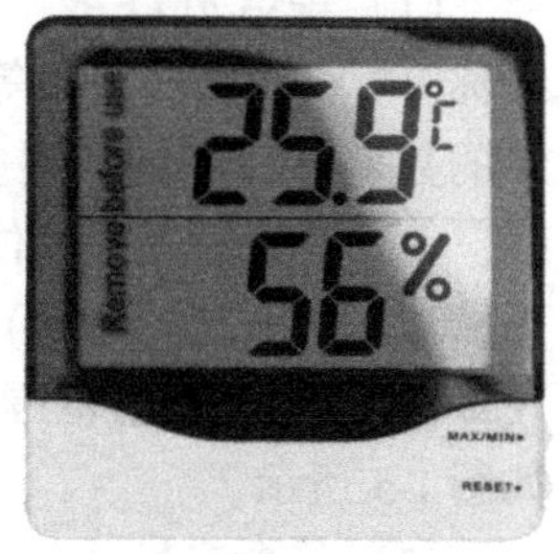

图1-3 电子式温、湿度表

图1-3所示为电子式温、湿度表，能同时显示温度和相对湿度。图中所显示的数据含义为：被测空间的温度为25.9℃，相对湿度为56%。

【典型实例3】 湿空气的焓变化与热量的得失。

在工程上，可以根据一定质量的空气焓的变化，来判定空气是得到了热量还是失去了热量。空气中得到热量焓增加，失去热量焓减小。

在空气调节工程中，不需要计算湿空气在某点的焓值，而湿空气的状态经常发生变化，所以只需要确定状态变化过程中热量的交换量。在压力不变的情况下，焓差值等于热交换量。在空气调节过程中，湿空气的状态变化过程可以看成是在定压下进行的，用湿空气状态变化前、后的焓差值来计算空气得到或失去的热量，就能计算出应该从处理的空气中加入多少热量或减少多少热量。

课题二 焓湿图与湿空气的变化过程

焓湿图是表达湿空气状态及变化的最直观、最实用的工具。利用焓湿图能描绘空气的变化过程，设计空气的处理方案，计算空气状态变化过程中参数的变化量。

相关知识

一、湿空气焓湿图的结构和组成

在空调及通风工程中，焓湿图是一个方便的工具，它明显而清楚地表示了空气参数和状态在热湿交换作用下的变化过程，在设计中可把大量复杂的计算工作简化为图表运算，有很大的实用价值。

1. 焓湿图的坐标轴及夹角

焓湿图是在一定的大气压力条件下，以焓 h 为纵坐标、以含湿量 d 为横坐标，绘制的湿空气状态参数间关系的曲线。为了尽可能扩大不饱和区的范围，便于各种参数间分度清晰，通常取横、纵两坐标之间的夹角等于或大于135°，如图1-4 所示。在实际中，为了避免图面过大，常将坐标轴 d 改为水平。

2. 焓湿图上的等参数线及参数单位

如图1-4 和图1-5 所示，在焓湿图上，有等含湿量线、等焓线、等温线、等相对湿度线、等热湿比线和水蒸气分压力标尺。

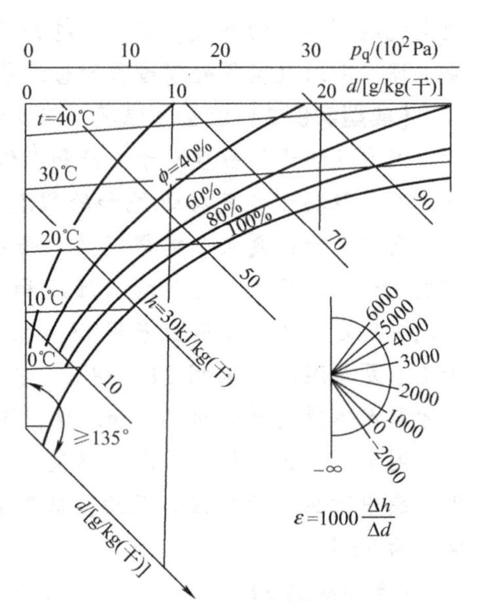

图1-4 湿空气焓湿图的结构

(1) 等焓 $h(i)$ 线 在焓湿图上与横轴平行的直线称等焓线。在同一条等焓线上，各点的焓值相等。焓的数值标注在饱和湿空气线的下方，分成5段斜线，斜线上方刻度的单位为 kJ/kg（干）（数值范围为 -30 ~ 140kJ/kg（干））；斜线下方刻度的单位为 kcal/kg（干）[数值范围为 -7 ~ 33.5kcal/kg（干）]，如图1-5 所示。

(2) 等含湿量 d 线 在焓湿图上与纵轴平行的线称等含湿量线。在同一条等含湿量线上，各点的含湿量相等。含湿量的数值标注在图的上方、水蒸气分压力标尺的下方，单位为 g/kg（干）[数值范围为 0 ~ 42g/kg（干）]。等含湿量线也称等水蒸气分压力 p_q 线，水蒸气分压力数值标注在图的最上方，线上刻度的单位为 10^2Pa（数值范围为 0 ~ 64×10^2Pa）；线下刻度的单位为 mmHg（数值范围为 0 ~ 48mmHg），如图1-5 所示。

(3) 等温 t 线 在焓湿图上等温线为斜向上的直线。等温线并不是相互平行的，而是随温度上升越来越倾斜。温度的数值分别标注在图的纵轴左侧和饱和湿空气线的下侧及图的右侧，单位为℃（数值范围为 -30 ~ 64 ℃）。在同一条等温线上，各点的温度相等，如图1-5 所示。

(4) 等相对湿度 ϕ 线 在焓湿图上，等相对湿度线为斜向上的曲线。在同一条等相对湿度线上，各点的相对湿度相等。相对湿度数值标注在图中的等相对湿度线上（数值范围为0% ~ 100%），ϕ = 100%线称为饱和曲线，该线上的空气达到饱和状态，该线左上角为未饱和区，反映了湿空气的性质，右下角为过饱和区，在过饱和区除等含湿量 d 线外，无实际意义，不必画出。当 ϕ = 0 时，d = 0，所以 d = 0 的等 d 线，即纵坐标，也代表 ϕ = 0 的等 ϕ 线，如图1-5 所示。

(5) 等热湿比 ε 线 湿空气的焓变化量与含湿量变化量之比，称热湿比，单位为 kJ/kg 或 kcal/kg。公式为

$$\varepsilon = \frac{\Delta h}{\Delta d} = \frac{Q}{W} \tag{1-6}$$

式中 Δh——焓变化量；

Δd——含湿量变化量；

Q——热量；

W——湿量。

图 1-5 右下角的半圆形图形上的直线为等热湿比线。热湿比有正有负，代表湿空气状态的变化方向。热湿比实际上就是连接空气状态点变化时的原始点和终止点直线的斜率，它反映了空气状态变化过程的方向，故又称“角系数”。

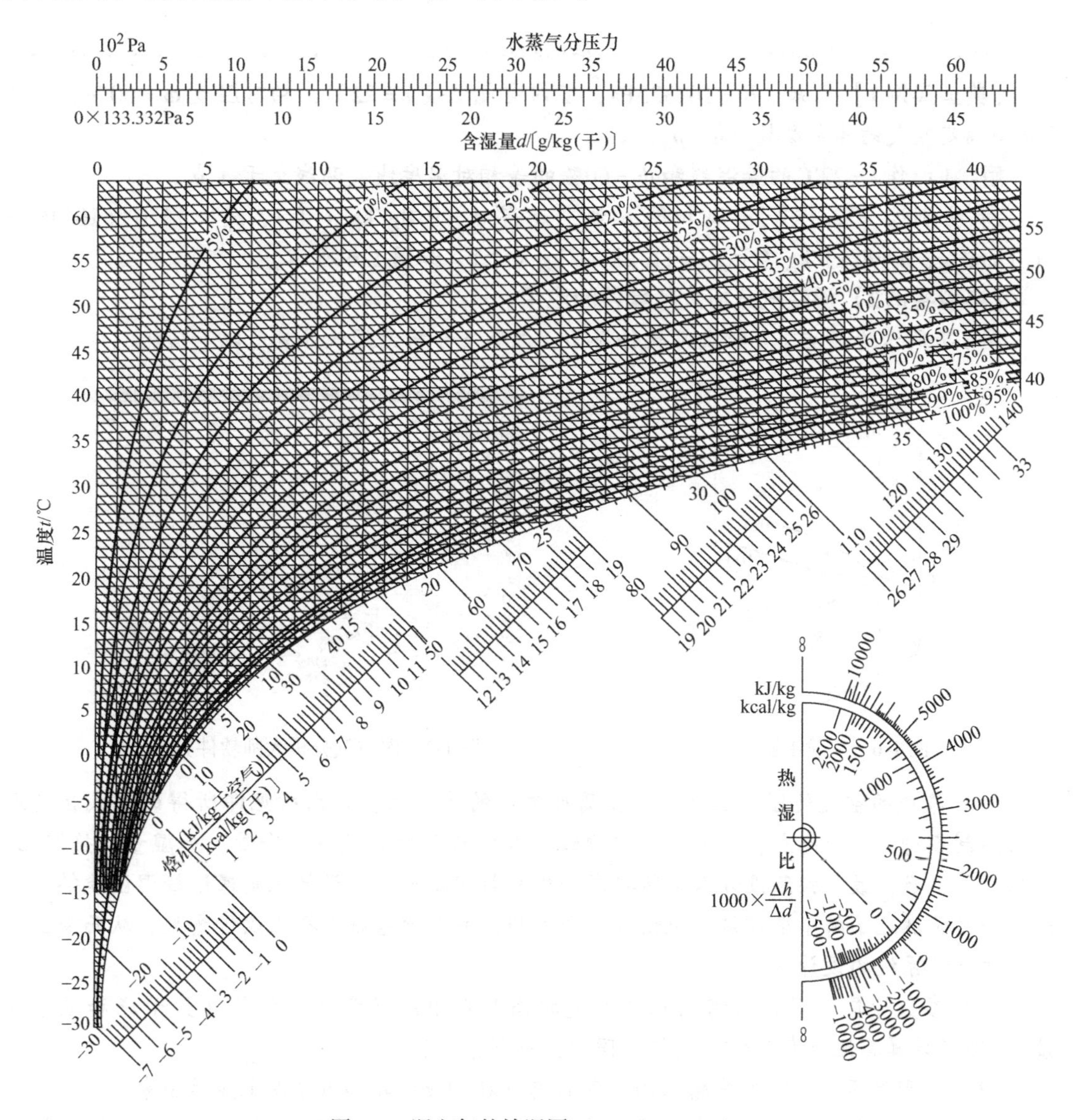

图 1-5　湿空气的焓湿图（$B=101325$Pa）

二、用焓湿图求湿空气的状态点和状态参数

1. 湿空气的独立参数

在大气压力一定的情况下，h、d（p_q）、t、ϕ 中已知任意两个参数，湿空气的状态就确定了，在焓湿图上就可以确定一个状态点，其余参数可以由此点查出，因此将这些参数称为

独立参数。

注意：已知 d 和 p_q 不能确定一个状态点，因此 d 和 p_q 实际上是一个参数。

2. 求湿空气状态参数的步骤

利用焓湿图求湿空气的状态参数时，在选定焓湿图后按以下过程进行。

1）分别作出两个已知参数的等参数线，两线的交点即为湿空气的状态点。

2）过湿空气的状态点作未知参数的等参数线，查出该等参数线所表示的参数值。

【典型实例1】 已知：$B=101325\text{Pa}$，室内空气温度 $t=22℃$，相对湿度 $\phi=60\%$，利用 h-d 图确定空气的其余参数（d、p_q、h）。

解 1）作 $t=22℃$ 的等温线和 $\phi=60\%$ 的等相对湿度线，两线交于 A 点。

2）分别过 A 点作等 d 线和等 h 线，查得 $d=9.8\text{g/kg}$（干），$p_q=15.6\times10^2\text{ Pa}=11.7\text{mmHg}$，$h=48\text{kJ/kg}$（干）$=11.2\text{kcal/kg}$（干），如图1-6所示。

【典型实例2】湿空气分析大师软件的应用。

图1-7所示为湿空气分析大师软件界面，湿空气分析大师软件具有以下功能。

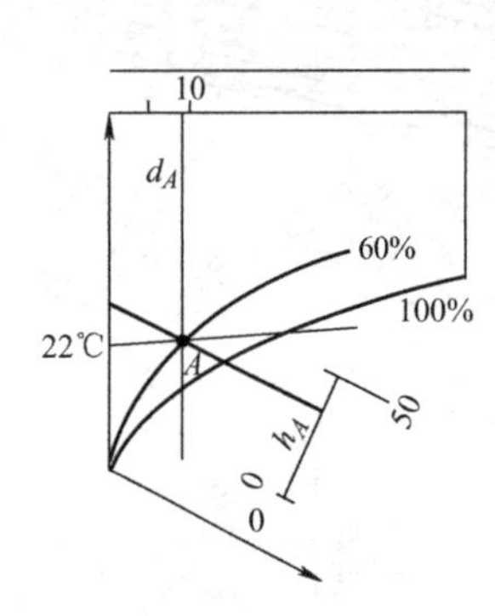

图1-6 实例1图

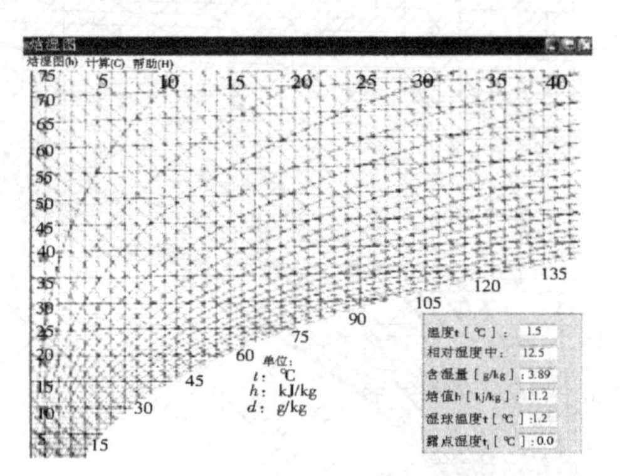

图1-7 湿空气分析大师软件界面

（1）集成的空气处理过程分析　在高度集成的界面上，采用所见即所得的方式在焓湿图上绘制各种空气状态点、空气处理过程线，并能自动计算风量、冷量、加湿量、热湿比、混风比等参数，最后按照设计人员所要求的格式打印输出，使设计人员通过焓湿图能够准确地、一目了然地了解整个空调系统设计的全过程，并在此基础上提出改进意见，从而全面提高暖通空调系统的设计水平。

（2）参数计算　用户只需输入湿空气状态参数中的任意两个参数（如干球和湿球温度），即可计算其他所有参数（包括不同的大气压条件）。

（3）图形显示　可将用户输入的空气状态点在相应的动态 h-d 图上显示出来。

（4）过程分析　以图形方式将空调中的空气混合等常用过程表示出来，同时给出相应状态点的参数，帮用户省去烦琐的计算工作。

（5）数据处理　利用湿空气分析大师的数据库接口，可将外接数据采集系统采集到的湿空气数据在焓湿图上显示出来。同时，也可以将分析过程中的各个状态点参数以数据文件的格式输出。

课题三　湿空气的湿球温度与露点温度

在空气处理过程中，经常要根据要求对湿空气进行加湿、减湿、加热、冷却等处理。露点温度是确定对空气加湿和减湿的分界点，湿球温度是确定湿空气焓值变化的分界点。

相关知识

一、用焓湿图求湿空气的湿球温度

1. 湿球温度

在定压绝热条件下，空气与水直接接触达到稳定的热湿平衡时的绝热饱和温度，称湿空气的湿球温度，用“t_s”表示。在湿空气的诸多参数中，干球温度（即平时人们所说的温度）和湿球温度是最容易测量的，实际中常用干湿球温度计测量湿空气的干球温度和湿球温度。

2. 干湿球温度计

（1）湿球温度计　将普通的水银温度计的球部用湿纱布包裹，纱布的下端浸入装有蒸馏水的杯中，以使纱布处于湿润状态，此温度计称湿球温度计，如图 1-8 所示。用湿球温度计可以测定空气的湿球温度。空气与湿球温度计湿球表面上的水直接接触，达到稳定的热湿平衡时所测得的温度即为空气的湿球温度。

（2）干湿球温度计　将一支干球温度计和一支湿球温度计组合在一起形成干湿球温度计，如图 1-8 所示。干湿球温度计还有数字式的，如图 1-9 所示。

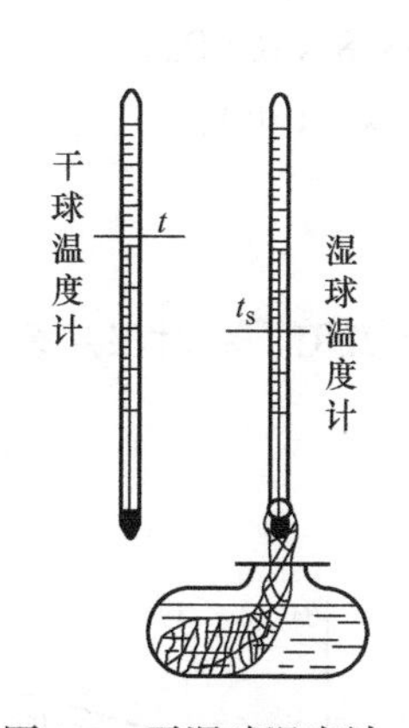

图 1-8　干湿球温度计

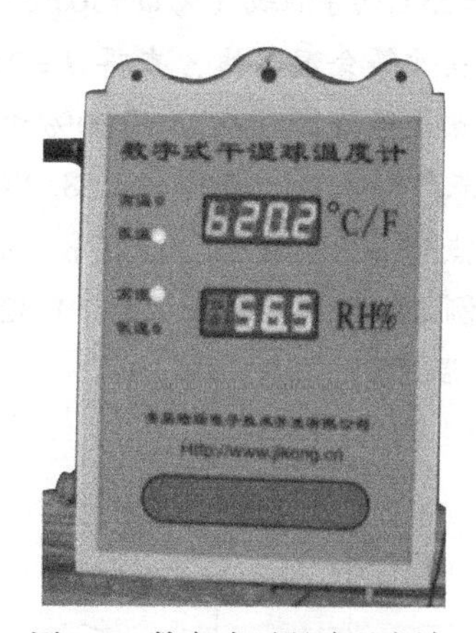

图 1-9　数字式干湿球温度计

（3）干湿球温度计的特点　湿球温度是表示空气状态的独立参数。干湿球温度差的大小与被测空气的相对湿度有关，干湿球温度差越大，说明空气越干燥，空气的相对湿度越小；反之，说明空气的相对湿度越大。

空气传给纱布表面水的热量约等于水蒸发所需的汽化热，看作等焓过程，所以可以将等焓线近似认为是等湿球温度线。

3. 已知湿空气的状态点求湿球温度的方法

湿空气的状态点确定后，过湿空气的状态点作等焓线交 $\phi = 100\%$ 于 S 点，过 S 点作等温线，该线所对应的温度就是湿空气的湿球温度。

二、用焓湿图求湿空气的露点温度

1. 露点温度

在含湿量不变的情况下，湿空气达到饱和时的温度称露点温度，用符号“t_1”表示。露点温度不是一个独立参数，与含湿量和水蒸气的分压力有关。露点温度是判断湿空气是否结露的依据。只要湿空气的温度高于或等于露点温度，就不会出现结露现象。通常称湿空气达到与 $\phi=90\%\sim95\%$ 的交点的温度即为机器露点温度。

2. 利用焓湿图求露点温度的步骤

利用焓湿图求露点温度的步骤如下：

1）过湿空气的状态点作等含湿量线交 $\phi=100\%$ 于 L 点。

2）过 L 点作等温线，该线所对应的温度即为露点温度。

3. 湿球温度、干球温度和露点温度的关系

一般来讲，对于某种状态的湿空气，有干球温度 $t_g\geqslant$湿球温度 $t_s\geqslant$露点温度 t_1 的关系成立。当湿空气达到饱和状态时，干球温度、湿球温度、露点温度三者相等。

【典型实例1】 已知 $B=101325\text{Pa}$，$t_g=35℃$，$\phi=60\%$，确定空气的状态参数 d、p_q、h、p_{qb}及 t_s。

解 如图1-10所示。

1）作 $t_g=35℃$的等温线（交 $\phi=100\%$于 B 点）和 $\phi=60\%$的等相对湿度线，两线交于 A 点。

2）过 A 点作等含湿量线，查得 $d=21.5\text{g/kg}$（干），$p_q=33.8\times10^2\text{ Pa}$。

3）过 A 点作等焓线（交 $\phi=100\%$ 于 S 点），查得 $h=91\text{kJ/kg}$（干）。

4）过 S 点作等温线，查得 $t_s=28.2℃$。

5）过 B 点作等含湿量线，查得 $p_{qb}=56.6\times10^2\text{ Pa}$。

【典型实例2】 已知大气压力为101325Pa，室内空气温度为22℃，相对湿度为60%，求湿空气的露点温度。

解 如图1-11所示。

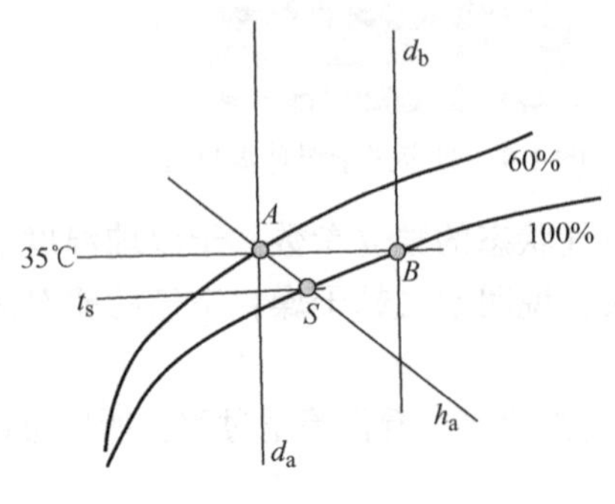

图1-10 实例1图

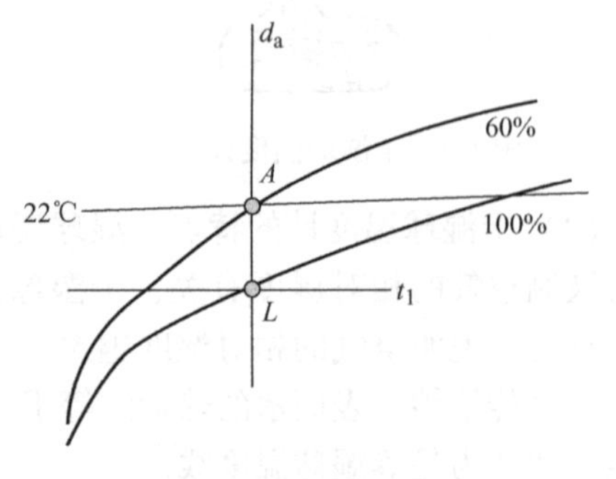

图1-11 实例2图

1）分别作22℃的等温线和60%的等相对湿度线，两线交于 A 点。

2）过 A 点作等含湿量线交 $\phi=100\%$ 于 L 点。

3）过 L 点作等温线，查得 $t_1=14℃$ 。

课题四　确定湿空气的混合状态

空调系统通常采用新风（室外新鲜空气）和室内回风（室内循环空气）混合后，经空气处理设备处理后送入室内。在设计计算或选择设备时，均需确定空气的混合状态。

相关知识

一、用焓湿图表示湿空气的典型变化过程

1. 湿空气的变化过程

空气往往在外来热湿干扰下由一种状态变为另一种状态，湿空气状态变化的轨迹称湿空气变化过程。热湿比反映了空气状态变化过程的方向。不论初始状态如何，只要热湿比 ε 相等，则空气的变化过程线就会相互平行。根据这个特性，就可在 h-d 图上的任意一点作出一系列的不同值等热湿比 ε 线。如果 A 状态的数值已知，则可过 A 点作平行于等 ε 值的直线，这一直线则代表状态 A 的湿空气在一定的热湿比作用下的变化方向。

2. 湿空气状态变化过程的求法

首先根据已知条件求湿空气的状态点，再由式（1-6）求热湿比，然后过湿空气的状态点作所求等热湿比线的平行线。若给出了终点参数，可作出所给参数的等参数线，求出终点及其各参数值。

3. 湿空气的典型变化过程在焓湿图上的表示

图 1-12 画出了湿空气的六种典型变化过程，下面分别描述如下：

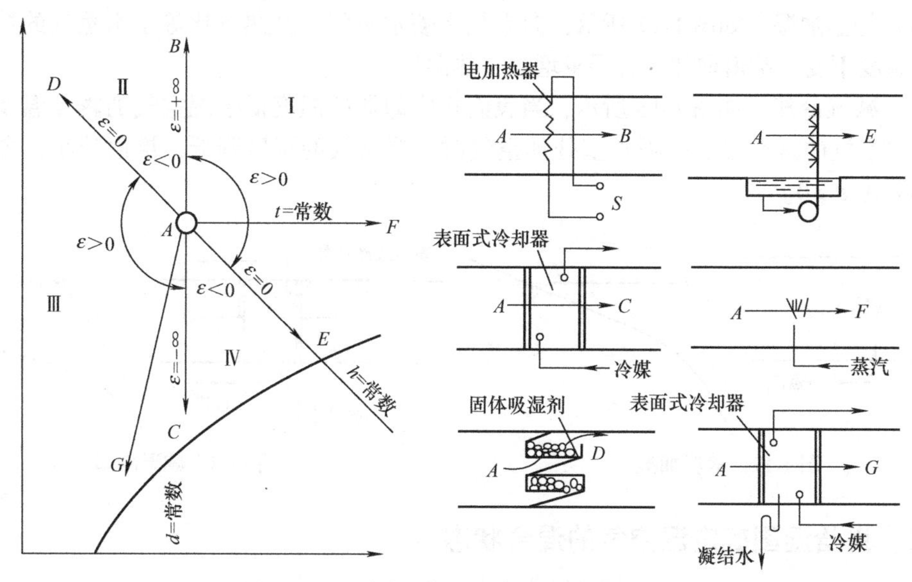

图 1-12　六种典型的湿空气状态变化过程

（1）等湿加热（也称干式加热） 如图 1-13 所示，利用电加热器或热水、蒸汽等热源通过表面式换热器加热空气，温度会升高，含湿量不变，焓值能增加，热湿比 $\varepsilon=+\infty$。

（2）等湿冷却（干式冷却） 如图 1-14 所示，利用表面式冷却器（当 $t_{表}>t_1$时）或水温高于湿空气的露点温度而低于湿空气的湿球温度的喷水室处理空气时，可以使温度降低，含湿量不变，焓值减小，热湿比 $\varepsilon=-\infty$。

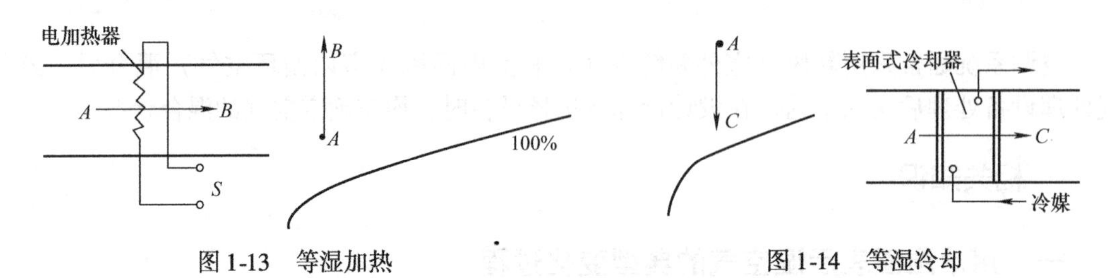

图 1-13 等湿加热 图 1-14 等湿冷却

（3）等焓减湿 如图 1-15 所示，利用固体吸湿剂干燥空气时，湿空气中的部分水蒸气在吸湿剂表面的微孔中凝结，湿空气的含湿量降低，温度升高，焓值不变，热湿比 $\varepsilon=0$。

（4）等焓加湿 如图 1-16 所示，利用喷水室喷出温度等于空气湿球温度的循环水时，水吸收空气热量而蒸发成水蒸气，空气中因失去显热而降低温度，水蒸气进入空气中使含湿量增加，潜热也增加，空气失去显热得到潜热，焓值基本不变，温度降低，含湿量增加，热湿比 $\varepsilon=0$。

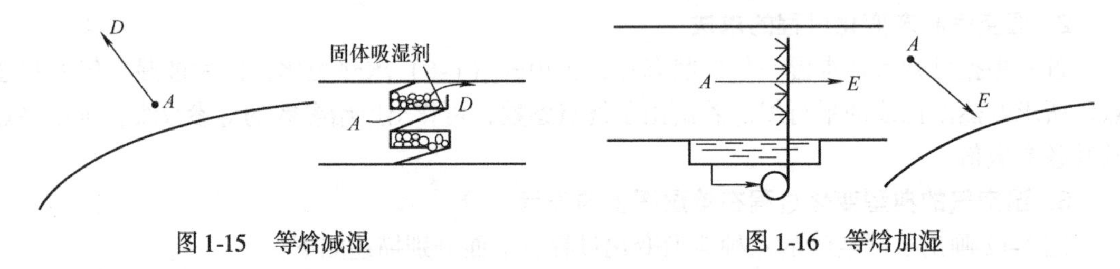

图 1-15 等焓减湿 图 1-16 等焓加湿

（5）等温加湿 如图 1-17 所示，向空气中喷水蒸气，其热湿比等于水蒸气的焓值，湿空气的温度不变，焓值增加，含湿量增加，热湿比 $\varepsilon>0$。

（6）减湿冷却 如图 1-18 所示，当表面式冷却器的温度低于湿空气的露点温度或用水温低于湿空气的露点温度的喷水室处理空气时，湿空气的温度降低，焓值减小，含湿量减少，热湿比 $\varepsilon>0$。

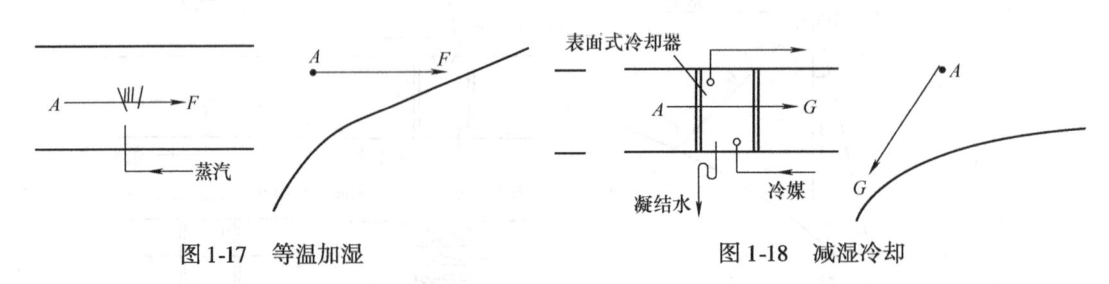

图 1-17 等温加湿 图 1-18 减湿冷却

二、用焓湿图确定湿空气的混合状态

在空调方式中，最基本、最节能的处理过程就是从空调房间中引入一定量的回风，让其

与新风或处理后的空气混合，充分利用回风中的能量，达到节能的目的。例如，在空调一次（或二次）回风系统中，就是两种不同状态空气混合的情况，还有新、回风的混合，冷、热风的混合，干、湿风的混合等，这就需要确定混合后空气的状态参数。

1. 混合空气状态点的确定

假设一次回风空调系统新风参数为 $W(t_W、\phi_W、d_W、h_W、G_W)$，回风参数为 $N(t_N、\phi_N、d_N、G_N、h_N)$，总送风量 $G_O=G_W+G_N$，求：混合参数 $O(t_O、\phi_O、d_O、G_O、h_O)$。

根据能量守恒原理有

$$G_W d_W + G_N d_N = G_O d_O = (G_W + G_N) d_O \tag{1-7}$$

$$G_W h_W + G_N h_N = G_O h_O = (G_W + G_N) h_O \tag{1-8}$$

整理得

$$G_W/G_N = (h_O - h_N)/(h_W - h_N) = (d_O - d_N)/(d_W - d_N) \tag{1-9}$$

$$(h_O - h_N)/(d_O - d_N) = (h_W - h_N)/(d_W - d_N) \tag{1-10}$$

即直线 ON、OW 和直线 WN 斜率相等，如图 1-19 所示，即新风和回风的混合点 O，必在新风状态点 W 和回风状态点 N 的连线上，点 O 把线段 NW 分为两段，两段的长度比和参与混合的空气质量成反比，即

$$\frac{NO}{OW}=\frac{G_W}{G_N} \tag{1-11}$$

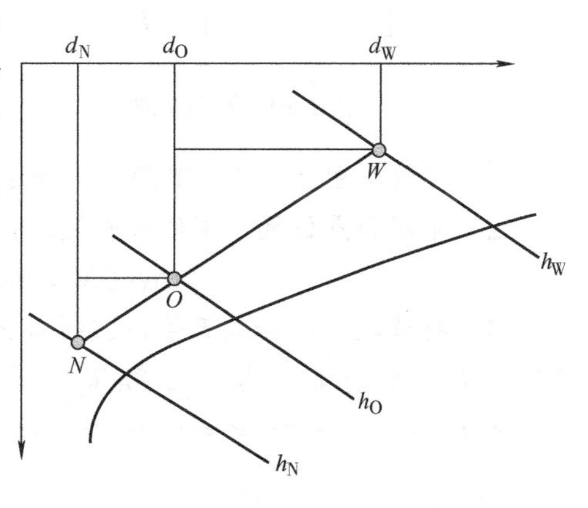

图 1-19　两种空气混合后状态点的确定

当 $G_N=G_W$ 时，点 O 在中点；当 $G_N>G_W$ 时，点 O 靠近 N；当 $G_N<G_W$ 时，点 O 靠近 W；当 $G_W=0$ 时，O、N 重合，即全回风系统；当 $G_N=0$ 时，O、W 重合，即全新风系统。

推广：两种不同状态的湿空气混合后的状态点，必位于两已知状态点的连线上；混合状态点将线段分成两段，两段线段长度之比与参与混合的空气的质量成反比。

2. 利用焓湿图法确定混合点

假设已知湿空气的状态点 A 和 B，求混合点 C，步骤如下：

1）在焓湿图上确定被混合的空气状态点 A、B，连接 A 和 B 点，量取 AB 线段长度。

2）根据 $BC/CA=G_a/G_b$ 关系算出两线段的比例，按比例截取得到 C 点。

3）确定混合点 C 的位置，获得混合空气状态参数。

【典型实例 1】 已知：$B=101325\text{Pa}$，湿空气的初始状态点 $\phi_A=60\%$，$t_A=20℃$，当加入 10000kJ/h 的热量和 2kg/h 的湿量后，温度 $t_B=28℃$，求湿空气的终状态。

解　1）由 $\phi_A=60\%$，$t_A=20℃$，得湿空气的状态点 A。

2）求热湿比：$\varepsilon=\pm\phi/\pm W=5000\text{kJ/kg}$。

3）过 A 点作 $\varepsilon=5000\text{kJ/kg}$ 等角度线的平行线。

4）作 $t=28℃$ 的等温线，与过 A 点 $\varepsilon=5000\text{kJ/kg}$ 的等角度线交于 B 点，B 点即为湿空

气的终状态点。查得 $h=59\text{kJ/kg}$（干），$d=11.8\text{g/kg}$（干），$\phi=50\%$，$p_q=18.5\times10^2\text{Pa}$，如图 1-20 所示。

【典型实例 2】 某空调工程中回风量为 2000kg/h，回风状态参数：$t_N=20℃$，$\phi_N=60\%$，新风量为 500kg/h，新风状态参数 $t_W=35℃$，$\phi_N=80\%$，求混合空气的状态参数。($B=101325\text{Pa}$)

解 如图 1-21 所示。

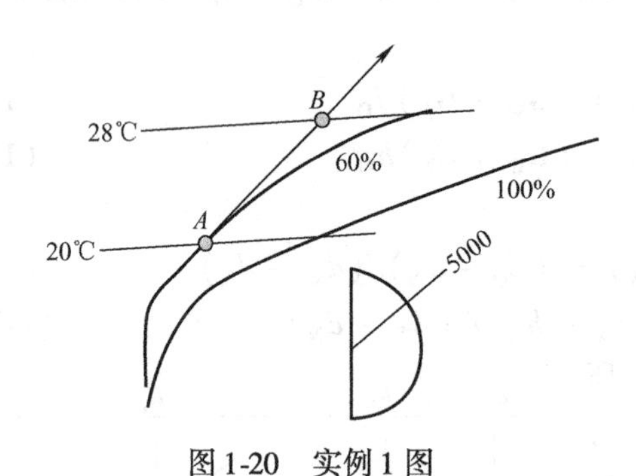

图 1-20 实例 1 图

图 1-21 实例 2 图

1）在焓湿图上求 N、W 两点，并连接 N、W 两点。

2）求混合点位置（求线段长度比）。

$$ON/OW = G_W/G_N = 500/2000 = 1/4$$

3）将线段 NW 分成五等份，则 O 点应在接近于 N 点一等份处。查得 $t_O=23℃$，$\phi_C=73\%$，$h_O=56\text{kJ/kg}$，$d_O=12.8\text{g/kg}$。

习 题

一、填空题

1. 大气俗称________，是由________和一定量的________组成的，称为湿空气。

2. 湿空气的状态参数主要有________、密度、________、湿度和________等。

3. 常用的温标有________、热力学温标（绝对温标）和________三种。

4. 混合气体的总压力等于________和________之和。

5. 常用________、相对湿度和________来表示湿空气中水蒸气的含量。

6. 在焓湿图上，有________、等焓线、________、等相对湿度线、________和水蒸气分压力标尺。

7. $\phi=100\%$ 线称为饱和曲线，该线上的空气________，该线左上角为________，右下角为________。

8. 干湿球温度差的大小与被测空气的相对湿度有关，干湿球温度差________，说明空气越干燥，空气的________越小。

9. 两种不同状态的湿空气混合后的状态点，必位于两已知状态点的________；混合状态点将线段分成________，两段线段长度之比与参与混合的空气________成反比。

10. 利用固体吸湿剂干燥空气时，湿空气中的部分水蒸气在吸湿剂表面的微孔中________，湿空气的含湿量________，温度升高，________不变。

二、判断题

1. 表压力是表示气体实际压力的值。（　）
2. 凡是气体压力低于 10^5Pa 的状态都称为真空。（　）
3. 湿空气的压力即为大气压力 B。（　）
4. 相对湿度是指湿空气的绝对湿度与同温度下饱和空气的绝对湿度的比值的百分数。（　）
5. 湿空气焓值的大小取决于空气温度和相对湿度两个因素。（　）
6. 在焓湿图上与横轴平行的直线称等含湿量线。（　）
7. 在焓湿图上，等温线为斜向上且相互平行的直线。（　）
8. 湿空气的焓变化量与含湿量变化量之比，称热湿比。（　）
9. 在定压绝热条件下，空气与水直接接触达到稳定的热湿平衡时的绝热饱和温度，称湿空气的露点温度。（　）
10. 湿空气的等焓线也称等湿球温度线。（　）

三、应用题

1. 已知 $t_g=22℃$，$\phi=55\%$，$B=101325$Pa，求湿空气的状态参数及湿球温度。

2. 已知大气压力为 101325Pa，室内空气温度为 20℃，相对湿度为 70%，求空气的露点温度和湿球温度。

3. 某空调工程总送风量为 5.3kg/s，其中回风量为 4.09kg/s（$B=101325$Pa），回风状态参数 $t_N=20℃$，$\phi_N=55\%$，新风量为 1.21kg/s，新风状态参数 $t_W=34℃$，$\phi_N=60\%$，求混合空气的状态参数。

单元二

中央空调系统冷湿负荷和送风量估算

内容构架

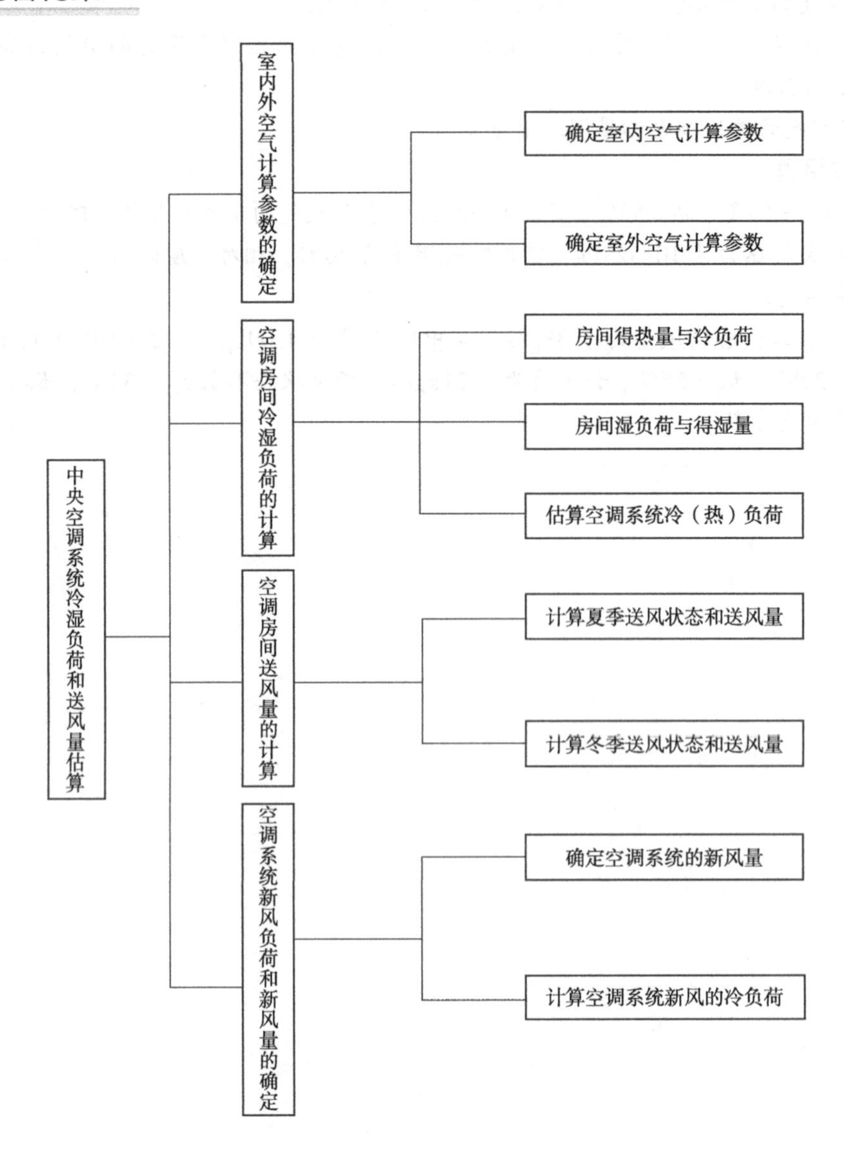

学习引导

目的与要求

- 能正确确定中央空调系统的室内外计算参数。
- 熟悉中央空调系统冷湿负荷的组成。
- 能正确计算或估算中央空调系统的冷湿负荷和送风量。
- 能正确计算空调系统的新风量和新风负荷。

重点与难点

- 学习难点：估算中央空调系统的冷湿负荷和空调房间送风量。
- 学习重点：计算空调系统的新风量和新风负荷。

课题一　室内外空气计算参数的确定

相关知识

在设计一个中央空调系统时，首先要明确设计目标和设计的条件，即空调系统要将室内空气控制在什么状态之下（表示这个状态的空气参数称为空调设计室内空气计算参数）、空调系统需要在什么气象条件下运行（表示这个气象条件的空气参数称为空调设计室外空气计算参数）。

要消除空调房间内部和外部干扰源所造成的影响，也与室内外空气参数有关，因此在讨论空调负荷的计算问题之前，首先要了解空调设计计算用的室内外空气参数及其确定方法。

一、确定室内空气计算参数

1. 室内空气计算参数的概念

室内空气计算参数主要是指作为空调工程设计与运行控制标准而采用的空气温度、相对湿度和空气流速等室内空气的控制参数。它们是影响人体热舒适性的主要原因。

（1）温度　人体对于温度较为敏感，而室内温度对人的热舒适性的影响是通过与人体表面皮肤的对流换热和导热来实现的。

（2）相对湿度　出汗是人体在任何气温下都存在的生理机能，只是在气温较低时出汗量较少，往往感觉不到出汗。而相对湿度主要影响人体表面汗液的蒸发，即影响蒸发散热量的多少。相对湿度过高不仅会使人感到气闷，而且汗液不易蒸发；相对湿度过低又会使人感觉干燥，引起皮肤干裂，甚至引发呼吸系统疾病。

（3）气流速度　气流速度对人的热舒适性最明显的影响是在夏季送冷风时，如果冷空气的流速过大，造成吹冷风的感觉，会极不舒适，严重时还会导致人生病。

根据所服务的对象不同，空调系统可分为舒适性空调和工艺性空调。在民用建筑和工业企业辅助建筑中，以保证人体舒适、健康和提高工作效率为目的的“舒适性环境空气参数”，一般不提空调精度要求；在生产厂房以及一些研究、试验环境或设施中，以着重满足生产工艺过程和试验过程的空气环境需求为目的的“工艺性环境空气参数”有空调精度要求。

2. 舒适性空调室内空气计算参数的确定

根据国家标准 GB 50019—2003《采暖通风与空气调节设计规范》规定，空气调节室内计算参数应符合表 2-1 的规定。

表 2-1 舒适性空气调节室内空气计算参数

参　数	冬　季	夏　季
温度/℃	18 ~ 24	22 ~ 28
风速/（m/s）	≤0.2	≤0.3
相对湿度（%）	30 ~ 60	40 ~ 65

国家标准 GB 50189—2005《公共建筑节能设计标准》规定，公共建筑空调系统室内空气计算参数可按表 2-2 规定的数值选用。

表 2-2 公共建筑空调系统室内空气计算参数

参　数		冬　季	夏　季
温度/℃	一般房间	20	25
	大堂、过厅	18	室内外温差≤10
相对湿度（%）		30 ~ 60	40 ~ 65
风速 v/（m/s）		0.10≤v≤0.20	0.15≤v≤0.30

3. 工艺性空调室内空气计算参数的确定

工艺性空气调节室内温度、湿度基数及其允许波动范围，应根据工艺需要及卫生要求确定，同时要兼顾劳动保护条件。工艺性空调可分为一般性降温空调、恒温恒湿空调和净化空调等。

（1）降温空调　其对温度、湿度的要求是夏季工人操作时手不出汗，且不使产品受潮。一般只规定温度或湿度的上限，不再注明空调精度。电子工业的某些车间，规定夏季室温不大于 28℃，相对湿度不大于 60% 即可。

（2）恒温恒湿空调　其对温度和湿度的基数和精度都有要求。如计量室室内全年保持温度为（20 ±0.1）℃，相对湿度 50% ±5%。也有的工艺过程仅对温度或相对湿度一项有严格要求，如纺织工业某些工艺对相对湿度要求严格，而空气温度则以劳动保护为主。

（3）净化空调　其不仅对室内空气温度、湿度提出一定要求，而且对空气中所含尘粒的大小和数量，甚至微生物种类也都有严格要求。如医院的洁净手术室分为四个等级，每个等级对细菌浓度都有明确的指标要求。

活动区的风速：冬季不宜大于 0.3m/s，夏季宜采用 0.2 ~ 0.5m/s；当室内温度高于 30℃时，可大于 0.5m/s。

不论何种工艺性空调，由于其服务对象为工业生产或科学实验，因此必须按工艺过程的特殊要求来确定室内空气计算参数。当有人操作时，在可能的情况下应尽量兼顾人体舒适性的需要。

对于夏季温度和相对湿度低于舒适性空调的场所，应尽量降低室内空气的流速，在工艺条件允许的前提下，应尽量提高空气温度，这样不仅可以节省设备的投资和运行费用，而且有利于操作人员的健康。

随着科学的发展，技术的进步，生产工艺过程不断改进，产品质量要求会日益提高，品种也会不断增多，相应地在空气环境参数的控制要求方面也有所变化。因此，空调的室内设计参数需要与工艺人员慎重研究后确定。

某些生产工艺场所所需的室内计算参数见表2-3、表2-4。

表2-3　某些工艺性场所的室内空气参数

建筑名称	夏　季		冬　季		备　注
	温度/℃	相对湿度（%）	温度/℃	相对湿度（%）	
民用及公共建筑	26~28	40~60	18~22	≥35	空气流速为0.2~0.5m/s
纺织厂细纺车间	30~32	55~60	23~25	50~55	
医院手术室	t=23~26℃		ϕ=50%~60%		
热学计量室（热电偶校正室）	t=20℃±1~2℃		ϕ≤70%		
精密刻度室	t=20℃±0.1~0.5℃		ϕ≤65%		有较高的空气净化要求
电子计算机房	t=20~23℃±1~2℃		ϕ=0±10%		

表2-4　某些生产工艺过程所需的室内空气参数（摘录）

工艺过程	夏　季		冬　季		备　注
	温度/℃	相对湿度(%)	温度/℃	相对湿度(%)	
机械加工：					
一级坐标镗床	20±1	40~65	20±1	40~65	
二级坐标镗床	23±1	40~65	17±1	40~65	
高精度刻线机(机械法)	20±0.1~0.2	40~65	20±0.1~0.2	40~65	
各种计量：					
标准热电偶	20±1~2	<70	20±1~2	<70	
检定一、二等标准电池	20±2	<70	20±2	<70	
检定直流高、低阻电位计	20±1	<70	20±1	<70	
检定精密电桥	20±1	<70	20±1	<70	
检定一等量块	20±0.2	50~60	20±0.2	50~60	
检定三等量块	20±1	50~60	20±1	50~60	
光学仪器加工：					有较高的空气净化要求
抛光、细磨、镀膜、光学系统装配	24±2	<65	22±2	<65	
精密刻划	20±0.1~0.5	<65	20±0.1~0.5	<65	

二、确定室外空气计算参数

建筑物为自然环境所包围，其内部必然处于外界大气压力、温度、湿度、风速、风向以及日照等气象参数的影响之中。影响空调系统设计与运行的一些室外气象参数被称为室外空气计算参数。

室外空气计算参数中与空调系统设计、运行关系最密切的是温度、湿度参数。因为计算通过围护结构传入室内或由室内传至室外的热量时，要以室外空气计算温度为依据。另外，为满足室内空气卫生要求和正压要求，空调要使用部分新鲜空气，那么加热或冷却这部分新鲜空气所需的热量或冷量的计算，就要与室外空气计算干湿球温度有关。

1. 室外空气温度、湿度的变化规律

室外空气的干湿球温度等参数都是随季节、昼夜和时刻不断变化的量，如图 2-1 和图 2-2所示。

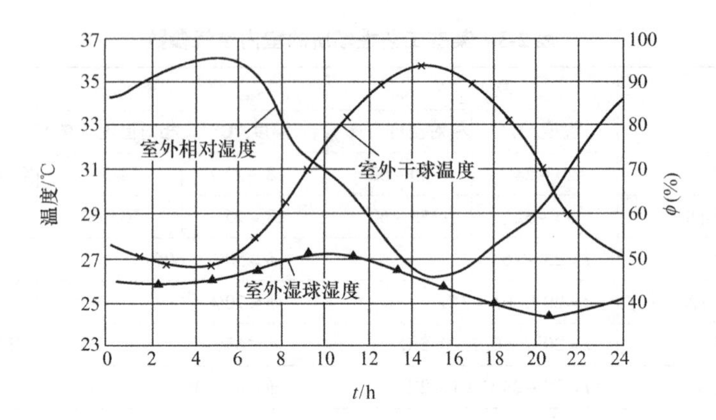

图 2-1　室外空气相对湿度、干湿球温度昼夜变化曲线

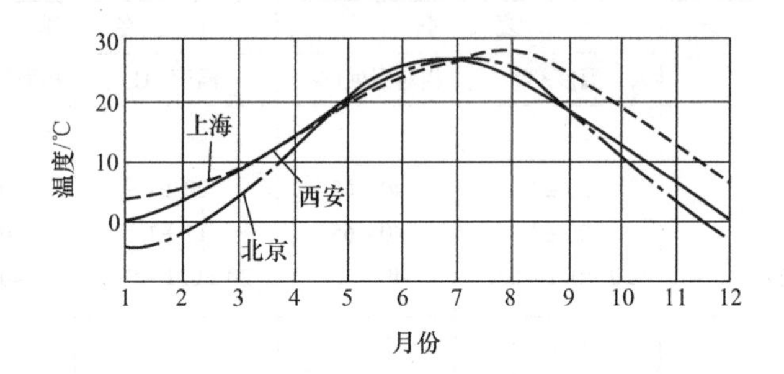

图 2-2　室外空气干湿球温度季节变化曲线

2. 室外空气计算参数的确定

室外空气计算参数取什么值，会直接影响室内空气状态的保证程度和设备投资。

例如，当夏季取用很多年才出现一次而且持续时间较短（几小时或几昼夜）的当地室外空气最高干湿球温度作为室外空气计算参数时，就会因配置的设备和相关装置容量过大，长期不能全部投入使用而形成投资浪费。

设计规范中规定的室外空气计算参数值，通常不是取最不利条件时的数值，而是根据全年少数时间不保证室内温度、湿度在控制标准范围内的原则确定的数值。

GB 50019—2003《采暖通风与空气调节设计规范》规定，选择下列统计值作为空调室外空气计算参数。

（1）夏季空调室外空气计算参数

1）夏季通风室外计算温度，应采用历年最热月 14 时的月平均温度的平均值。

2）夏季通风室外计算相对湿度，应采用历年最热月 14 时的月平均相对湿度的平均值。

3）夏季空气调节室外计算干球温度，应采用历年平均不保证 50h 的干球温度。

4）夏季空气调节室外计算湿球温度，应采用历年平均不保证 50h 的湿球温度。

5）夏季空气调节室外计算日平均温度，应采用历年平均不保证 5 天的日平均温度。

6）夏季空气调节室外计算逐时温度，可按下式确定

$$t_{sh} = t_{wp} + \beta\Delta t_r \tag{2-1}$$

式中　t_{sh}——室外计算逐时温度；

t_{wp}——夏季空调室外计算日平均温度；

β——室外温度逐时变化系数；

Δt_r——夏季室外计算平均日较差。

（2）冬季空调室外空气计算参数

1）冬季通风室外计算温度，应采用累年最冷月平均温度。

2）冬季空气调节室外计算温度，应采用历年平均不保证 1 天的日平均温度。

3）冬季空气调节室外计算相对湿度，应采用累年最冷月平均相对湿度。

注意：统计干湿球温度时，宜采用当地气象台站每天 4 次的定时温度记录，并以每次记录值代表 6h 的温度值进行核算。

【典型实例 1】 国内常见居住建筑与公共建筑的室内空气参数。

国家标准 GB 50189—2005《公共建筑节能设计标准》规定，常见居住建筑与公共建筑内空调房间的空气计算参数可按表 2-5 规定的数值选用。

表 2-5　常见居住建筑与公共建筑内空调房间的空气计算参数

建筑类别	房间用途	夏季		冬季	
		温度/℃	相对湿度（%）	温度/℃	相对湿度（%）
住宅	卧室与起居室	26～28	45～65	18～20	≥30
旅馆	客房	24～27	50～65	18～22	40～50
	宴会厅、餐厅	24～27	55～65	18～22	40～50
	娱乐室	25～27	40～60	18～20	40～50
	大厅、休息室、服务部门	26～28	50～65	16～18	40～50
医院	病房	25～27	45～65	18～22	40～55
	手术室、产房	25～27	40～60	22～26	40～60
	检查室、诊断室	25～27	40～60	18～22	40～60
办公楼	一般办公室	26～28	<60	18～20	≥30
	高级办公室	24～27	40～60	20～22	40～60
	会议室	25～27	<60	16～18	≥30
	计算机房	25～27	45～65	16～18	≥30
影剧院	观众厅	26～28	≤65	16～18	≥35
	舞台	25～27	≤65	16～20	≥35
	化妆	25～27	≤60	18～22	≥35
	休息厅	28～30	≤65	16～18	—
学校	教室	26～28	≤65	16～18	—
	礼堂	26～28	≤65	16～18	—
	实验室	25～27	≤65	16～20	—

（续）

建筑类别	房间用途	夏季		冬季	
		温度/℃	相对湿度（%）	温度/℃	相对湿度（%）
图书馆	阅览室	26～28	45～65	16～18	≥30
博物馆	展厅	26～28	45～60	16～18	40～50
美术馆	珍藏室、贮放室	22～24	45～60	12～16	45～60
档案馆	缩微胶片室	20～22	30～50	12～16	30～50
体育馆	观众席	26～28	≤65	16～18	35～50
	比赛厅	26～28	≤65	16～18	—
	练习厅	26～28	≤65	16～18	—
	游泳池大厅	25～28	≤75	25～27	≤75
	休息厅	28～30	≤65	16～18	—
百货商店	营业厅	26～28	50～65	16～18	30～50
电视、广播中心	播音室、演播室	25～27	40～60	18～20	40～50
	控制室	24～26	40～60	20～22	40～55
	节目制作室、录音室	25～27	40～60	18～20	40～50

【典型实例2】 国内主要城市的部分室外空气气象参数。

夏季空调室外计算干湿球温度、夏季空调室外计算日平均温度、冬季空调室外计算温度及相对湿度等参数，可以在空气调节设计手册中查得。表2-6中列出了国内主要城市的部分室外空气气象参数。

表2-6　国内主要城市的部分室外空气气象参数

序号	城市名	纬度（北）	海拔/m	大气压力/kPa		空调			
				冬季	夏季	冬季室外计算干球温度/℃	冬季室外计算相对湿度(%)	夏季室外计算干球温度/℃	夏季室外计算湿球温度/℃
1	北京	39°48′	31.3	102.04	99.86	－12	45	33.2	26.4
2	天津	39°06′	3.3	102.66	100.48	－11	53	33.4	26.9
3	石家庄	38°02′	80.5	101.69	99.56	－11	52	35.1	26.9
4	太原	37°47′	777.9	93.29	91.92	－15	51	31.2	23.4
5	呼和浩特	40°49′	1063.0	90.09	88.94	－22	56	29.9	20.8
6	沈阳	41°46′	41.6	102.08	100.07	－22	64	31.4	25.4
7	大连	38°54′	92.8	101.38	99.47	－14	58	28.4	25.0
8	长春	43°54′	236.8	99.40	97.79	－26	68	30.5	24.2
9	哈尔滨	45°41′	171.7	100.15	98.51	－29	74	30.3	23.4
10	上海	31°10′	4.5	102.51	100.53	－4	75	34.0	28.2
11	南京	32°00′	8.9	102.52	100.40	－6	73	35.0	28.3
12	杭州	31°14′	41.7	102.09	100.05	－4	77	35.7	28.5
13	合肥	31°52′	29.8	102.23	100.09	－7	75	35.0	28.2
14	福州	26°05′	84.0	101.26	99.64	4	74	35.2	28.0

课题二　空调房间冷湿负荷的计算

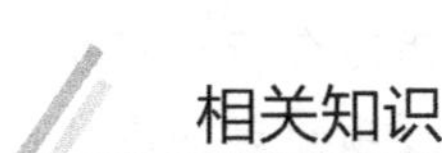

相关知识

空调房间的负荷又称为室内负荷，包括夏季冷负荷、冬季热负荷及湿负荷，简称为冷湿负荷。空调系统通过向空调房间内送入一定量的空气，带走房间中的冷（热）湿负荷，从而实现控制房间内的空气温度和湿度的目的。

在确定了空调房间室内外空气计算参数之后，要对空调房间冷湿负荷进行计算，从而确定空调系统送风量和空调设备（如空气处理机组中的冷却器、加热器、加湿器等）容量，这是空调设计任务中的第一项计算工作。

一、房间得热量与冷负荷

夏季空调房间的得热量与冷负荷是两个既有联系又有区别的概念。

1. 空调房间的夏季得热量

得热量是指在某一时刻由室外和室内热源散入房间的热量的总和。当得热量为负值时称为耗（失）热量。

空调房间的夏季得热量，主要有以下来源。

1）通过围护结构传入的热。

2）通过外窗进入的太阳辐射热。

3）人体散热。

4）照明散热。

5）设备、器具、管道及其他内部热源的散热。

6）食品或物料的散热（非饭店、宴会厅一类的民用建筑可不计）。

7）渗透空气带入的热。

8）伴随各种散湿过程产生的潜热。

根据性质的不同，得热量可分为潜热和显热两类。借助对流和辐射方式由温差引起的得热称为显热得热；而随人体、设备、工艺过程等散湿以及新风或渗透风带入室内的湿量引起的得热则是潜热得热。

2. 空调房间的夏季冷负荷

房间冷负荷是指为了维持要求的室内温度而在任意瞬间必须由空调系统从房间移走的热量，即在单位时间内必须向室内空气供给的冷量，用于抵消房间得热量。

得热量是引起空调房间冷负荷的根源，但此两者并非时刻都相等，这是由围护结构和房间内部物体的蓄热特性以及得热量的种类决定的。其中以对流形式传递的显热和潜热得热部分，直接放散到房间的空气中，立刻构成房间的冷负荷。而显热得热的另一部分是以辐射热的形式投射到室内物体的表面上的，先被物体所吸收。物体在吸收了辐射热后温度升高，一部分热量以对流的形式传给周围的空气，成为瞬时冷负荷，另一部分热量则流入物体内部蓄存起来。这时得热量不等于冷负荷，但是当物体的蓄热能力达到饱和后，即不能再蓄存更多的热量时，所接收的辐射热就全部以对流传热的方式传给周围的空气，全部变为瞬时冷负荷，这时得热量等于冷负荷。

> **特别说明**：在夏季逐项逐时的冷负荷计算中，每一项都有各自的公式和要求，相对来说较为繁杂，这是空调设计人员应该掌握的。同时，现在的设计人员都采用冷负荷计算软件对逐项逐时的冷负荷及各种数据进行方便、快捷的计算。对精确计算逐项逐时的冷负荷感兴趣的同学可以查找相关资料学习，在这里不详细说明了。

3. 空调房间冬季热负荷与得热量

在冬季，影响房间内空气温度升降的因素是房间的得热量和耗热量。只有当房间总的得热量小于总的耗热量时，才会使房间空气温度降低到设计值以下，此时为了保持空调房间的空气温度符合设计要求，需要补充房间缺少的热量或向房间供给的热量称为房间热负荷。

冬季采暖通风系统的热负荷，应根据下列建筑物散失和获得的热量确定。

1）围护结构的耗热量。

2）加热由门窗缝隙渗入室内的冷空气的耗热量。

3）加热由门、孔洞及相邻房间侵入的冷空气的耗热量。

4）水分蒸发的耗热量。

5）加热由外部运入的冷物料和运输工具的耗热量。

6）通风耗热量。

7）最小负荷的工艺设备散热量。

8）热管道及其他热表面的散热量。

9）热物料的散热量。

10）通过其他途径散失或获得的热量。

注意：不经常的散热量可不计算；经常而不稳定的散热量，应采用小时平均值。

民用建筑的有关得热量一般作为安全因素不计算，耗热量中通常也只计算围护结构的耗热量这一项，因此民用建筑的热负荷一般就等于围护结构的耗热量。

空调房间冬季热负荷与供暖房间热负荷的计算方法是一样的，只是由于空调房间室内热环境条件的要求高于供暖房间，因此两者室内外空气计算参数的规定值有所不同。有一些房间或区域（如商场或建筑物的内区等），由于人流多、照明强，使其在冬季室外气温低于室内气温的情况下，得热量还是大于耗热量，此时即使在冬天也需要供冷。

二、房间湿负荷与得湿量

对空调房间进行精确的空调负荷计算时，应计算房间的湿负荷。

为保持房间要求的空气湿度参数，必须从房间除去多余的湿量或向房间补充不足的湿量，这些湿量均称为房间余湿湿负荷。

空调房间的自然湿量来源有室内湿源散发的湿量和室外空气渗透带入的湿量两类，统称为散湿量，主要包括以下内容。

1）人体散湿量（包括呼吸和汗液蒸发向空气散发的湿量）。

2）渗透空气带入的湿量。

3）化学反应过程的散湿量。

4）各种潮湿表面、液面或液流的散湿量。

5）食品或其他物料的散湿量。

6）设备散湿量。

各项散湿量的计算方法参见有关设计手册。夏季建筑物内部湿源散湿通常较为稳定，室外渗风带湿量在室内维持正压的情况下往往又可以忽略，故可直接将室内各种湿源散湿量之和作为房间稳定的计算湿负荷，也就是通常需借助空调送风或其他介质加以排除的室内余湿量。确定散湿量时，还应根据散湿源的种类，分别选用适宜的人员群集系数、同时使用系数以及通风系数。有条件时，应采用实测数值。

舒适性空调系统通常不考虑湿负荷，如果要考虑，一般也只计算人体的散湿量，并作为空调系统的湿负荷。

一般来说，各空调系统总的冷热负荷，在考虑同时使用情况以及输送系统和换热设备的热损失后，就是冷源和热源需要供给的冷量和热量，也是决定冷热源设备（如制冷机和锅炉等）总装机容量的依据。各空调房间配置的末端设备或装置一般是以房间冷负荷为依据选定的，通常能满足冬季供暖的需要。

三、估算空调系统冷（热）负荷

1. 夏季供冷负荷的估算法

（1）简单计算法　空调房间的冷负荷由外围结构传热、太阳辐射热、空气渗透热、室内人员散热、室内照明设备散热、室内其他电器设备引起的负荷，再加上新风量带来的空调系统负荷等构成。估算时，以围护结构和室内人员的负荷为基础，把整个建筑物看成一个大空间，按各面朝向计算负荷。室内人员散热量按照人均116.3W计算，最后将各项数值的和乘以新风负荷系数1.5，即为估算结果，即

$$\Phi = (\Phi_W + 116.3N) \times 1.5 \qquad (2\text{-}2)$$

式中　Φ——空调系统的总负荷；

Φ_W——围护结构引起的总负荷；

N——室内人员数。

（2）指标系数计算法　以国内现有的一些工程冷负荷指标（一般按建筑面积的冷负荷指标）为基础，这里以宾馆为基础（$70 \sim 95\text{W/m}^2$），对其他建筑则乘以修正系数β，见表2-7。

表2-7　建筑物冷负荷修正系数

建筑物	修正系数	建筑物	修正系数
办公楼	$\beta=1.2$	大会堂	$\beta=2\sim2.5$
图书馆	$\beta=0.5$	医院	$\beta=0.8\sim1.0$
商店	$\beta=0.8$（只营业厅有空气调节） $\beta=1.5$（全部建筑空间有空气调节）	影剧院	$\beta=1.2$（电影厅有空气调节） $\beta=1.5\sim1.6$（大剧院）
体育馆	$\beta=3.0$（比赛场馆面积） $\beta=1.5$（总建筑面积）		

注：在使用上述数据时，建筑物的总面积小于500m^2时取上限值，大于1000m^2取下限值。上述指标确定的冷负荷为制冷机的容量，不必再加系数。

（3）单位面积估算法　单位面积估算法是一种将空调负荷单位面积上的指标乘以建筑物内空调面积，得出制冷系统总负荷的估算值的负荷计算法。其具体项目见表2-8。

表2-8　国内部分建筑空调冷负荷设计指标

建筑类型及房间名称		冷负荷指标/（W/m²）
旅馆、宾馆、饭店	客房（标准层）	80～110
	酒吧、咖啡厅	100～180
	西餐厅	160～200
	中餐厅、宴会厅	180～350
	商店、小卖部	100～160
	中厅、接待处	90～120
	小会议室（允许少量抽烟）	200～300
	大会议室（不允许抽烟）	180～280
	理发室、美容室	120～180
	健身房、保龄球室	100～200
	弹子房	90～120
	室内游泳池	200～350
	舞厅（交谊舞）	200～250
	舞厅（迪斯科）	250～350
	办公室	90～120
办公楼	办公楼（全部）	90～115
	超高层办公楼	105～145
百货大楼、商场	底层	250～300
	二层或以上	200～250
超级商场		150～200
医院	高级病房	80～110
	一般手术室	100～150
	洁净手术室	300～450
	X光、CT、B超诊断室	120～150
影剧院	舞台（剧院）	250～350
	观众席	180～350
	休息厅（允许抽烟）	300～350
	化妆室	90～120
体育馆	比赛馆	120～300
	观众休息厅（允许抽烟）	300～350
	贵宾室	100～120
展览厅、陈列室		130～200
会堂、报告厅		150～200
图书馆（阅览）		75～100
公寓、住宅		80～90
餐馆		200～350

2. 冬季供暖负荷估算法

（1）单位面积热指标估算法　已知空调房间的建筑面积，其供暖负荷可采用表2-9所提供的指标，乘以总建筑面积进行粗略估算。

表2-9　国内部分建筑供暖负荷设计指标

序　号	建筑物类型及房间类型	供暖负荷指标/（W/m²）
1	住宅	46～70
2	办公楼、学校	58～80
3	医院、幼儿园	64～80
4	旅馆	58～70
5	图书馆	46～76
6	商店	64～87
7	单层住宅	80～105
8	食堂、餐厅	116～140
9	影剧院	93～116
10	大礼堂、体育馆	116～163

注：1. 建筑面积大、外围护结构性能好、窗户面积小时，可采用较小的指标。
2. 建筑面积小、外围护结构性能差、窗户面积大时，可采用较大的指标。

（2）窗墙比公式估算法　已知空调房间的面积、窗墙比及建筑面积，供暖指标可按下式进行估算

$$q = \frac{1.63(6a + 1.5)A_1}{A}(t_N - t_W) \tag{2-3}$$

式中　q——建筑物供暖热负荷指标（W/m²）；
1.63——墙体传热系数［W/（m²·℃）］；
a——外窗面积与外墙面积之比；
A_1——外墙总面积（包括窗，m²）；
A——总建筑面积（m²）；
t_N——室内供暖设计温度（℃）；
t_W——室外供暖设计温度（℃）。

上述指标已包括管道损失在内，可用它直接作为选择锅炉的热负荷数值，不必再加系数。

【典型实例1】 估算建筑物空调冷负荷。

工程概况：本工程为合肥市某建筑体集中空调工程，建筑单体共15层，建筑面积约30 000m²，主要功能及使用面积为：商场10 000m²，办公区7500m²，会议中心1000m²，客房2500m²，多功能厅500m²，试估算该楼中央空调的冷负荷。

解 1）确定面积冷负荷指标（查表2-8）。

商场：$q=230\text{W/m}^2$；办公区：$q=120\text{W/m}^2$；会议中心：$q=180\text{W/m}^2$；客房：$q=80\text{W/m}^2$；多功能厅：$q=200\text{W/m}^2$。

2）根据面积冷负荷指标计算冷负荷。

商场：$Q_1=230\text{W/m}^2\times10000\text{m}^2=2300\text{kW}$；

办公区：$Q_2=120\text{W/m}^2\times7500\text{m}^2=900\text{kW}$；

会议中心：$Q_3=180\text{W/m}^2\times1000\text{m}^2=180\text{kW}$；

客房：$Q_4=80\text{W/m}^2\times2500\text{m}^2=200\text{kW}$；

多功能厅：$Q_5=200\text{W/m}^2\times500\text{m}^2=100\text{kW}$。

考虑到同时工作，冷负荷修正系数取$\beta=0.8$，则

总负荷：$Q=(Q_1+Q_2+Q_3+Q_4+Q_5)\times0.8$

$=(2300\text{kW}+900\text{kW}+180\text{kW}+200\text{kW}+100\text{kW})\times0.8=2944\text{kW}$

【典型实例2】 建筑物实际装机制冷量和指标。

表2-10介绍了国内多座现代大型豪华建筑物中央空调系统的建筑面积、层数、总制冷量［单位：RT（冷吨）］及每平方米冷量（RT/m²）等指标，供设计者参考。

表2-10 建筑物实际装机制冷量和指标

序号	建筑物	建筑面积/m²	层数	制冷量/RT	每平方米冷量/(RT/m²)	序号	建筑物	建筑面积/m²	层数	制冷量/RT	每平方米冷量/(RT/m²)
1	香港中国银行	130 000	70	3520	0.0271	10	天伦饭店	52 700	9	1600	0.0304
2	新世界中心	360 000	19	12 500	0.0374	11	昆仑饭店	80 000	30	2025	0.0253
3	奔达中心	110 000	46	3300	0.0300	12	香山饭店	36 000	4	1200	0.0333
4	信德中心	245 000	38	10 600	0.0433	13	南洋大厦	56 000	21	1500	0.0268
5	夏懿大厦	47 000	28	1050	0.0223	14	天坛饭店	35 200	10	900	0.0256
6	交易广场	170 000	52	9850	0.0579	15	天桥饭店	32 400	13	1200	0.0370
7	置地广场	185 000	47	8000	0.0432	16	金朗饭店	36 000	13	1200	0.0333
8	汇丰银行	100 000	46	3550	0.0355	17	四川大厦	93 000	28	1850	0.0199
9	海富中心	124 000	33	5400	0.0435	18	港澳中心	55 000	18	2000	0.0364

需要重视的是，在计算空调房间冷负荷时应注意分析空调冷负荷的组成，针对不同的空调对象（工艺性空调还是舒适性空调），要仔细分析空调冷负荷的组成，看哪些负荷占主要地位、哪些负荷占次要地位。对于主要负荷，应从调查了解、收集原始数据入手，力求准确地加以计算；对于次要负荷，可以稍微粗略一些。影剧院、体育馆和百货商场这一类公共建筑的舒适性空调，人体散热和照明灯具散热引起的冷负荷占主要地位，而围护结构冷负荷相对来说所占的比例就较小。

课题三　空调房间送风量的计算

相关知识

空调房间的冷负荷与湿负荷，分别就是室内的余热和余湿。在计算出空调房间的冷负荷和湿负荷后，使空调系统向空调房间内送入一定质量和一定状态的空气，来消除室内的余热量和余湿量，以维持所需要的室内空气状态。本节介绍空调房间送风状态和送风量的确定办法。

一、计算夏季送风状态和送风量

如图 2-3 所示，假设空调房间内的余热量（即室内冷负荷）为 Q(kW)，余湿量为 W (kg/s)。为了消除余热和余湿，保持室内空气状态为 N 点，送入 G(kg/s) 的空气，其状态为 $O(h_O，d_O)$。当送入空气吸收余热 Q 和余湿 W 后，送入的空气状态 $O(h_O，d_O)$ 变为状态 N 而排出，从而保证了室内空气状态为 $(h_N，d_N)$。

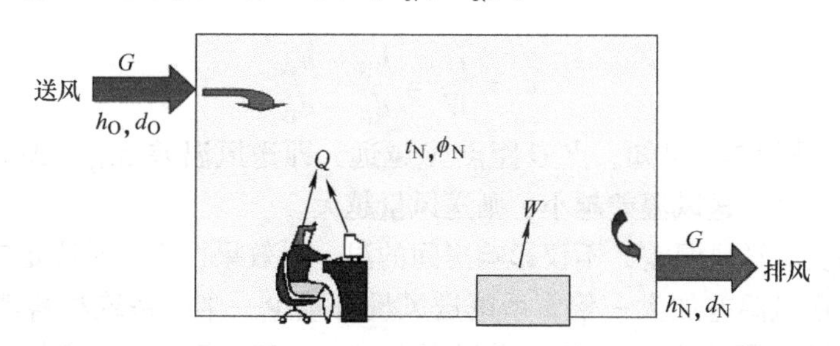

图 2-3　空调房间送风示意图

已知空调房间冷负荷 Q、湿负荷 W 和送风温差 Δt_O 后，可按照下列步骤计算夏季送风状态点和房间送风量。

1. 在 *h-d* 图上确定室内空气状态点 *N*

送风状态是借助湿空气的 h-d 图确定的，如图 2-4 所示。按照设计要求，室内所需的温度 t_N 和相对湿度 ϕ_N 是已知的。据此，可在 h-d 图上确定室内空气的状态点 N。

2. 根据 *Q*、*W* 求热湿比 ε = *Q/W*，在 *h-d* 图上过 *N* 点绘出 ε 过程线

设送风状态点为 O，因为送入室内的空气是在吸收室内余热 Q 和吸收余湿 W 后，由状态 O 变化到状态 N 的，所以 O 点应位于过点 N 且热湿比 $\varepsilon = \frac{G}{W}$ 的过程线上。因此，可求得从 $O \rightarrow N$ 的热湿比 ε，并可过 N 点作 ε 线。但要在 ε 线上确定 O 点的位置，还必须知道送风状态的某一个参数才行。

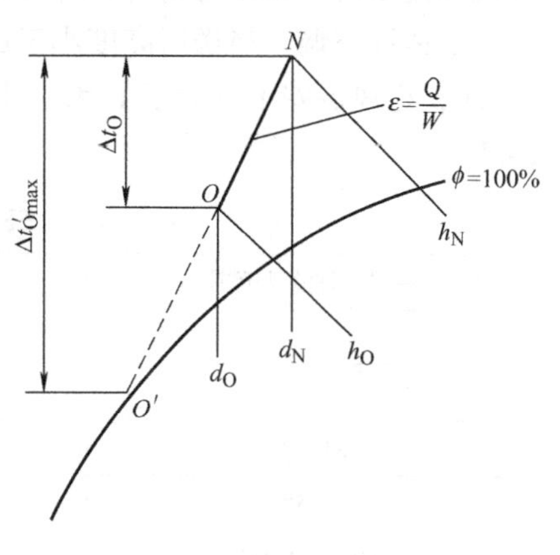

图 2-4　送入空气状态变化过程

3. 按规定的送风温差 Δ*t* 求送风温度 t_O，t_O 线与过程线 ε 的交点 *O* 即为送风状态点

如图 2-4 所示，空调房间室内设计温度 t_N 与送风温度 t_O 之差 $\Delta t_O = t_N - t_O$ 称为送风温差。

设计规范对空调系统的送风温差做了规定，根据规范选定合适的温差 Δt_O，就可由 $t_O = t_N - \Delta t_O$ 算出送风温度。那么，在 h-d 图上温度为 t_O 的等温线与过点 N、$\varepsilon = \frac{G}{W}$ 的过程线的交点 O，就是所求的夏季送风状态点。

4. 夏季送风量的计算

确定了夏季送风的状态，则可以进行夏季送风量的计算，公式推导如下：

如图 2-4 所示，空调房间的余热量为 Q(kW)、余湿量为 W(kg/s)，送入 G(kg/s) 的空气，其状态为 $O(h_O, d_O)$，吸收余热 Q 和余湿 W 后，送入的空气状态 $O(h_O, d_O)$ 变为室内状态 $N(h_N, d_N)$，并从房间排出。根据空调房间的热、湿平衡可得

$$Gh_O + Q = Gh_N, Gd_O + W = Gd_N \tag{2-4}$$

以上两式可化为

$$G = \frac{Q}{h_N - h_O}, G = \frac{W}{d_N - d_O} \tag{2-5}$$

因为由空调房间的热、湿平衡得出的送风量应相等，所以上面两式相比，可得空调房间的热湿比为

$$\varepsilon = \frac{Q}{W} = \frac{h_N - h_O}{d_N - d_O} \tag{2-6}$$

由式（2-5）及图 2-4 可知，点 O 距点 N 越远，即送风温差 Δt_O（$\Delta t_O = t_N - t_O$）越大，则送风量越小；反之，送风温差越小，则送风量越大。

空调系统的夏季送风温差，不仅影响房间的温、湿效果，而且是决定空调系统经济性的主要因素之一。送风温差加大一倍，系统送风量可减少一半，系统材料消耗和投资减少约 40%，而动力消耗也可减少约 50%；送风温差在 4～8℃ 范围内每增加 1℃，风量可减少 10%～15%。因此，设计规范要求在满足舒适性和工艺性的要求下，应尽量加大送风温差。

综合考虑有利于节省初始投资和运行费，尽量避免使人员感受冷气流的作用，能使室内温度和湿度的分布较为均匀稳定等多项因素后，设计规范规定：

舒适性空调，当送风高度小于或等于 5m 时，送风温差不宜大于 10℃；当送风高度大于 5m 时，送风温差不宜大于 15℃。工艺性空调，按照室温允许波动范围确定送风温差，见表 2-11。

表 2-11　送风温差与换气次数

室温允许波动范围	送风温差	换气次数/（次/h）
> ±1.0℃	人工冷源：≤15℃ 天然冷源：可能的最大值	
±1.0℃	6～10℃	≥5
±0.5℃	3～6℃	>8
±0.1～0.2℃	2～3℃	150～200

注：选定送风温度时，要使 t_O 不能低于室内空气设计状态 N 所对应的露点温度 t_1，否则会在送风口上产生结露现象造成滴水（为防止送风口产生结露滴水现象，一般要求夏季送风温度高于室内空气的露点温度 2～3℃）。

5. 房间的换气次数

为了保证空调效果，需要对空调房间的最小送风量给予保护，一般是通过规定房间的换

气次数来体现的。换气次数是房间送风量 $G(m^3/h)$ 与房间体积 $V(m^3)$ 的比值，用 n（次/h）表示。舒适性空调的房间换气次数不宜少于 5 次/h，但高大空间的换气次数应按其冷负荷通过计算确定，即

$$n = \frac{G}{V} \tag{2-7}$$

二、计算冬季送风状态和送风量

冬季，通过围护结构的温差传热往往是由内向外传递的，只有室内热源向室内散热，因此冬季室内余热量往往比夏季少得多，有时甚至为负值，而余湿量则冬夏一般相同。这样，冬季房间的热湿比值常小于夏季，也可能是负值。所以空调送风温度 t_0 往往接近或高于室温 t_N，$h_0 > h_N$。

由于送热风时送风温差值可比送冷风时的送风温差值大，所以冬季送风量可以比夏季小，故空调送风量一般是先确定夏季送风量，在冬季可采用与夏季相同的风量，也可采用少于夏季的风量。全年采用固定送风量是比较方便的，只调送风参数即可。而冬季用提高送风温度减少送风量的做法，则可以节约电能，尤其对较大的空调系统，减少风量的经济意义更为突出。当然，减少风量也是有所限制的，它必须满足最少换气次数的要求，同时送风温度也不宜过高，一般以不超出 45℃为宜。

【典型实例 1】 夏季空调房间送风状态和送风量的计算。

某空调房间的夏季冷负荷 $Q = 3314\text{W}$，湿负荷 $W = 0.264\text{g/s}$。要求室内全年保持空气状态为 $t_N = (22 \pm 1)$℃和 $\phi_N = (55 \pm 5)\%$，当地大气压为 101325Pa。求送风状态参数和送风量。

解　1）求热湿比。

$$\varepsilon = \frac{Q}{W} = \frac{3314}{0.264}\text{kJ/kg} = 12553\text{kJ/kg} \approx 12600\text{kJ/kg}$$

2）根据 $t_N = 22$℃，$\phi_N = 55\%$，在 h-d 图上确定室内空气控制状态点 N（见图 2-5），标出已知参数，查得 $h_N = 45\text{kJ/kg}$（干），$d_N = 9\text{g/kg}$（干），通过该点画出 $\varepsilon = 12600\text{kJ/kg}$ 的热湿比线。

3）依题意，查表 2-11，取送风温差 $\Delta t_0 = 8$℃，则送风温度 $t_0 = 22℃ - 8℃ = 14℃$。

查 h-d 图，得室内空气的露点温度 $t_{Nl} = 12.5$℃，则 $t_0 - t_{Nl} = 14℃ - 12.5℃ = 1.5℃ < 2 \sim 3℃$，说明送风温差取得过大，使送风温度偏低，不合适。

将 Δt_0 减小为 7℃，显然就可满足防止送风口结露的要求，此时的送风温度 $t_0 = 15$℃。

4）在 h-d 图上找到 15℃ 等温线和 ε 线的交点 O，查得

$$h_0 = 35\text{kJ/kg(干)}, d_0 = 8.2\text{g/kg(干)}$$

5）计算送风量。

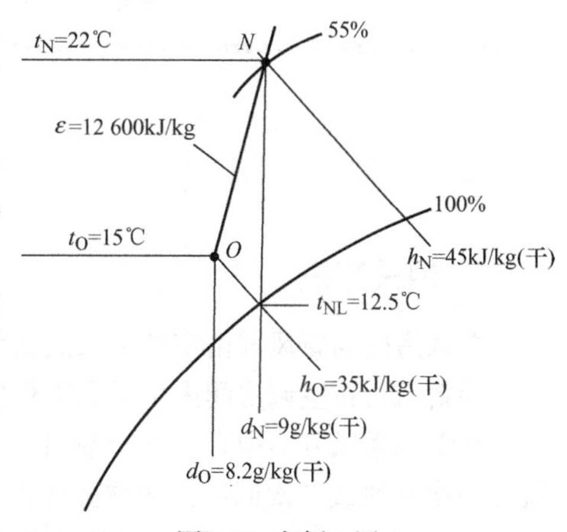

图 2-5　实例 1 图

$$q_m = \frac{Q}{h_N - h_O} = \frac{3314 \times 10^{-3}}{45 - 35}\text{kg/s} = 0.33\text{kg/s}$$

或

$$q_m = \frac{W}{d_N - d_O} = \frac{0.264}{9 - 8.2}\text{kg/s} = 0.33\text{kg/s}$$

按消除余热和消除余湿所求通风量相同，说明计算无误。

【典型实例 2】 冬季空调房间送风状态和送风量的计算。

仍按上题基本条件，如果冬季余热量 $Q = -1.105\text{kW}$，余湿量 $W = 0.264\text{kg/s}$，试求冬季送风状态及送风量。

解 1）求冬季热湿比。

$$\varepsilon = \frac{Q}{W} = \frac{-1105}{0.264}\text{J/kg} = -4190\text{J/kg}$$

2）决定全年送风量不变，计算送风参数。由于冬、夏季内散湿量相同，所以冬季送风含湿量与夏季相同，即

$$d_O = d'_O = 8.6\text{g/kg}$$

过 N 点作 $\varepsilon = -4190\text{J/kg}$ 的过程线（见图 2-6），它与 8.6g/kg 等含湿线的交点即为冬季送风状态点 O'。

$$h'_O = 49.35\text{kJ/kg}, t'_O = 28.5℃$$

其实，在全年送风量不变的条件下，送风量是已知数，因而可算出送风状态，即

$$h'_O = h_N + \frac{Q}{G} = \left(46 + \frac{1.105}{0.33}\right)\text{kJ/kg} = 49.35\text{kJ/kg}$$

由 h-d 图查得 $t'_O = 28.5℃$

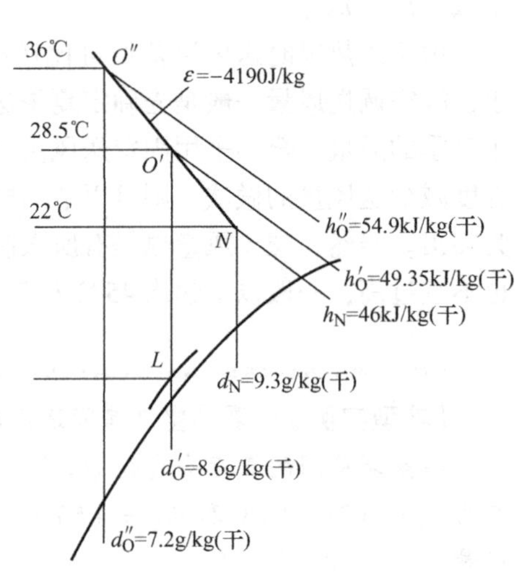

图 2-6 实例 2 图

如希望冬季减少送风量，提高送风温度，例如使 $t''_O = 36℃$，则在 $\varepsilon = -4190\text{J/kg}$ 过程线上可得到 O''

$$t''_O = 36℃, h''_O = 54.9\text{kJ/kg}, d''_O = 7.2\text{g/kg}$$

则送风量为 $$G = \frac{-1.105}{46 - 54.9}\text{kg/s} = 0.125\text{kg/s} = 450\text{kg/h}$$

课题四 空调系统新风负荷和新风量的确定

相关知识

空调房间的新风即由室外引入的新鲜空气，是为了改善室内空气环境而输入的。增加一定量的新风对在空调房间内生活和工作的人员的身体健康是有益的。

在空调送风方案中有一种全新风（直流式）方式，即全部采用室外新风而无室内的回风（一次回风或二次回风，或称循环风）。这种情况下空调系统的送风量即为新风量，即新风量占 100%（100% 新风）。使用全新风的空调场所有卫生间、厨房、地下车库、医院手术

室、有毒有害房间等。全新风系统的风量全部都由排风风机排走。

在一次回风系统空调中，新风量只占全部送风量的10%～20%（一般占15%），新风量占全部送风量的百分比简称为新风百分比。在全年运行过程中，新风量是可调的、变化的，一般在夏季新风量为15%左右，而在春秋过渡季节（此时室外空气的状态与空调房间的要求相近）都为100%新风，这种运行方式对系统节能有利。

一、确定空调系统的新风量

确定空调房间的新风量，主要考虑达到以下三方面的要求。

1. 满足室内空气卫生要求

根据国家卫生部门规定，为保证每个空调房间有满足卫生要求的新鲜空气，应按表2-12中所列房间内的二氧化碳允许含量要求，用质量平衡的计算方法求出所需的新风量。

表2-12　二氧化碳允许含量

房间性质	CO_2允许体积分数/（L/m^3）	CO_2允许质量分数/（g/kg）
人长期停留	1	1.5
儿童和病人停留	0.7	1.0
人周期性停留	1.25	1.75
人短期停留	2.0	3.0

计算公式为

$$q_{vW} = \frac{X}{y_N - y_O} \tag{2-8}$$

式中　q_{vW}——空调房间所需要的新风量（m^3/h）；

X——室内允许的二氧化碳量（L/h）；

y_N——室内允许的二氧化碳含量（L/m^3）；

y_O——室外新风中的二氧化碳含量（L/m^3）。

在一般农村和城市中，室外空气中二氧化碳的含量y_O为0.33～0.5L/m^3（0.5～0.75g/kg）。

在这种计算的基础上，为简化计算，进行空调设计时不同建筑物新风量可按照表2-13查出。

表2-13　不同建筑物新风量

建筑物类型	吸烟情况	新风量/[m^3/（h·人）]	
		适当	最少
公寓	有一些	35	18
一般办公室	有一些	25	18
个人办公室	大量	50	25
会议室	严重	80	50
	有一些	60	40
百货公司	无	12	9
零售商店	无	17	13

（续）

建筑物类型	吸烟情况	新风量/[m^3/（h·人）]	
		适　当	最　少
影剧院	无 有一些	15 25	8 17
会堂	有一些	25	18
舞厅	有一些	33	18
医院大病房	无	35	18
医院小病房	无	50	40
医院手术室	无	全新风	全新风
旅馆客房	大量	50	30
旅馆餐厅、宴会厅	有一些	25	20
旅馆自助餐厅	有一些	20	17
理发店	大量	25	17
美容厅	有一些	17	13
银行	偶而	17	12.8

注：1. 本表取自顾兴蓥主编《民用建筑暖通空调设计技术措施》，第2版。

2. 在工作人员停留时间较长的房间内（如生产厂房），每人每小时需供给的新风量为30~40m^3。

3. 在人员密集的公共场所和人员停留时间短但人员比较拥挤的空调房间内，新风标准应为10~15m^3/h。

2. 补充局部排风量

在空调房间有局部排风的场合应适量补充新风，以维持房间的正压。

3. 保持房间的正压要求

为防止外界未经处理的空气渗入空调房间干扰空调参数，需要使房间内部保持正压值，即用一部分新风量，使室内空气压力高于外界空气压力，然后再让这部分多余的空气从房间门缝隙等不严密处渗透出去。一般情况下，空调房间的正压新风量应能保证房间内的正压值在0.5~1.0Pa。电子计算机机房及超净化空调系统的正压值比一般房间要大些。将按此要求计算出的最大新风量值作为空调系统的最小新风量，若算出的最小新风量所占系统送风量百分数不足10%时，则新风量应按系统总送风量的10%来确定。

综上所述，新风量的确定方法如下：

1）求出局部排风量与维持正压所需的渗透风量之和 q_{mW1}。

2）求出满足卫生条件要求所需的最小新风量 q_{mW2}。

3）将总风量乘以10%即得 q_{mW3}。

4）系统最小新风量 q_{mW} 为 max $\{q_{mW1}, q_{mW2}, q_{mW3}\}$。

二、计算空调系统新风的冷负荷

在 h-d 图上，根据设计地夏季室外空气的干球温度 t_W 和湿球温度 t_{Ws}，确定新风状态点 W，查出新风的焓 h_W；根据室内空气的设计温度 t_N 和相对湿度 ϕ_N 确定回风状态点（即室内设计状态点），查出回风的焓 h_N。则新风负荷可按照下式计算

$$\Phi_W = q_m(h_W - h_N) \tag{2-9}$$

式中　Φ_W——新风负荷（kW）；
q_m——新风量（kg/s）；
h_W——室外空气的焓（kJ/kg）；
h_N——室内空气的焓（kJ/kg）。

【典型实例 1】 夏季空调房间新风冷负荷的计算。

有一个餐厅，同时在室内进餐的最多人数为 40 人。室内要求维持温度 $t_N = 26℃$，相对湿度 $\phi_N = 60\%$。室外空气温度 $t_W = 34℃$，相对湿度 $\phi_W = 70\%$。大气压力为 101 325Pa，试计算空调新风冷负荷 Φ_W。

解　从大气压力为 101 325Pa 的 h-d 图中查得：$h_W = 96.5\text{kJ/kg}$，$h_N = 59\text{kJ/kg}$。

由表 2-13 选用每人新风量为 $20\text{m}^3/\text{h}$，设在常温下空气密度 $\rho = 1.2\text{kg/m}^3$，则总的新风量为

$$q_{mW} = \frac{20 \times 40 \times 1.2}{3600}\text{kg/s} = 0.27\text{kg/s}$$

用式（2-9）计算，得到新风冷负荷为

$$\Phi_W = 0.27 \times (96.5 - 59)\text{kW} = 10.1\text{kW}$$

【典型实例 2】 夏季空调房间新风量的计算。

某计算机机房面积 $S = 65\text{m}^2$，净高 $h = 3\text{m}$，人员 $n = 25$ 人，试估算房间的新风量。

解　按每人所需新风量计算（取每人所需新风量 $q = 30\text{m}^3/\text{h}$），则总新风量为

$$Q_1 = nq = 25 \times 30\text{m}^3/\text{h} = 750\text{m}^3/\text{h}$$

按房间新风换气次数计算（取房间新风换气次数 $p = 4$ 次/h），则新风量为

$$Q_2 = psh = 4 \times 65 \times 3\text{m}^3/\text{h} = 780\text{m}^3/\text{h}$$

由于 $Q_2 > Q_1$，故取 Q_2 作为送风设备选用新风量的依据。

习　题

一、填空题

1. 夏季空调室外计算干球温度应采用________的干湿球温度。

2. 夏季空调室外计算温度应采用________的日平均温度；冬季空调室外计算温度应采用________的日平均温度。

3. 空调房间室内温度、湿度通常用________和________两种指标来规定。

4. 对于舒适性空调室内空气温度，夏季一般选择________；冬季一般选择________。

5. 对于舒适性空调室内空气相对湿度，夏季一般选择________；冬季一般选择________。

6. 进行空调负荷计算的目的在于确定空调系统的________，并作为选择空调设备容量

的基本依据。

7. 得热量可分为潜热和________两类，而显热又包括________和辐射热两种成分。

8. 空调的目的是要保持房间内的温度和________参数在一定范围内。

9. 得热量是指在某一时刻由室外和室内热源散入房间的热量的________。

10. 冷负荷是空调设备在单位时间内必须自室内取走的________，即在单位时间内必须向室内空气供给的________。

11. 热湿比是由房间的________和________决定的。

12. $\varepsilon=$ ________________。

13. 空调送热风时的温差可比送冷风时的温差________。

14. 从经济上讲，一般总是希望送风温差________。

15. 在冬季用提高________、减少送风量的做法，可以节约电能。

16. 新风量最小不能低于总风量的________%。

17. 工业性空调，最小新风量一般应保证每人不小于________ m^3/h 的新风量。

18. 实际工程中，按照三条要求确定出新风量中的最________值作为系统的最小新风量。

19. 舒适性空调室内正压一般采用________ Pa 就可满足要求。

20. 新风负荷的计算公式为________________。

21. 送风温差就是________________与________________之差。

22. 舒适性空气调节的送风温差，当送风口高度小于或等于 5m 时，送风温差要求是________________；当送风口高度大于 5m 时，送风温差要求是________。

23. 为防止送风口产生结露滴水现象，一般要求夏季送风温度要高于室内空气的露点温度________________。

24. 在工作人员停留较长的房间内，每人每小时需供给的新风量为________________。

二、判断题

1. 冷负荷与得热量总是相等。（ ）
2. 冷负荷与得热量有时相等，有时则不相等。（ ）
3. 余热就是得热量。（ ）
4. 在多数情况下，冷负荷与得热量有关，但并不等于得热量。（ ）
5. 得热量转化为冷负荷的过程中，存在着衰减和延迟现象。（ ）
6. 送风温差越大越好。（ ）
7. 送风温差越小越好。（ ）
8. 送风温差大，送风量也大。（ ）
9. 送风温差小，人会不舒服。（ ）
10. 送风温差大，运行费用也高。（ ）
11. 新风量越多越好。（ ）
12. 新风量越少越好。（ ）
13. 新风少可以节省能量。（ ）
14. 新风多耗能多。（ ）
15. 按要求确定出新风量中的最大值作为系统的最小新风量。（ ）

三、简答题

1. 人体冷热感与哪些因素有关？

2. 我国 GB 50019—2003《采暖通风与空气调节设计规范》中规定，选择哪些统计值作为室外空气设计参数？

3. 空调房间内的热负荷主要由哪些因素构成？

4. 空调房间的湿负荷由哪些因素构成？

5. 选定送风温差 Δt_0 后，确定送风状态点 O 和所需要的送风量的步骤有哪些？

6. 如何保证空调房间的最小送风量？

7. 为什么说加大送风温差具有重大经济意义？

8. 确定新风量时需满足哪些要求？

9. 如何确定最小新风量？

单元三 空气的热湿设备及处理方法

内容构架

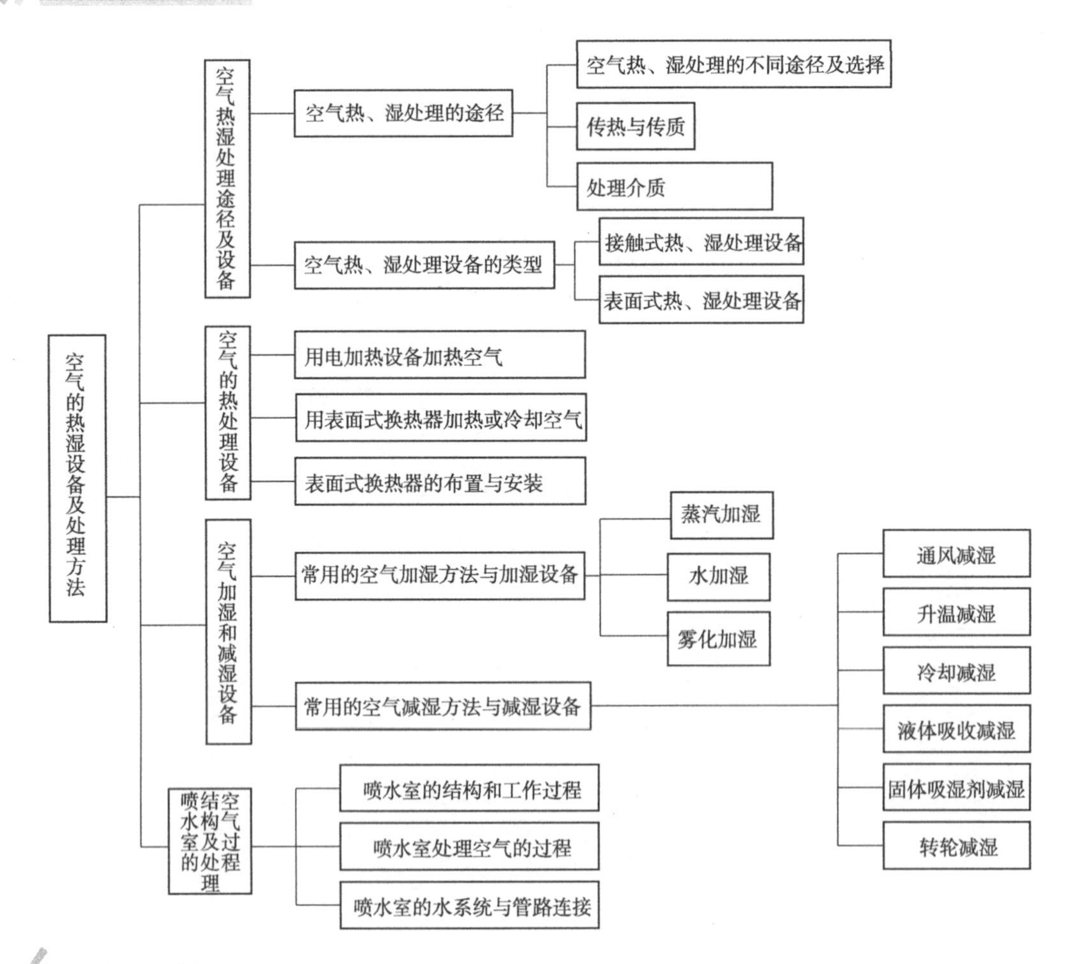

学习引导

目的与要求

➲ 能叙述空气热、湿处理的途径和介质特点，并在焓湿图上画出各处理过程线。

- 会描述各种空气热、湿处理方法及常用装置的结构特点和功能。
- 能根据空调设计要求选择合理的空气处理设备，并说明其应用特点。

重点与难点

学习重点：

- 热、湿处理过程的基本原理和介质特点。
- 空气的各种热、湿处理过程在焓湿图上的表达。
- 各种形式热、湿处理设备的功能和特点以及它们的应用场合。

学习难点：

- 合理选择空气处理方案与处理装置。

课题一　空气热湿处理途径及设备

相关知识

在空调工程中，为了使空调房间达到和保持设计要求的温度和湿度，需要对几种空气处理过程进行适当的组合，将新风、回风或混合空气（新、回风按一定比例混合得到）处理到一定的送风状态，再利用这些处理的空气对房间空气进行中和调节。这些处理过程的组合，就是空气处理方案。

为了满足空调房间送风的温度和湿度要求，必须结合实际情况，选择合理的处理途径（即空气处理方案），采用合适的热、湿处理设备，才能达到所要求的送风状态。

一、空气热、湿处理的途径

空气的热、湿处理过程，就是对空气进行加热、冷却或加湿、减湿的处理过程，每种处理过程都要通过一定的途径来实现。

1. 空气热、湿处理的不同途径及选择

图3-1所示的 h-d 图中，任一条直线都代表一个空气的变化过程。可以看到，要把空气从室外状态处理到空调房间的送风状态点 O，有许多途径。

（1）夏季工况　从室外空气状态 W 点到 O 点的空气处理过程有下面的三种途径。

1）喷水室喷冷水（或用表面冷却器）把空气冷却除湿处理到 L 点，然后用加热器等湿加热到送风状态点 O，如图3-1中的 W-L-O 过程所示。

2）用固体吸湿剂把空气绝热除湿到1点，然后用表面冷却器等湿冷却到送风状态点 O，如图3-1中的 W-1-O 过程所示。

3）用流体吸湿剂直接把空气从 W 点冷却除湿到送风状态点 O，如图3-1中的 W-O 过程所示。

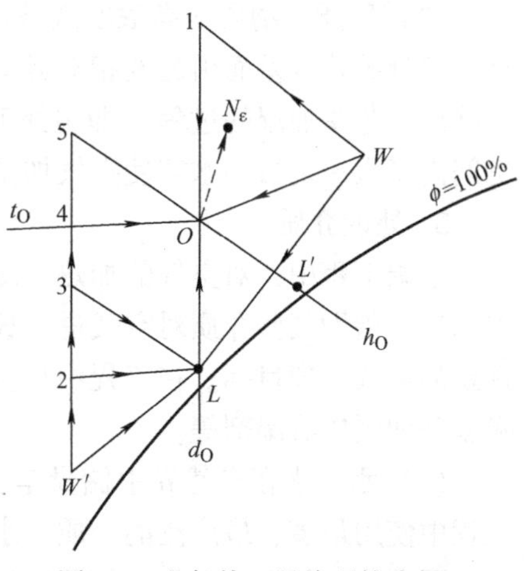

图3-1　空气热、湿处理的途径

（2）冬季工况　从室外空气状态点 W' 到 O 点的空气处理过程则可采用以下几种方式。

1）用加热器把空气等湿加热到 2 点，再喷蒸汽等温加湿处理到机器露点 L，然后用加热器等湿加热到送风状态点 O，如图 3-1 中的 W'-2-L-O 过程所示。

2）用加热器把空气等湿加热到 3 点，再用喷水室绝热加湿处理到机器露点 L，然后用加热器再等湿加热到送风状态点 O，如图 3-1 中的 W'-3-L-O 过程所示。

3）用加热器把空气等湿加热到 4 点，然后喷蒸汽等温加湿处理到送风状态点 O，如图 3-1 中的 W'-4-O 过程所示。

4）喷水室喷热水把空气从 W' 点加热加湿到机器露点 L，然后用加热器等湿加热到送风点 O，如图 3-1 中 W'-L-O 过程所示。

（3）空气热、湿处理途径的选择　由上可知，采用不同的空气处理途径可以得到同一种送风状态，但实际方案的选择必须考虑空气处理过程是否易于实现、是否便于运行调节，空调过程的能耗大小、设备的投资和利用程度以及空调的使用场合等因素，各种因素综合起来进行技术和经济比较才能最终确定方案。比较时，还需要对具体情况进行具体分析，在一种情况下最佳的空气处理方案，换到另一种具体情况可能就是最差的方案。

实际空调工程中的加热加湿、加热除湿、增焓冷却加湿、等温除湿、绝热除湿等处理过程在 h-d 图上可用图 3-2 表示。

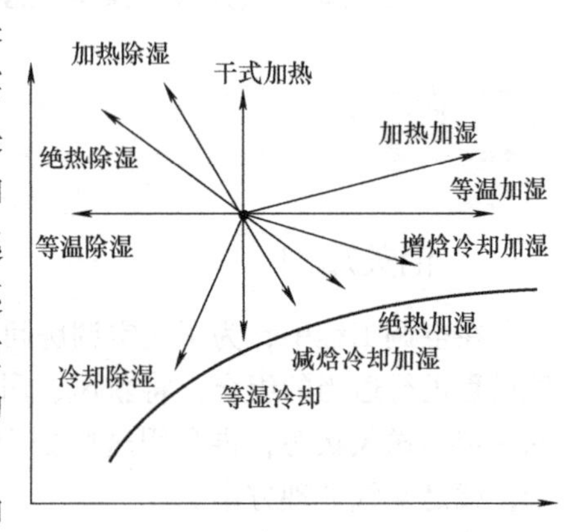

图 3-2　空气的热、湿处理过程

2. 传热与传质

在空调工程中，空气的热、湿处理不管选用什么样的途径，其实质都是利用空气和介质间的热质交换来实现的，即通过空气和介质间的传热与传质过程实现的。

（1）传热　利用空气和介质的温差产生的热量转移过程即传热。其基本形式有导热、对流换热和辐射换热等，房间空气夏季降温、冬季升温的过程（即热处理过程），必须经过传热技术来实现。

（2）传质　物质从高浓度区域向低浓度区域转移的过程即传质。混合物中的物质由于存在组分的浓度差而引起的相对运动，如分子扩散、对流流动等就是传质过程。房间空气夏季除湿、冬季加湿的过程（即湿处理过程），主要通过传质技术来实现，冬季通过加湿器向房间内喷入一定量的水雾使空气加湿等也属于传质过程。

3. 处理介质

空调工程中，对空气的加热、冷却、加湿、除湿处理，是根据能量守恒和质量守恒的基本原理，借助某些介质对空气进行放热、吸热或加入水蒸气、除去水蒸气等处理，从而实现预定的空气处理目标。在工程中与空气进行热、湿交换的介质有水、水蒸气、制冷剂、液体吸湿剂和固体吸湿剂等。

（1）水　水在自然界中储量丰富，且容易获得，价格低廉，调节方便，所以水是空调工程中使用最多、最广泛的介质。水既能直接与空气进行热、湿交换，又能间接与空气进行热、湿交换。如水在空气中的蒸发放热和冷却吸热过程就是直接热、湿交换，而在集中供暖系统中，热水的热量通过散热片向室内空气放热的过程则是间接放热，只能对空气加热升温，不能实现湿处理。夏季制冷过程中在带走热量的同时使空气中的水蒸气析出，属于间接热、湿交换。

（2）水蒸气 水蒸气在空气调节技术中应用也很普遍。如果把水蒸气直接喷入空气中（传质过程），能起到加湿作用；如果通过换热器使水蒸气间接与空气接触（传热过程），则可起加热作用。

（3）制冷剂 制冷剂通常要借助换热器与空气进行热、湿交换。在空调装置中，制冷剂在蒸发器中由液态变为气态实现制冷降温时，空气将发生降温或降温减湿变化。制冷剂在冷凝器中由气态变为液态实现放热时，空气将会被加热升温，但不会改变空气的含湿量。

（4）液体吸湿剂、固体吸湿剂 在一些空调工程中，还利用某些液体吸湿剂（如氯化锂、三甘醇、二甘醇等）能够强烈吸收水蒸气的特性和固体吸湿剂（如硅胶、氯化钙等）对水蒸气的强烈吸附作用，与空气进行热、湿交换，如溶液调湿空调机组。

溶液调湿空调机组是一种利用除湿溶液直接吸收空气中的水分，从而降低送风含湿量的新型空调机组。除湿溶液与空气直接接触，通过溶液表面的水蒸气分压力差驱动水分在两者间进行传递。当溶液的表面水蒸气分压力低于空气的水蒸气分压力时，空气中的水分向溶液传递，空气被除湿；反之，溶液中的水分将向空气传递，溶液被再生成更浓的溶液。

二、空气热、湿处理设备的类型

空气热、湿处理设备是水、水蒸气或制冷剂等处理介质与空气进行充分热、湿交换的场所，在其中可使空气的热、湿状态按设计需要变化。一般把这些装置或设备称为空调器、空调箱和空气处理机等。

在空调工程中，实现不同的空气处理过程需要不同的空气处理设备，如空气的加热、冷却、加湿、减湿设备等。这些设备有的是独立工作的，有的是组合工作的，一种空气处理设备往往可同时实现空气的加热加湿、冷却干燥或者升温干燥等处理过程。

根据热、湿交换介质与空气的接触方式不同，各种热、湿交换设备可分成两大类：接触式热、湿处理设备和表面式热、湿处理设备。

1. 接触式热、湿处理设备

在与空气进行热、湿交换时，介质直接与空气接触的设备称为接触式热、湿处理设备。其主要的接触形式有：被处理的空气流过热、湿交换介质表面；空气通过含有热、湿交换介质的填料层；将热、湿交换介质喷洒到空气中去，使液滴与流过的空气直接接触等。这种设备往往既可以实现热交换又可以实现湿交换。在工程中常见的此类设备形式有喷水室、蒸汽加湿器、局部加湿装置（喷水加湿）和溶液调湿机等。

2. 表面式热、湿处理设备

表面式热、湿处理设备又称为表面式或间壁式热、湿处理装置，表面式换热器。在与空气进行热、湿交换时，其介质不与空气直接接触，只通过金属表面进行热、湿交换过程，就能实现空气的状态变化。这种设备的湿交换过程主要是通过设备表面与介质的温度不同实现的。当壁面温度低于空气的露点温度时，空气中的水蒸气析出，达到降温减湿的目的；当壁面温度高于空气露点温度时，则没有湿交换，只能进行热交换。常用的此类装置有空气加热器、表面式冷却器（表冷器）、盘管、蒸发器和冷凝器等。

【典型实例1】“白气”不是水蒸气。

水蒸气是一种气态的水，无色。大量水蒸气在空气中凝结时，常呈现一团“白气”状。“白气”常被误认为水蒸气，实际上“白气”不是水蒸气，而是水蒸气凝结成的小水滴飘浮在空气中，因此不能把水蒸气和“白气”混为一谈。

【典型实例2】各种空气处理装置的功能。

工程中使用的各种空气处理装置功能不尽相同，有的仅可以实现热处理，有的只能进行湿处理，也有的可以同时进行热、湿处理。根据空气处理方案的要求选择相应的处理装置，可以实现要求的空气处理过程并达到相应的技术要求。表3-1是各种空气处理装置的处理功能。

表3-1 各种空气处理装置的处理功能

序号	装置 / 过程	喷水室	表面式换热器	电加热器	蒸汽/电极加湿器	超声波加湿器	间接蒸发表面式冷却器	除湿机	固体吸湿剂	溶液调湿机组
1	冷却除湿	✓	✓				✓			✓
2	等湿冷却		✓				✓			
3	减焓冷却加湿	✓								
4	绝热加湿	✓				✓				
5	增焓冷却加湿	✓								
6	等温加湿	✓			✓					
7	加热加湿	✓								
8	等湿加热		✓	✓						
9	加热减湿							✓		✓
10	绝热减湿								✓	✓
11	等温减湿									✓

课题二 空气的热处理设备

相关知识

在空气调节系统中，需要经常对空气进行加热或冷却处理，常用的空气热处理方法有用电加热设备加热空气和用表面式换热器加热或冷却空气。

一、用电加热设备加热空气

1. 电加热器的工作原理

电加热器是利用电流的热效应来加热空气的设备。电加热器加热空气的过程在 h-d 图上

如图 3-3 中 *A-B* 所示，属于等湿升温过程。它具有加热均匀、供热量稳定、效率高、结构紧凑、反应灵敏和便于实现自动控制等优点，在空调机组和小型空调系统中应用较广。在恒温精度要求高的大型空调系统中，也经常在送风支管上使用电加热器来控制局部加热，但是用电加热器要耗费较多电能，所以在加热量较大的部位不宜采用电加热器。

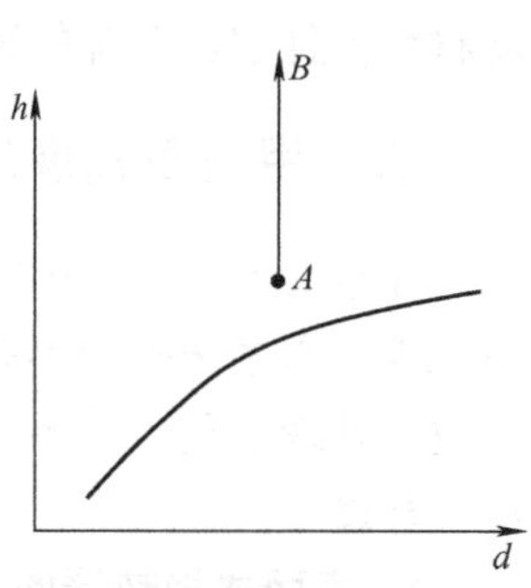

图 3-3　电加热器加热空气过程在 *h-d* 图上的表示

2. **电加热器的类型和结构特点**

空气调节系统中使用的电加热设备主要有裸线式电加热器和管式电加热器两种。

（1）裸线式电加热器　裸线式电加热器由裸露在空气中的电阻丝构成，让电流流过电阻丝发热来加热通过电阻丝的空气。这种电加热器的外壳由中间有绝缘材料的双层钢板组成，在钢板上装有固定电阻丝的瓷绝缘子，电阻丝的排数根据设计需要来确定，可做成单排或多排组合，可根据《采暖通风标准图集》中空气加热器部分的标准图样进行选用和加工。

在定型产品中，常把裸线式电加热器做成抽屉式，如图 3-4 所示，使检修更加方便。

裸线式电加热器热惰性小，加热迅速，结构简单，但电阻丝在高温下易熔断而漏电，且电阻丝外露使其安全性差，所以使用时必须有可靠的接地装置，应与风机连锁运行，以免造成事故。另外，由于裸线式电加热器的电阻丝在使用时表面温度太高，会使黏附在电阻丝上的杂质分解，产生异味，影响空调房间内空气的质量。

（2）管式电加热器　管式电加热器的电阻丝装在特制的金属套管中，管与电阻丝之间填充导热性好的绝缘材料，如结晶氧化镁等（见图 3-5）。它除棒状之外，还有 U 形、W 形等其他形状，具体尺寸和电功率可查有关产品样本及设计手册。将管式电加热器加工成带螺旋翅片的管状电热元件，可以使其尺寸更小，热效率更高。

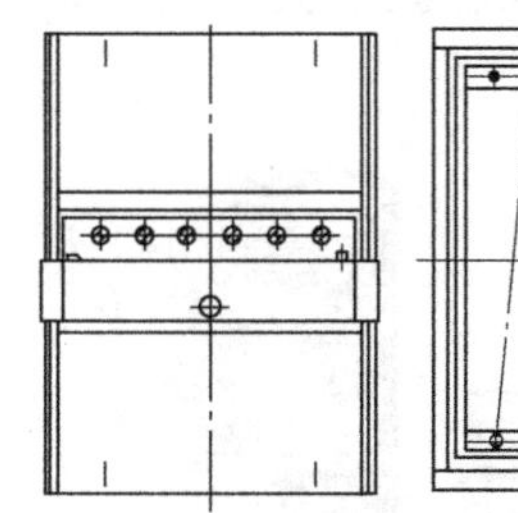
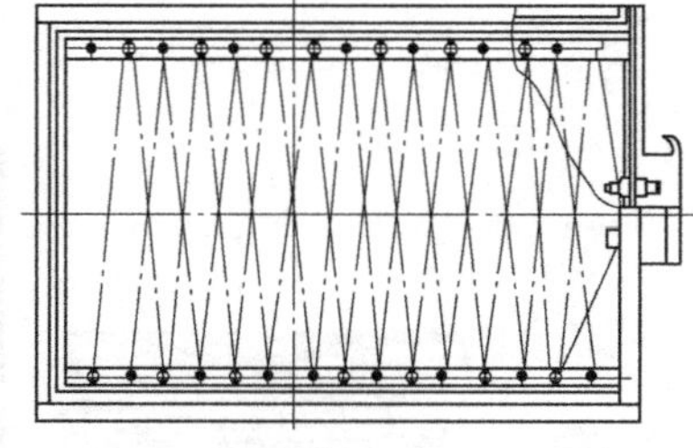

图 3-4　裸线式电加热器

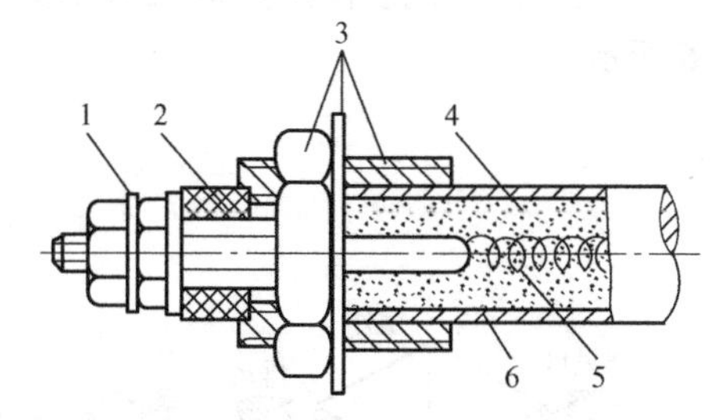

图 3-5　管式电加热器

1—接线端子　2—瓷绝缘子　3—紧固装置
4—氧化镁　5—电阻丝　6—金属套管

管式电加热器与裸线式电加热器相比，具有寿命长、加热均匀、供热量稳定、安全性好等优点；缺点是热惰性大，构造复杂。

管式电加热器有 380V 和 220V 两种，最高工作温度可达 300℃。

在选用电加热器之前，应首先按作用要求来确定电加热器的类型，再根据所需加热量的大小及控制精度要求对电加热器进行分级，最后依照分级情况和每级功率大小选择合适的电加热器。空气电加热设备一般安装在系统末端，其安装位置周围应装有不易燃烧且耐热的保温材料，且空调系统的风机必须与空气电加热设备在控制上实行连锁。

二、用表面式换热器加热或冷却空气

在空气调节系统中，表面式换热器是使用最广泛的热湿交换装置。因其具有构造简单、占地少、水系统阻力小等优点，已成为常用的空气处理设备。利用表面式换热器可以实现三种空气处理过程：等湿加热过程（简称加热过程）、等湿冷却过程（又称为干冷过程）和减湿冷却过程。

1. 表面式换热器的类型和结构

表面式换热器的使用功能和使用场合不同，其分类也不同。

（1）表面式换热器的分类

1）按表面式换热器的工作目的不同可分为两类。

① 空气加热器。在组合式空调机组和柜式风机盘管中，用于对空气进行加热处理时，称为空气加热器。表面式换热器中需通入热水或蒸汽作为热媒，利用热水或蒸汽流经加热器对较冷的空气进行加热，以提高室内温度。

② 表面冷却器。在组合式空调机组和柜式风机盘管中，用于对空气进行冷却除湿处理时，称为空气冷却器或表面冷却器，简称表冷器。表面式换热器中需通入冷水（或乙二醇）或制冷剂作为冷媒对空气进行冷却，以降低室内温度。

在风机盘管内加热或冷却空气用的表面式换热器通常又称为盘管。家用空调器的室内换热器和室外换热器也是一种表面式换热器，分别称为蒸发器和冷凝器。

中央空调系统中就是利用从冷水机组供应的冷水流经冷却器来达到冷却空气或冷却并除湿的目的的。在家用中央空调系统中，则是以制冷剂直接在蒸发器中蒸发而达到冷却除湿空气的目的。

2）按表面式换热器的传热面结构形式不同可分为两类。

①板式。板式表面换热器又可细分为板翅式、螺旋板式、板壳式和波纹板式等，如图3-6所示。

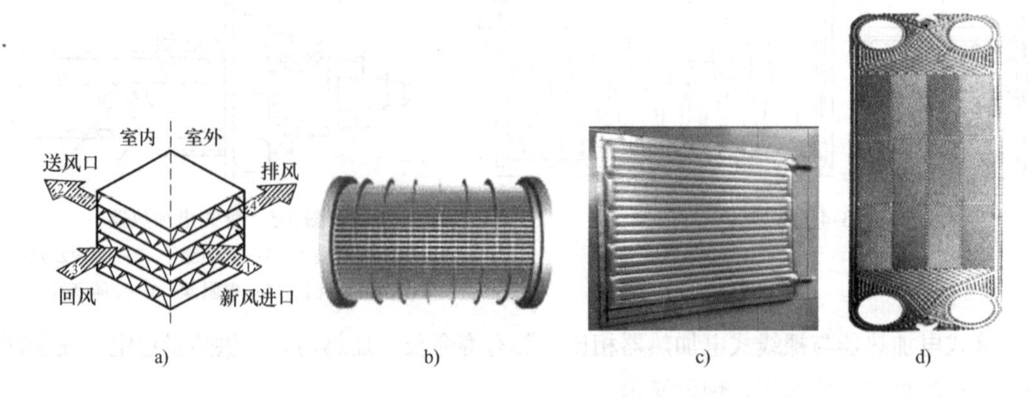

图 3-6　板式表面换热器

a）板翅式　b）螺旋板式　c）板壳式　d）波纹板式

②管式。管式表面换热器又可细分为列管式、套管式、蛇形管式和翅片管式，如图3-7所示。

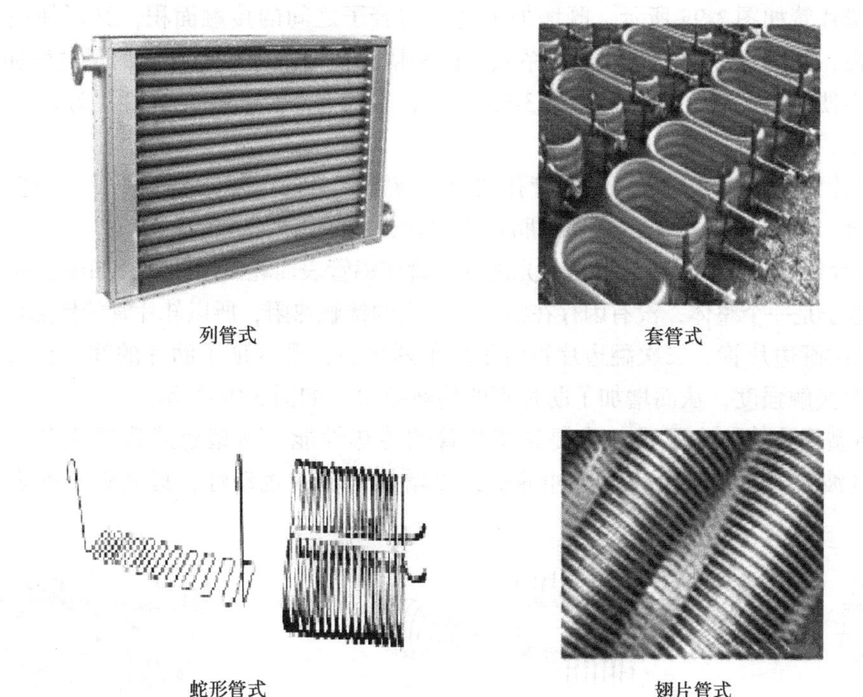

图 3-7　管式表面换热器

目前最常用的是翅片管式表面换热器。

（2）表面式换热器的结构　空调工程中使用的表面式换热器主要是各种金属管与肋片的组合体，如图 3-8 所示，借助管内流动的冷、热媒介质经金属分隔面与空气间接进行热、湿交换。空气侧的表面传热系数一般远小于管内冷却介质或加热介质的表面传热系数，故通常采用肋片管来增大空气侧的传热面积，以增强表面式换热器的换热效果，降低金属消耗量和减小换热器的尺寸。在不同的换热工程中，根据换热介质和设计要求不同，需采用相应材质的换热管，主要有铜管、钢管和铝管等。中央空调系统中普遍采用铜管做换热管，并在换热管外壁面上安装肋片或翅片，以增加换热面积。传统的肋片与铜管的组合形式有绕片管、串片管、轧片管、二次翻边片管和新型翅片管等，如图 3-9 所示。

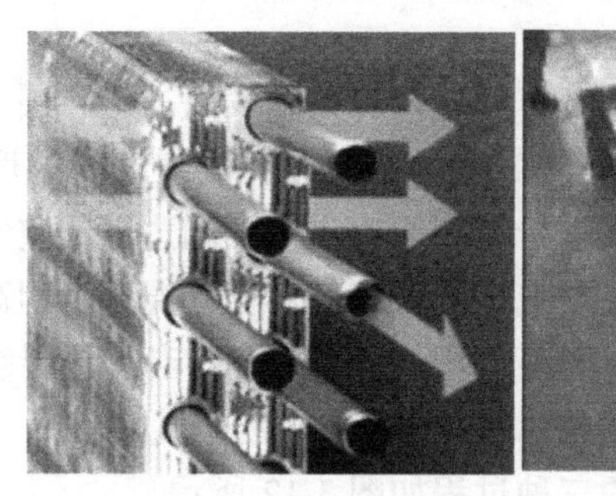

图 3-8　表面式换热器

1）绕片管。绕片管是用绕片机把铜带或钢带紧紧地缠绕在铜管或钢管上制成的，主要有皱褶绕片管和光滑绕片管两种。

皱褶绕片管如图 3-9a 所示，既增加了肋片与管子之间的接触面积，又可使空气流过时的扰动增强，从而提高肋片管的传热系数。但皱褶会使空气流过肋片管的阻力增加，而且容易积灰，不便清理。光滑绕片管如图 3-9b 所示，它没有皱褶，用延展性更好的铝带缠绕在钢管上制成，易于清洗。

2）串片管。串片管把事先冲好管孔的肋片与管束串在一起，通过胀管处理使管壁与肋片紧密结合，如图 3-9c 所示。常用的肋片为铝片，管子则用铜管。

3）轧片管。轧片管是用轧片机在光滑的铜管或铝管表面轧制出肋片，如图 3-9d 所示。由于轧片和管子是一个整体，没有因存在缝隙而产生的接触热阻，所以轧片管的传热性能更好。

4）二次翻边片管。二次翻边片管由于翻了两次边，既保证了肋片的间距，又增加了肋片与管壁的接触强度，从而增加了肋片管的传热效果，如图 3-9e 所示。

5）新型翅片管。为了进一步提高翅片管的传热性能，新型翅片管的片形多采用如图 3-10所示的波纹形、条缝形和波形冲缝等，以增加气流的扰动性，提高管子外表面的传热系数。

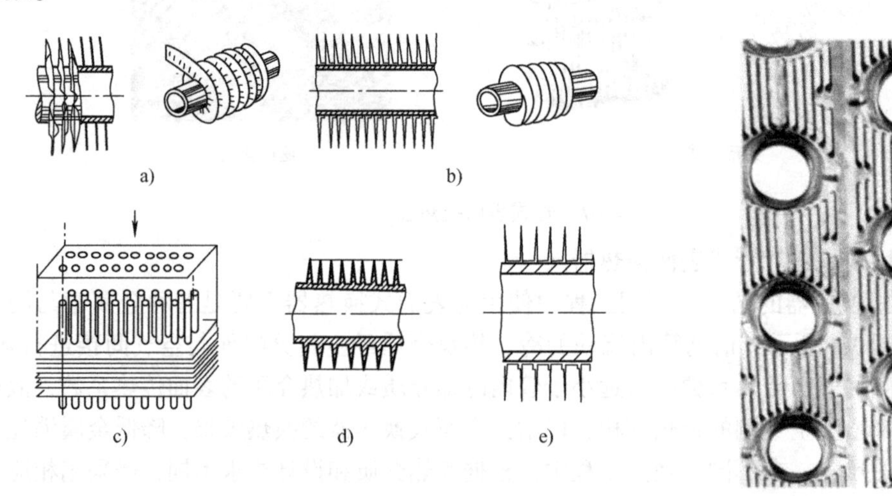

图 3-9　换热管与各种肋片的组合
a）皱褶绕片管　b）光滑绕片管
c）串片管　d）轧片管　e）二次翻边片管

图 3-10　新型翅片（波纹形片）管

2. 表面式换热器处理空气的过程

表面式换热器的热湿交换是依靠主体空气与紧贴换热器外表面的边界层空气之间的温差和水蒸气分压力差作用进行的，如图 3-11 所示。通常认为边界层空气的温度等于表面式换热器的表面温度。在主体空气与边界层空气进行交换的过程中，如边界层空气温度高于主体空气温度，将发生等湿加热过程；如边界层空气温度低于主体空气温度，但高于或等于主体空气的露点温度，将发生等湿冷却过程或称干冷过程（干工况）；当边界层空气温度低于主体空气的露点温度时，将发生减湿冷却过程或称湿冷过程（湿工况）。

表面式换热器在不同温度下处理空气的三种过程如图 3-12 所示。

（1）等湿加热过程（$A \rightarrow B$）　此过程中表面式换热器作为加热器处理空气，其表面的边界空气温度高于被处理空气的温度，空气被加热，温度将升高，但含湿量不会发生变化。B 点的温度由主体空气得到的热量多少来决定。

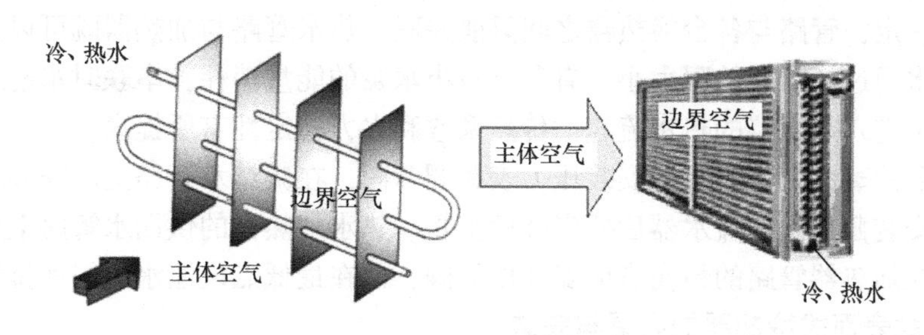

图 3-11　表面式换热器的热湿交换

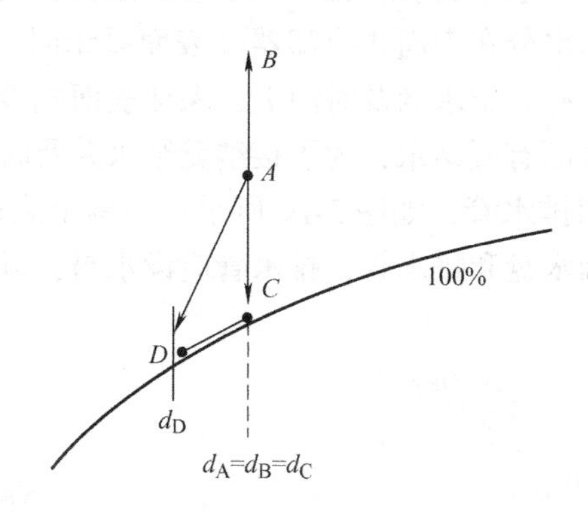

图 3-12　表面式换热器处理空气过程在 h-d 图上的表示

（2）等湿冷却过程（$A \to C$）　此过程中表面式换热器作为冷却器处理空气，其表面的边界空气温度低于主体空气的干球温度，高于或等于主体空气的露点温度，空气被冷却，温度将会降低，含湿量保持不变。C 点的温度由主体空气失去的热量多少来决定。

（3）减湿冷却过程（$A \to D$）　减湿冷却过程又称冷却干燥过程或湿冷过程。此过程中，表面式换热器作为冷却器处理空气，其表面的边界空气温度低于主体空气的露点温度。空气被冷却的同时，不但空气的温度会降低，其含湿量也会减少。D 点的温度由空气失去的水蒸气量多少来决定。

在对空气进行冷却干燥处理的过程中，由于有凝结水析出，并附着在表面式冷却器的壁面上形成一层凝结水膜，与水滴表面的饱和空气边界层原理相同，在表面式冷却器凝结水膜的表面也存在一个饱和空气边界层。此时，表面式冷却器与空气的热湿交换实质上就是饱和空气边界层与空气间的热湿交换。它们之间不但存在温差，而且还存在水蒸气分压力差，两者之间不仅有显热交换，还伴随着湿交换的潜热交换。因此，湿工况下工作的表面式换热器比干工况下工作时有更大的热交换能力。

三、表面式换热器的布置与安装

1. 空气加热器的布置与安装

空气加热器可以垂直安装，也可以水平安装。用蒸汽作为热媒的空汽加热器水平安装时，为了排除凝结水，应当考虑有 1% 的坡度。当被处理的空气量较多时，可以采用并联组合安装；当被处理的空气要求温升较大时，宜采用串联组合安装；当空气量较多、温升要求较高时，可采用并、串联组合安装，如图 3-13 所示。

热媒管路的连接方式也有并联与串联之分。对于使用蒸汽作为热媒的表面式换热器，因为进口余压一定，管路与各台换热器之间只能并联。热水管路与加热器既可以并联也可以串联。并联时水通过加热器的阻力小，有利于减小水泵的能量消耗；串联时水通过加热器的阻力大，提高了进入热水器的热水流速，传热系数和水力稳定性有所提高。

在加热器的蒸汽管入口处应安装压力表和调节阀，在凝结水管路上应安装疏水器。疏水器前后要须安装截止阀，疏水器后要安装检查管。热水加热器的供回水管路上应安装调节阀和温度计。在加热器管路的最高点应安装放气阀，而在最低点设泄水阀门和排污阀门。

2. 水冷式表面式冷却器的布置与安装

水冷式表面式冷却器可以水平安装，也可以垂直或倾斜安装。垂直安装时务必使肋片保持垂直，这是因为空气中的水分在表面式冷却器外表面凝结时，会增大管外空气侧的阻力，减小传热系数，而垂直肋片有利于水滴及时滴下，保证表面式冷却器良好的工作状态。

因为表面式冷却器外表面有凝结水，为了接纳凝结水并及时将凝结水排走，在表面式冷却器的下部应安装滴水盘和排水管，如图 3-14 所示。当两个表面式冷却器叠放时，在两个表面式冷却器之间应装设滴水盘和排水管，排水管应设水封，以防吸入空气。

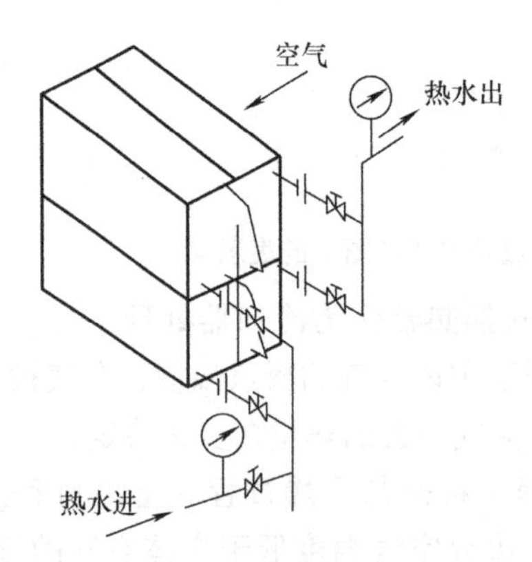

图 3-13　空气加热器的安装

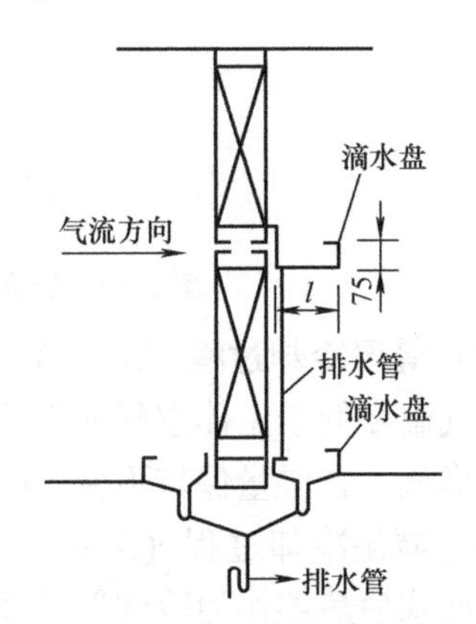

图 3-14　滴水盘和排水管的安装

从空气流过表面式冷却器的方向来看，表面式冷却器既可以并联，也可以串联。通常当通过空气量多时宜采用并联；当要求空气温降大时应采用串联。并联的表面式冷却器供水管路也应并联，串联的表面式冷却器供水管路也应串联。并联时冷冻水同时进入所有表面式冷却器，空气与水的传热温差大，水流阻力小，但水流较大。串联时冷冻水顺次进入各个表面式冷却器，因为在前面的表面式冷却器内冷冻水吸收管外空气的热量，温度已经升高，所以后面传热温差较小，水流阻力较大，但水力稳定性较好，不至于由于冷冻水管网的流动状态发生变化出现较大的失调。

空气与冷冻水应逆向流动，因逆流平均传热温差大，有利于提高换热量，减小表面式冷却器的面积。表面式冷却器管内水流速宜采用 0.6 ~ 1.8m/s，迎面空气质量流速一般采用 2.5 ~ 3.5kg/(m^2 · s)。当质量流速大于 3kg/(m^2 · s) 时，在表面式冷却器后宜设挡水板。表面式冷却器的冷水入口温度应比空气的出口干球温度至少低 3.5℃，冷水温度宜采用 2.5 ~ 6.5℃。

冷热两用的表面式换热器，热媒宜采用热水，且热水温度不应太高，一般应低于 65℃，以免因管内积垢过多而降低传热系数。

同热水器一样，表面式冷却器水系统最高点应设排气阀，最低点应设泄水阀门和排污阀门，冷水管上应安装温度计、调节阀。

表面式换热器的传热系数及选择计算可查阅空调设计手册。

【典型实例1】 某厂家生产的2RRM表面式冷却器的结构为8排管，采用T2M的铜管344根、T2M的铜翅片680片，片间距为2.5mm。其技术规格适用于空气流量为29500m^3/h、水的流量为31m^3/h、空气的入口温度为68℃、空气的出口温度为41.7℃、水的入口温度为35℃、水的出口温度为40℃、冷负荷为225kW的环境使用。

【典型实例2】 表面式冷却器的维护保养。

1）应定期用中性洗涤剂的温水溶液配以软毛钢刷，对表面式冷却器肋片沾积的灰尘污物进行清洗，操作时要注意防止碰坏肋片。

2）表面式冷却器使用的冷媒水，一般应在5～7℃；热媒水在60℃左右，并应对热媒水进行洁净软化处理，以减少结垢。

3）中央空调机组在运行中，冷水在表面式冷却器内的流速宜调节到0.6～1.8m/s，热水在换热器内的流速宜调节到0.5～1.5m/s。

4）在中央空调机组停用的时间里，应使表面式冷却器内充满水，以减少管子锈蚀，但在冬季应将盘管中的存水放尽，防止盘管冻裂。

【典型实例3】 表面式冷却器的调节。

在空调系统中，常常使用水冷式表面冷却器或直接蒸发式表面冷却器处理空气。

对于水冷式表面冷却器的控制，可采用二通阀或三通阀调节水量。用二通阀调节水量时（冷水温度不变），由于水管流量发生变化，会影响同一水系统中其他冷水盘管的正常工作，这时供水管路上应当设置恒压或恒压差的控制装置，以防止相互之间的干扰。对于设置三通阀的场合，常采用下面两种调节水量的方式。

1）冷媒水进水温度不变，调节进水流量的调节方式如图3-15所示，由室内敏感元件T通过调节器调节三通阀，改变进入盘管的水流量。在冷负荷减少时，冷媒水流量的减少将引起盘管进、出口水温差相应变化。

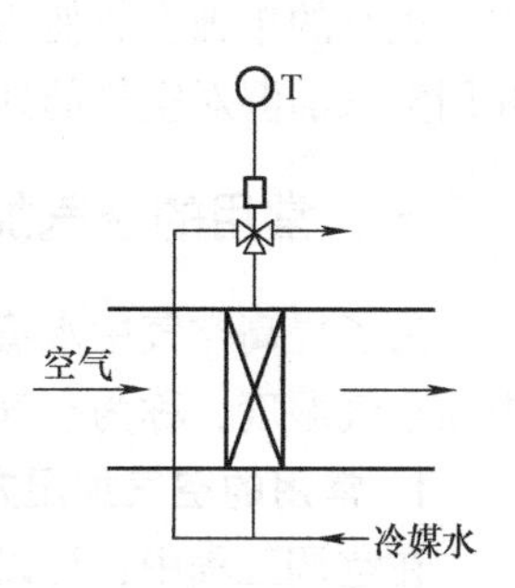

图3-15　冷媒水进水温度不变而调节进水流量

2）冷媒水流量不变，调节进水温度的调节方式如图3-16所示，由室内敏感元件T通过调节器调节三通阀，改变进入盘管的冷媒水和回水的混合比例，以改变进水温度。由于出口装有水泵，可使冷却盘管的水流量保持不变。这种方法调节性能较好，适用于温度控制要求较高的场合。但由于每台盘管要设置一台泵，盘管数量较多时不太经济。

直接蒸发式表面式冷却器的自动控制如图3-17所示。它一方面由室内敏感元件通过调节器使电磁阀做双位调节，调节制冷剂的流量；另一方面由膨胀阀自动地保持蒸发盘管出口制冷剂的吸气温度一定。

对于小容量的空调系统（空调机组），也可以通过控制压缩机的停或开来调节水量，而不是通过控制制冷剂的流量来进行调节。

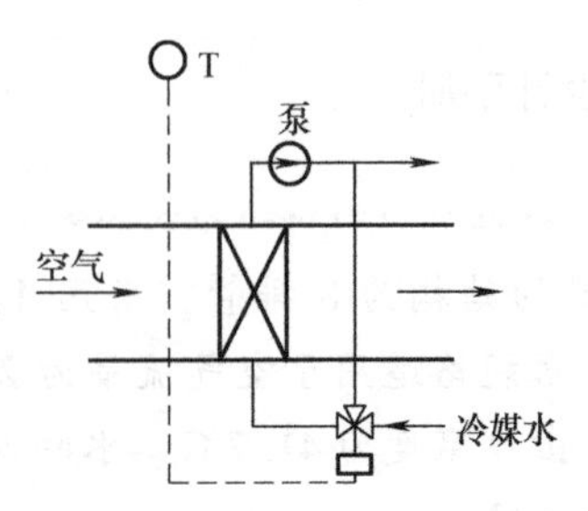

图 3-16　冷媒水流量不变而调节进水温度

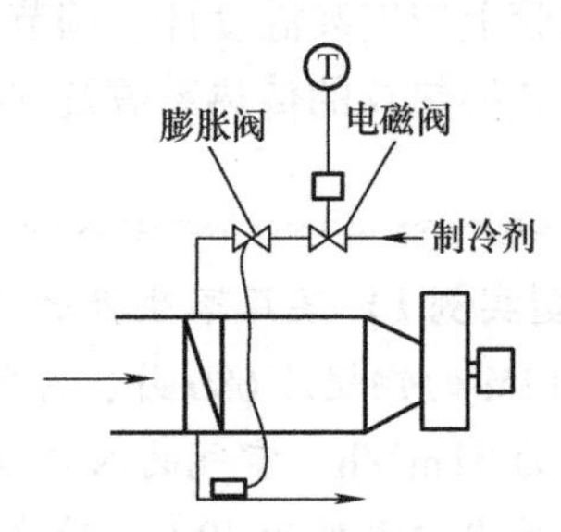

图 3-17　直接蒸发式表面式冷却器的自动控制

课题三　空气加湿和减湿设备

相关知识

湿度是空气的主要参数，与人们的生活、生产息息相关，在 40% ~70% 的湿度环境中生活，人会感觉比较舒适。当湿度低于 40% 时，人就会感觉干燥；当湿度高于 70% 时，人会感觉湿闷。在纺织行业中；当生产车间的湿度低于 40% 时容易断纱，需要及时加湿；在烟草行业中，生产车间和仓库的湿度若高于 70%，卷烟制品容易霉变，不易存放，必须及时减湿；而当空气的湿度低于 30% 时，极易产生静电，对电子产品的生产和使用极为不利，因此需适当加湿。

随着现代空调技术的发展，空气湿度调节技术和各类加湿、除湿设备也得到了较快的发展。工程中可以采用不同形式的加湿或减湿方法，有的加湿或减湿设备安装于空气处理装置中，也有的单独安装使用。不同的加湿或减湿设备结构不同，工作原理也不相同，用水加湿和用蒸汽加湿对空气的处理过程也不相同。

一、常用的空气加湿方法与加湿设备

为了提高空气中水蒸气的含量，可采取不同的方法在空气中加入一定量的水蒸气，从而提高空气湿度，称为空气的加湿。

1. 常用的空气加湿方法

在空调工程中，可以在空气处理室（空调箱）或送风管中对送入房间的空气进行集中加湿，也可以在空调房间内使用独立的加湿器对空气进行局部加湿。常用的空气加湿方法有蒸汽加湿、水加湿和雾化加湿三种。

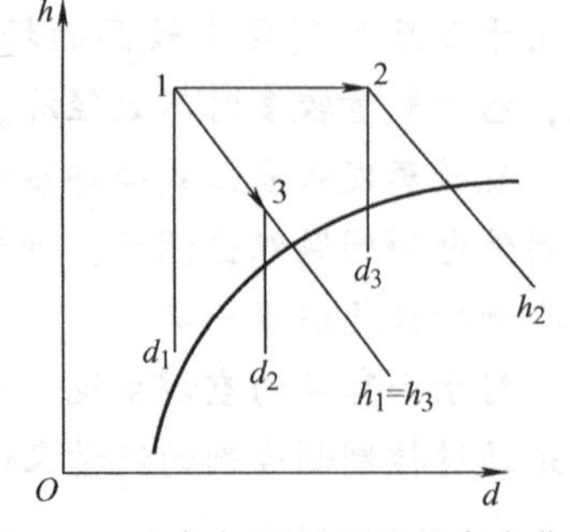

图 3-18　空气加湿过程的状态变化

（1）蒸汽加湿　蒸汽加湿是指通过加热、节流和电极使水变成气态的水蒸气，直接喷入到空调箱或通风管道中对被调节空气进行加湿的方法。一般情况下，空气中喷入水蒸气后，空气的焓和含湿量都将增加，焓的增加值为加入蒸汽的全热量，温度基本不变，其热湿比线很接近等温线，所以蒸汽加湿过程也称等温加湿过程，如图 3-18

中1-2过程所示。属于此类加湿的方式有干蒸汽加湿、电极加湿、电热加湿和红外线加湿等。

（2）水加湿　在经过处理的空气中直接喷循环水或让空气通过水表面，利用水的蒸发来使空气被加湿的方法，称为水加湿。常用的水加湿方式有汽化湿膜加湿、汽水混合加湿和循环水喷淋加湿等。

（3）雾化加湿　利用超声波或加压喷射的方法将水雾化成极细微的小水滴后喷入风道，对被调节空气进行加湿的过程称为雾化加湿。常用的雾化加湿方式有高压喷雾加湿和超声波加湿等。

在用水加湿和雾化加湿时，加入的水滴或水雾都是液态的水，它们进入空气中后会吸收空气的显热并转化为水的蒸发潜热，转化为气态水并成为空气的成分之一，因此空气的干球温度会大幅下降。因常温下液态水的热焓值相对于气态水的热焓值是很小的，液态水汽化的热焓值对于空气总热焓值的增加影响不大，所以空气在水雾加湿后总热焓值基本维持不变，因此水加湿和雾化加湿又称等焓加湿，如图3-18中1-3过程所示。

2. 常用的空气加湿设备

空气加湿装置是指用来增加空气含水蒸气量（含湿量）的装置。在空调系统中，通常在空调设备的空气处理室或送风管道内安装加湿装置，对送入空调房间的空气进行集中加湿，也可以直接对空调房间内的空气进行局部补充加湿。

（1）蒸汽加湿装置　蒸汽加湿装置又称直接加湿式加湿装置，它向空气中加入的是气态的水。工程中把向空气中加蒸汽加湿的过程当作等温加湿过程对待，因此该类装置也称为等温加湿装置。

由于水蒸气既可由其他蒸汽源提供，也可是加湿装置自己产生的，所以蒸汽加湿装置可分为蒸汽供给式和蒸汽发生式两种。

1）蒸汽供给式加湿装置。蒸汽供给式加湿装置简称蒸汽加湿器，需要另外的蒸汽源向加湿装置提供加湿用的水蒸气。其特点是加湿速度快、加湿精度高、加湿量大、节省电能、布置方便、运行费用低，在工程中应用的主要种类有蒸汽喷管和干蒸汽加湿器等。

① 蒸汽喷管。蒸汽喷管是一根直径略大于供气管、上面开有很多小孔的管段，孔径一般为2～3mm，如图3-19所示。其特点是构造简单、加工制作容易，但喷出的蒸汽中往往带有凝结水滴，会影响空气的等温加湿效果。

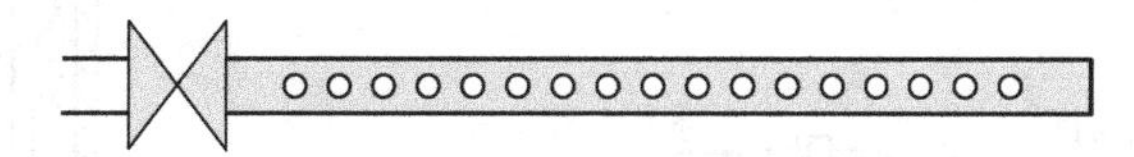

图3-19　蒸汽喷管

② 干蒸汽加湿器。干蒸汽加湿器主要由干蒸汽喷管、蒸发室、干燥室和电动或气动执行机构等部分组成，如图3-20所示。它利用蒸汽源（蒸汽压力一般为0.1～0.4MPa）供给的蒸汽，通过控制器、脱凝水装置及整齐分配装置，将干燥的蒸汽均匀地喷入空气中。

干蒸汽加湿器的特点是加湿量容易控制，加湿速度快，均匀性好，不带水滴，能获得高湿度，不仅清洁、加湿效率高，而且结构简单、安装方便，不需用电，初期投资和运行成本均较低。在有蒸汽源的场合，应尽可能采用干蒸汽加湿器加湿。其主要形式有卧式干蒸汽加湿器和立式干蒸汽加湿器。

其工作原理：饱和蒸汽从管道进入加湿器套管后，其中极少量蒸汽由于热交换（套管直接与空气接触）产生冷凝，凝结水随蒸汽进入蒸发室，在惯性、蒸发室扩容及挡板的共同作用下，凝结水被分离出来排出。蒸发室蒸汽通过顶部控制器进入干燥室，由于干燥室绝大部分处于蒸发室的高温包围之中，即使进入干燥室的蒸汽中还残留少量的凝结水，也会在干燥室高温壁面的作用下发生二次汽化，从而保证进入加湿喷管中的蒸汽为干蒸汽。在干燥室中填有金属消声介质，同时吸收蒸汽的噪声。最后，干燥后的蒸汽经设有消声设施（通常是金属网）的喷管上的加湿孔喷出。

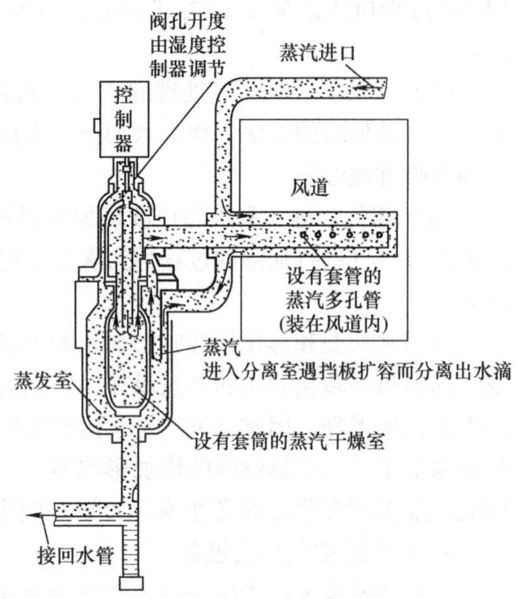

图 3-20　干蒸汽加湿器

2）蒸汽发生式加湿装置。蒸汽发生式加湿装置是利用电能将水加热并使之汽化，然后将水蒸气输送到要加湿的空气中，又称为电加湿器。属于蒸汽发生式加湿装置的有电热式加湿器、电极式加湿器、PTC 蒸汽加湿器和红外线加湿器等。

① 电热式加湿器。电热式加湿器又称为电阻式加湿器，如图 3-21 所示。其工作原理是把电热（阻）元件放在水槽或水箱内，通电后将水加热至沸腾，用产生出的蒸汽加湿空气。其给水量由浮球阀自动控制，避免烧坏电热元件。由于该蒸汽是在零表压下产生的，因此用它加湿所产生的空气温升最小，对空气处理的影响是最小的。但是，电加湿器的耗电量较大，对给水水质的要求比较严格，在一些水质较硬的地区，需采用软化水，以防止电极结垢。

② 电极式加湿器。电极式加湿器的工作原理是利用三根不锈钢棒或镀铬铜棒作为电极，用水作为电阻，电极通电后，通过水中的电流把水加热而产生蒸汽，如图 3-22 所示。其特点是通过改变溢水管高低调节水位高度，从而调节加湿量的多少。

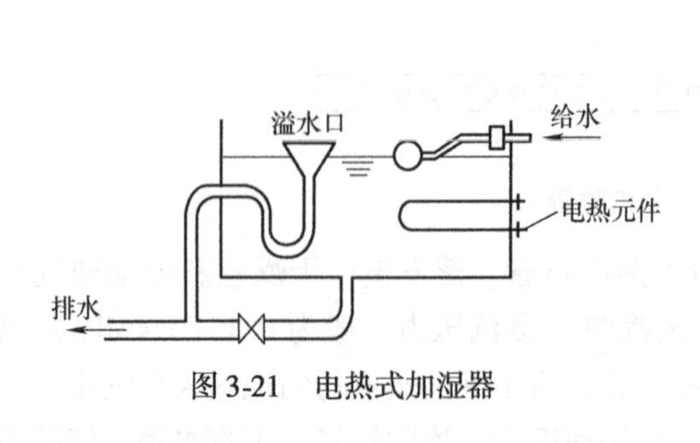

图 3-21　电热式加湿器

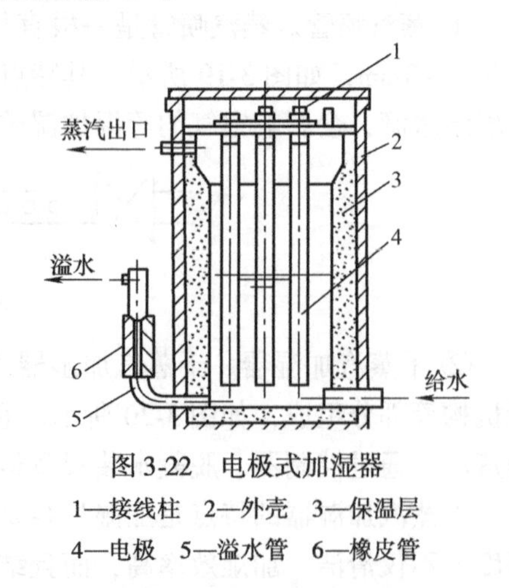

图 3-22　电极式加湿器

1—接线柱　2—外壳　3—保温层
4—电极　5—溢水管　6—橡皮管

③ PTC 蒸汽加湿器。PTC 蒸汽加湿器也是一种电热式加湿器，工作原理是利用直接放入水中的 PTC 热电变阻器（氧化陶瓷半导体）发热元件通电后把水加热而产生蒸汽。其优

点是运行安全，加湿迅速，不结露，高绝缘电阻，使用寿命长，维修工作量少，适用湿度控制要求较严格的中、小型空调系统。

④ 红外线加湿器。红外线加湿器是利用通电后的红外线灯管对水槽内的水发射红外线，形成辐射热（其温度可达2200℃），水表面经辐射加热而产生水蒸气，并混入流过水面的空气使其加湿，如图3-23所示。

（2）水加湿装置　水加湿装置是用液态水与空气进行热湿交换的装置，其空气的状态变化过程在工程上按等焓加湿过程对待，因此又称为等焓加湿装置。这类加湿装置与空气接触的是水滴或水膜，属于自然蒸发式的有湿膜加湿器、循环水喷淋加湿器和汽水混合加湿器等。

1）湿膜加湿器。湿膜加湿器是采用吸水填料（又称为湿膜、湿帘、透膜、透视膜等）的自然蒸发式加湿装置。其工作原理是空气流经用吸水材料制成的填料时，吸收从填料中蒸发出的水蒸气来实现对空气的加湿作用，如图3-24所示。

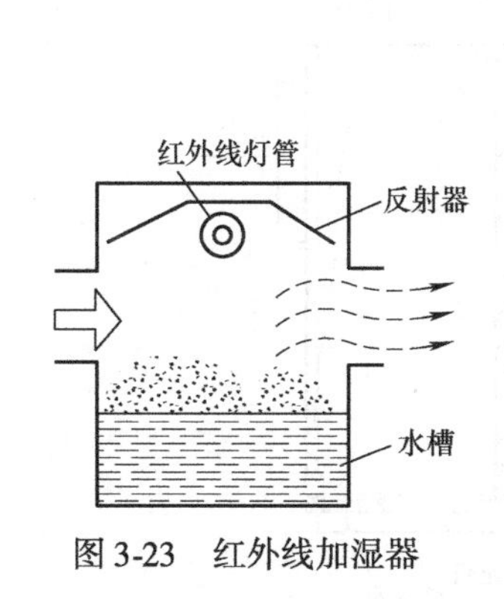

图3-23　红外线加湿器

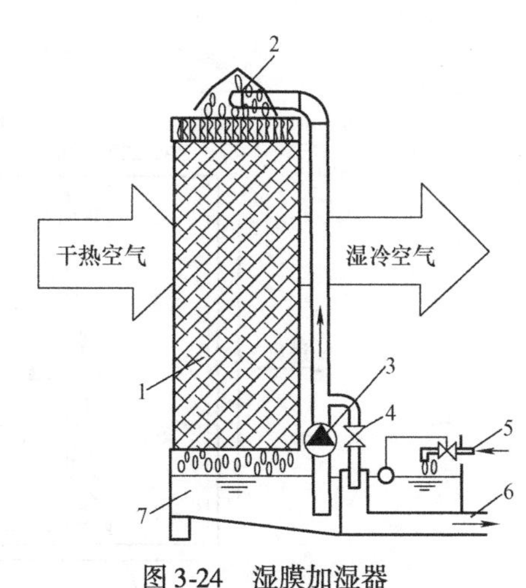

图3-24　湿膜加湿器

1—吸水填料　2—补水管　3—循环水泵
4—流量调节阀　5—水箱进水管　6—排水管　7—循环水箱

自然蒸发式加湿装置常用填料的种类有无机填料（如玻璃纤维）、有机填料（如植物纤维）、金属填料（如铝箔）、木丝填料（如白杨树纤维）和无纺布填料等。对填料的一般要求是耐腐蚀、阻燃，能阻止或减少微生物（如藻类）在其上滋生。

2）循环水喷淋加湿器。其循环水喷淋加湿器是利用循环水不断对通过风道的空气进行喷淋的加湿装置。本单元课题四将要讲到的喷水室用作加湿器时就是典型的循环水喷淋加湿器。

3）汽水混合加湿器。汽水混合加湿器又称为压缩空气诱导喷雾加湿器或压缩空气喷雾加湿器、汽水混合式喷雾加湿器。其工作原理是利用压力为0.03MPa（工作压力）的压缩空气通过特制的喷嘴腔时形成负压区，从而将供水管提供的无压水吸进喷嘴，两股流体混合后从喷嘴出口高速喷出，达到喷出较小水滴的效果。喷嘴工作过程如图3-25所示。

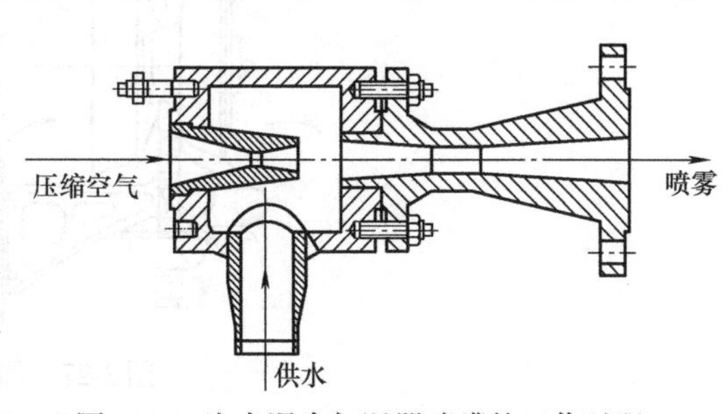

图3-25　汽水混合加湿器喷嘴的工作过程

汽水混合加湿器通常安装在空调房间内直接对空气进行加湿，有固定式和移动式两种形式。针对不同的使用环境和用户要求，某些新型汽水混合加湿器设计有单向、双向、三向、四向及八向喷射等不同类型结构，既有一个喷头体上可多个方向喷射的形式，也有一体多喷嘴的形式。

（3）雾化加湿装置　雾化加湿装置是用水雾与空气进行热湿交换，空气的状态变化过程与水加湿装置相同，工程上也按等焓加湿过程对待，也称为等焓加湿装置。这类加湿装置与空气接触的是微小水滴。属于雾化加湿装置的有高压喷雾加湿器、回转喷雾加湿器和超声波加湿器等。

1）高压喷雾加湿器（见图3-26）。其工作原理是将自来水经增压泵增压后，通过微细雾化喷嘴产生非常细小的液滴，小液滴与干燥空气进行热交换，蒸发汽化，从而达到湿润空气的效果。高压喷雾加湿器是目前加湿行业中应用最普遍的一种经济型加湿器，主要用于商业写字楼、宾馆、饭店、住宅等集中加湿场所或安装在组合空调机组内部。

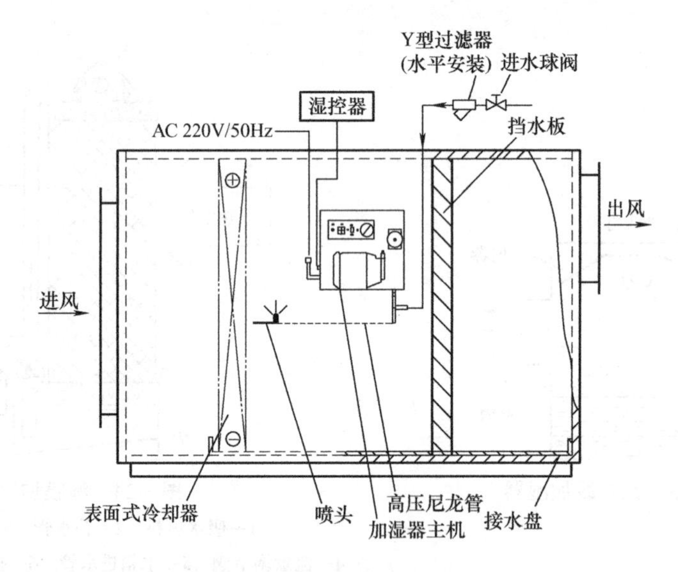

图3-26　高压喷雾加湿器

2）回转喷雾加湿器。回转喷雾加湿器又称为电动喷雾器或离心式加湿器。如图3-27所示，其工作原理是水通过上水管到甩水盘中心，水成膜状随甩水盘高速回转，在离心力的作

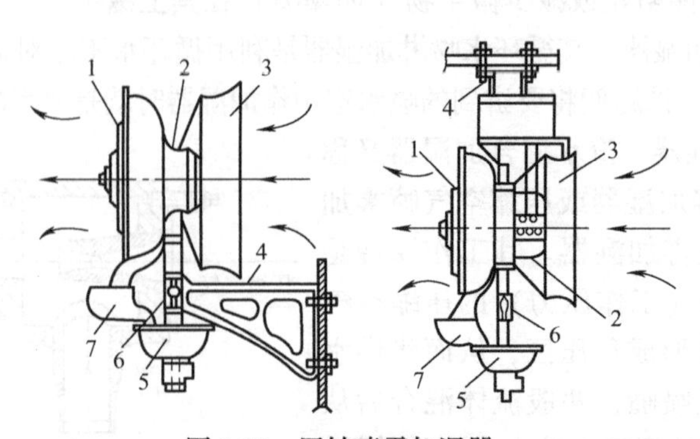

图3-27　回转喷雾加湿器

1—甩水盘　2—电动机　3—风扇　4—固定架　5—集水盘　6—喷水量调节器　7—回水漏斗

用下流向甩水盘的四周并被甩出，飞脱的水膜块与甩水盘四周的分水牙齿圈发生冲撞，被粉碎成微小的水滴，在风扇的气流作用下吹向房间内，不易被吹走的大水滴落回集水盘，沿排水管流出。回转喷雾加湿器通常安装在空调房间内，直接对空气进行加湿。

3）超声波加湿器。超声波加湿器的主要部件是超声波发生器，利用超声波振子（又称振动子、雾化振动头）以170万次/s的高频电振动把水破碎成微小水滴（平均粒径3～5μm），然后扩散到空气中，如图3-28所示。

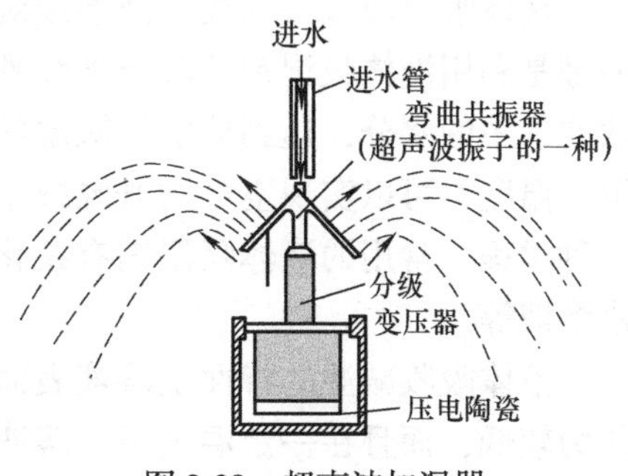

图3-28　超声波加湿器

超声波加湿器的特点是体积小、加湿强度大、加湿迅速、水滴颗粒小而均匀；控制性能好，水的利用率高，耗电量少；即使在低温下也能对空气进行加湿，不仅增温效果好，同时还可产生大量的负离子。但其价格较昂贵，对超声波振子的维护保养要求较高，必须使用软化水或去离子水。超声波加湿器可直接安装在需要加湿的空调房间内使用，也可以安装在空气处理装置或送风管道内使用。

二、常用的空气减湿方法与减湿设备

生活经验告诉我们，夏季高温时节，干燥的天气虽然感觉热但不会闷，而潮湿的天气则会让人感觉既闷又热，非常难受；冬季温度低时，相对湿度较高的天气会让人倍感阴冷。并且在高湿度的环境中，容易滋生细菌，导致衣物、家具发霉、虫蛀等。因此，当空气中的湿度过高时，必须采取一定的减湿方法来降低空气湿度，提高人们生活和工作的舒适度。

在空调制冷季节，通常利用空调进行降温减湿；在非空调制冷季节，则需要采用减湿机来进行减湿工作。在生产和生活实践中，常用的空气减湿技术主要有通风减湿、升温减湿、冷却减湿、液体吸收减湿、固体吸湿剂减湿和转轮减湿等。

1. 通风减湿

当室外空气的含湿量较低，而室内空气的含湿量较高时，可以通过打开门窗自然通风或强制通风的方式将室内湿度较高的空气排出室外，达到减湿的目的。这是一种很方便实用的减湿方法，在一些潮湿的工作环境中经常采用，但这种方法无法调节室内温度，并且受室外环境影响较大，特别是对于一些余热很小的房间，减湿效果很有限，必须与其他减湿方法结合使用。

2. 升温减湿

升温减湿即通过对空气的加热，在其含湿量不变的情况下使其温度升高，使其相对湿度降低。该方法的优点是系统简单易行，投资和运行费用低；缺点是空气温度升高导致室内空气不新鲜，适用于对室温要求不高的场合。

3. 冷却减湿

冷却减湿法又称露点法。当空气与低于空气露点温度的表面或水接触时，空气将被冷却到露点温度以下，使大于饱和含湿量的水蒸气凝结析出，从而降低空气的含湿量。空调工程中常用的冷却减湿装置除表面式冷却器之外，还有冷冻减湿机以及本单元课题四将要讲到的喷水室。

冷冻减湿机实际上是一个完整的制冷装置。它用制冷机作冷源，以直接蒸发式冷却器（蒸发器）作为冷却设备，把空气冷却到露点温度以下，析出大于饱和含湿量的水汽，降低空气的绝对含湿量，再利用部分或全部冷凝热（冷凝器）加热冷却后的空气，从而降低空

气的相对湿度，达到减湿的目的。冷冻减湿机的工作原理和空气的状态变化如图 3-29 所示。

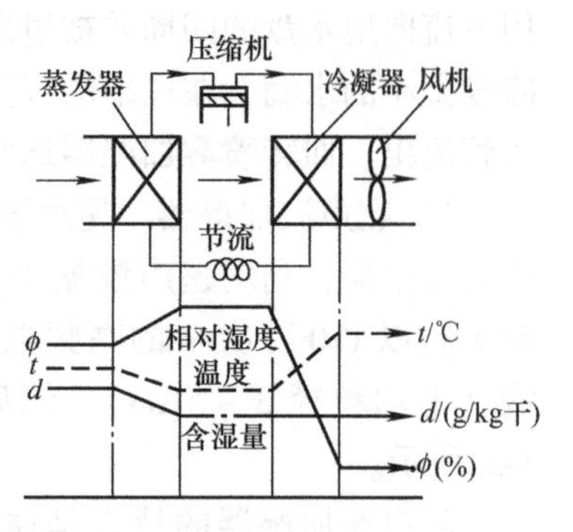

图 3-29 冷冻减湿机的工作原理和空气的状态变化

4. **液体吸收减湿**

液体吸收减湿又称液体减湿或液体吸收剂减湿，其工作原理是利用液体吸湿剂溶液能够强烈吸收水蒸气的能力，吸收空气中的水分，达到使空气减湿的目的。通过人为控制溶液的温度，可以实现空气的升温减湿、等温减湿和降温减湿三种过程。常用的液体吸湿剂有氯化钙、氯化锂和三甘醇的水溶液等。

液体吸收减湿的特性是溶液表面水分子较少，水蒸气分压力较低，而且在一定温度下，溶液浓度越高，水蒸气分压力越低，则其吸湿能力越强。

在绝热性减湿器中，减湿溶液吸收空气中的水蒸气后，绝大部分水蒸气的凝结潜热进入溶液，使得溶液的温度显著升高，同时溶液表面的蒸汽压力也随着升高，导致溶液的吸湿能力下降。若要连续减湿，必须使溶液再生及定期补充或更换溶液，才能获得稳定的减湿效果。

图 3-30 所示为蒸发冷凝再生式液体吸收减湿系统原理图，湿空气经空气过滤器 1 过滤后，进入喷液室 2 与所喷出的吸湿剂溶液直接接触，湿空气内的部分水蒸气被吸湿剂强烈吸收，达到减湿的目的。减湿后的空气经表面冷却器 3 降温后由送风机 4 从出风口排出，得到干燥空气。吸湿后的液体经再生系统再生，然后再用于循环吸湿。图 3-30 中下部为该系统的溶液再生系统，该再生系统很复杂，在空调工程中的应用较少。

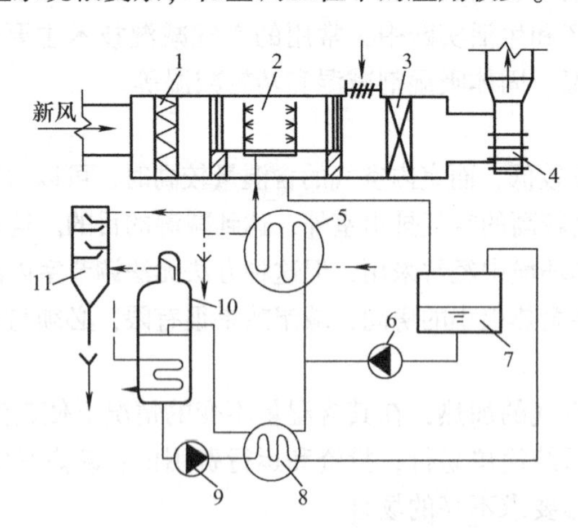

图 3-30 蒸发冷凝再生式液体吸收减湿系统原理图

1—空气过滤器 2—喷液室 3—表面冷却器 4—送风机 5—液体冷却器
6—溶液泵 7—溶液箱 8—热交换器 9—再生溶液泵 10—蒸发器 11—冷凝器

5. **固体吸湿剂减湿**

固体吸湿剂减湿也称吸附减湿，是利用某些固体物质表面的毛细孔作用或相变时水蒸气的分压力差吸附或吸收空气中的水蒸气。固体吸湿剂又称为干燥剂，空调工程中常用的固体吸湿剂有硅胶和氯化钙等。

固体吸湿剂减湿的原理：由于毛细孔的作用，使毛细孔表面上的水蒸气分压力低于周围空气中的水蒸气分压力，在这个分压力差的作用下，空气中的水蒸气被吸附，即水蒸气向毛细孔的空腔扩散并凝结成水，使空气减湿，同时水蒸气冷凝时放出的汽化热又加热了空气，减湿前后空气的焓不变，而温度升高了。所以用固体吸湿剂减湿时，空气的状态变化过程是一个等焓减湿升温的过程，最适宜于要求空气既要干燥、又需要加热的场合。

（1）固体吸湿剂的分类　物理吸附：靠吸湿剂与水蒸气间的纯分子吸引力减湿的过程，应用物理吸附原理的固体吸湿剂有硅胶和活性炭等；化学吸附：吸湿前后吸湿剂的分子结构发生变化，应用化学吸附原理的固体吸湿剂有氯化钙和生石灰等。

1）硅胶。硅胶是一种无毒、无臭、无腐蚀的多孔结晶体物质，不溶于水，可溶于苛性钠溶液，其空隙率可达70%，平均孔径为4×10^{-7}cm，平均密度为650kg/m^3，吸湿能力可达其质量的30%。

目前国产硅胶有粗孔、细孔、原色、变色之分。粗孔硅胶稀释时间短，易饱和；细孔硅胶使用时间长，因而应用广泛。原色硅胶在吸湿过程中不变色；而变色硅胶原为蓝色，吸湿后能变为红色，价格较贵，一般用作原色硅胶的吸湿剂。

① 硅胶的失效和再生。硅胶的吸水能力有一定限制。随着吸收水量的增加，其吸湿能力逐步达到饱和，最终失去吸水能力，称为失效。硅胶失效后需再生，方法是用150～180℃的热空气加热，将硅胶吸附的水分蒸发出去，使失去吸水能力的硅胶再生。经再生后的硅胶仍可重复使用，但其吸湿能力会下降，故长时间使用后应及时补充或更换新的硅胶。

② 硅胶吸湿的优点。当温度很低时，仍能吸收空气中的水分，并能保持空气环境中非常小的相对湿度。

2）氯化钙。氯化钙是白色的多孔结晶体，略有苦涩味，吸湿后潮解，最后变为氯化钙水溶液。氯化钙对金属有强烈的腐蚀作用，必须用非金属容器盛装，使用起来不如硅胶方便。但其价格低廉，也能通过再生还原后重复使用，所以应用也比较广泛。

（2）固体吸湿剂的减湿方法

1）静态减湿。静态减湿是让潮湿空气呈自然状态与吸湿剂接触。

① 硅胶静态减湿装置。将硅胶放在玻璃器皿或包在纱布袋内，依靠硅胶与自然流动的空气接触来吸收空气中的水分，一般1m^3 空气中放置1～1.2kg硅胶。

硅胶静态减湿效果：可使密闭工作箱内的空气相对湿度由60%降到20%，并维持7天。

硅胶静态减湿适用范围：局部小空间，如仪表储存箱、密闭工作箱的减湿。

② 氯化钙静态减湿装置。将氯化钙平撒在非金属筛盘上，依靠空气的自然流动来吸收空气中的水分，吸水后形成的氯化钙溶液靠重力自然流下，进入下部收集氯化钙水溶液的非金属容器。通常1m^2 筛盘上放置10kg氯化钙，也可以根据房间产湿量和需要维持的时间长短来确定其放置数量。

2）动态减湿。动态减湿是让潮湿的空气在风机的强制作用下通过固体吸湿材料层，从而达到使空气减湿的目的。

① 氯化钙动态减湿装置。图3-31所示为一种氯化钙动态减湿装置，由主体骨架、外壳、抽屉吸湿层及轴流风机等组成。使用时直接将其放在需要除湿的房间内，室内的潮湿空气在风机的强制作用下，由进风口进入减湿装置并通过吸湿层吸湿干燥后，在轴流风机的作用下从顶部排入房间内，不断循环即可降低室内空气的含湿量。

② 硅胶动态减湿装置。硅胶动态减湿装置利用硅胶来吸收空气中的水蒸气，达到使空气减湿的目的。常见的硅胶动态减湿装置有抽屉式、固定转换式和电加热转筒式三种形式。

a. 抽屉式硅胶减湿装置的基本结构如图 3-32 所示，由外壳、抽屉式减湿层、分风隔板及风机等组成。其工作原理：需要减湿的空气在风机的作用下，由分风隔板进入硅胶层减湿，减湿后的干燥空气由风道送入房间。当硅胶失效后，应取出抽屉中的硅胶，将失去吸水能力的硅胶再生或更换新的硅胶。

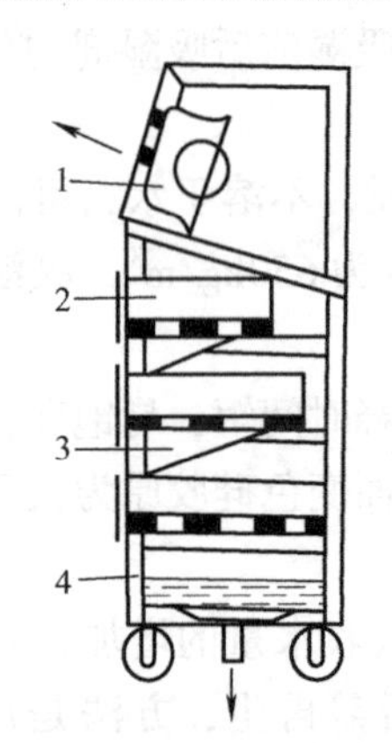

图 3-31　氯化钙动态减湿装置

1—轴流风机　2—活动抽屉吸湿层

3—进风口　4—主体骨架

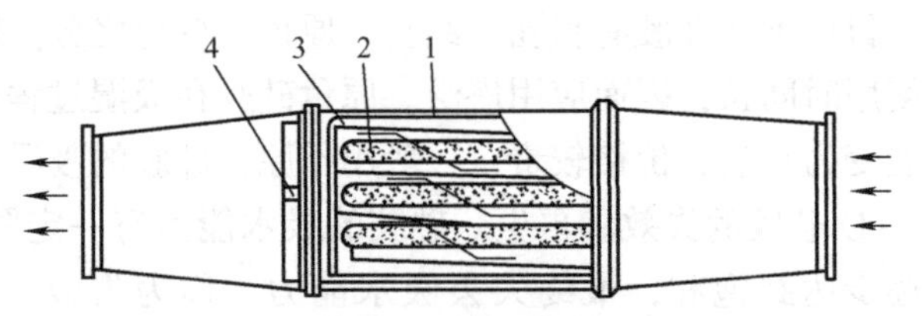

图 3-32　抽屉式硅胶减湿装置

1—外壳　2—抽屉式硅胶减湿层

3—分风隔板　4—密封门

b. 固定转换式硅胶减湿装置如图 3-33 所示。

固定转换式硅胶减湿装置的工作原理：工作时，两个硅胶筒轮流进行吸水工作，空气经风机及转换开关进入左边的硅胶筒 4 吸水后，再经转换开关 5 排出，由风道送入室内，同时空气还由风机 7 作用，经加热器 6 升温后进入另一个硅胶筒 9，给硅胶加热使其再生。经过一段时间后，可以通过转换开关控制两个硅胶筒轮流工作。

c. 电加热转筒式硅胶减湿机如图 3-34 所示。

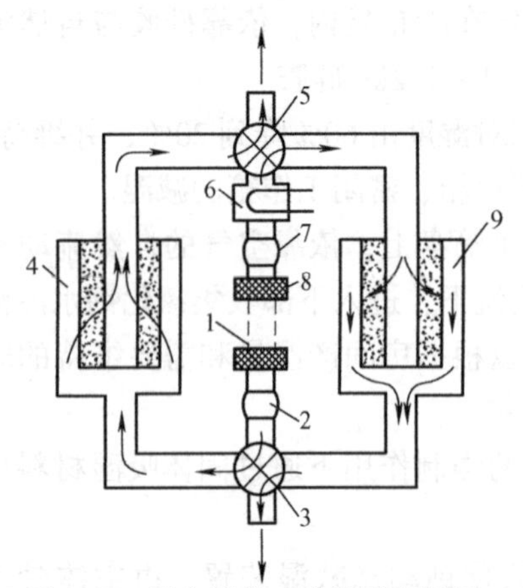

图 3-33　固定转换式硅胶减湿装置

1—湿空气入口　2、7—风机　3、5—转换开关

4、9—硅胶筒　6—加热器　8—再生空气入口

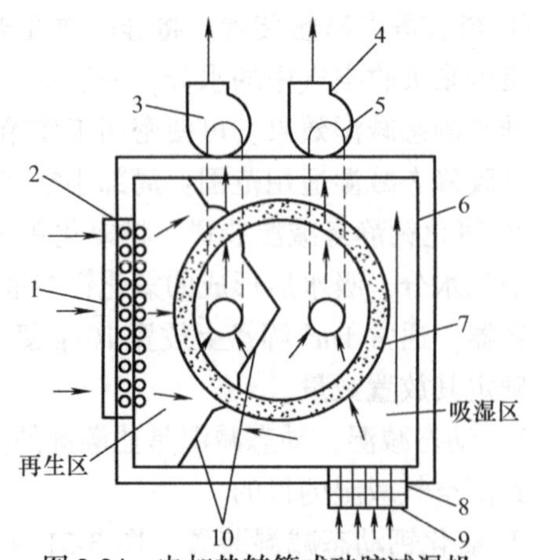

图 3-34　电加热转筒式硅胶减湿机

1—再生空气进风口　2—电加热器　3—再生空气出口

4—干空气出口　5—离心式风机　6—箱体　7—硅胶筒

8—蒸发器　9—湿空气进风口　10—密闭隔风板

电加热转筒式硅胶减湿机的工作原理：电加热转筒式硅胶减湿机中装有一个硅胶筒，由密闭隔风板分成再生区和吸湿区，工作时硅胶筒缓慢转动，湿空气由进风口进入吸湿区，穿过硅胶层减湿后由风机送入室内。与此同时，吸收了水分的硅胶慢慢转入再生区，硅胶被高温空气加热后恢复吸水能力，再转到吸湿区对空气进行减湿。

6. 转轮减湿

转轮减湿又称干式减湿。转轮减湿机的主体结构和工作过程如图 3-35 所示。

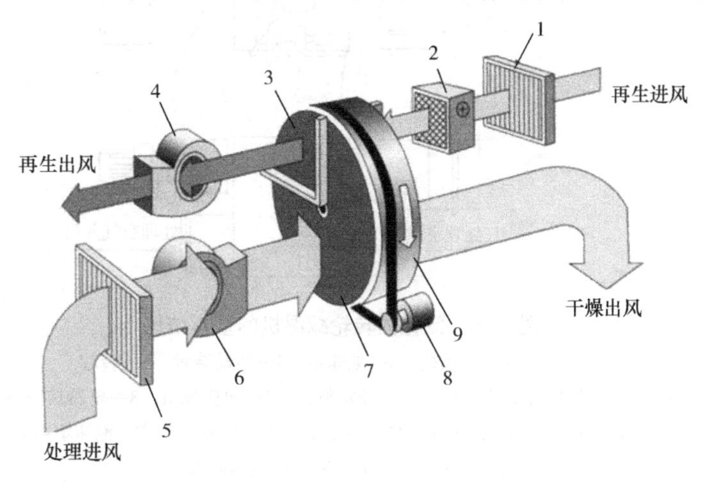

图 3-35　转轮减湿机的主体结构和工作过程

1—初效过滤器　2—再生电加热　3—再生区　4—再生风机　5—初效过滤器
6—处理风机　7—处理区　8—传动电动机　9—减湿转轮

转轮由特殊复合耐热材料制成的波纹状介质构成，形成许多密集的蜂窝状小通道，波纹状介质中载有吸湿材料。转轮工作时被分为两个区域：一个是吸湿区，占转轮轴向圆面积的 3/4，为 270 °扇形；一个是再生区，占转轮轴向圆面积的 1/4，为 90 °扇形。转轮的种类有氯化锂转轮和硅胶转轮和分子筛转轮等。

转轮旋转时，需要减湿处理的空气由转轮一侧进入吸湿区，其所含水蒸气被处于这个区域中的吸湿材料吸收或吸附，使空气得到干燥。与此同时，经过再生加热器加热的高温空气（再生空气）由转轮的另一侧进入转轮的再生区，将处于这个区域内的吸湿材料所含的水分汽化后带走，使吸湿材料获得再生，随着转轮旋转进入吸湿区进行循环吸湿。

转轮减湿机构造简单，操作和维护管理方便；转动部件少，转速低，噪声小；转轮性能稳定，运行可靠，使用年限长；减湿量大，再生容易；对低温、低湿空气减湿效果显著。

整体式转轮减湿机的所有部件均装在一个金属板制作的箱体内，箱体外壳上只留有处理空气和再生空气的进出口。组合式转轮减湿机除了减湿段外，在减湿段前有过滤段与表面式冷却器段，在减湿段后有表面式冷却器段及风机段。

氯化锂转轮减湿机的基本结构如图 3-36 所示。

氯化锂转轮减湿机由吸湿转轮、风机和过滤器等组成。吸湿转轮将氯化锂吸湿剂和铝均匀地吸在两条石棉纸上，再将石棉纸卷成具有蜂窝通道的圆柱体，其中氯化锂吸湿剂用来吸收水分，而铝的作用是将吸湿剂固定在石棉纸上。

其再生系统由电加热器、风机和隔板组成，隔板将转轮分成再生区和吸湿区。

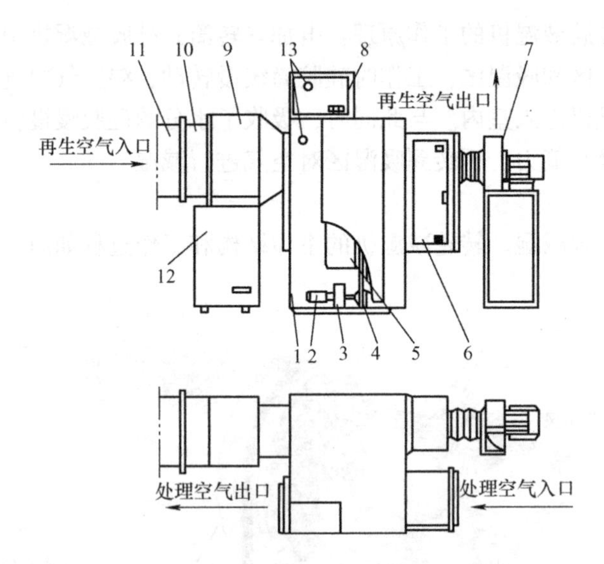

图 3-36 氯化锂转轮减湿机的基本结构

1—机壳 2—电动机 3—减速器 4—传动装置 5—转芯

6—减湿空气用过滤器（楔形、泡沫塑料） 7—再生风机 8—电器控制箱

9—电加热器 10—调风阀 11—再生空气用过滤器（板式、泡沫塑料）

12—动力配电箱 13—电接点温度计

氯化锂转轮减湿机的工作原理如图 3-37 所示。需要减湿的空气在风机的作用下进入吸湿转轮，失去水分后被送入空调房间。再生空气在再生风机的作用下进入再生区，经加热器加热至 120℃后，将转轮内的水分汽化后带出箱外并排出室外，使吸湿剂再生。再生后的吸湿剂重新进入吸湿区进行循环吸湿，这样就可以连续地取得干燥空气。

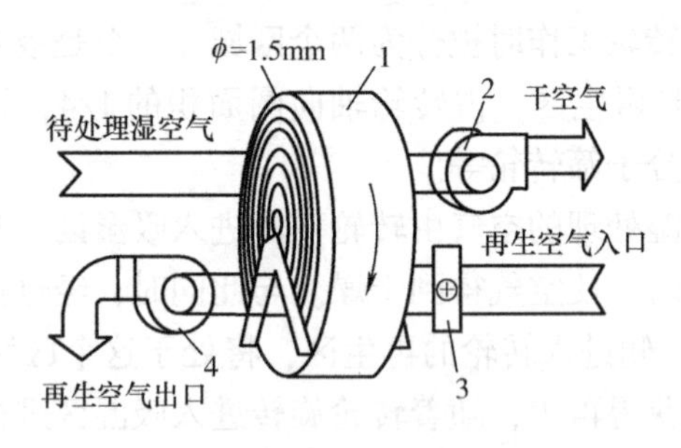

图 3-37 氯化锂转轮减湿机的工作原理

1—蜂窝状通道 2—处理风机 3—再生加热器 4—再生风机

【典型实例 1】 普通家用加湿器不喷雾的常见原因及其处理方法。

1）加湿器有风无雾。加湿器长时间使用自来水，沉积的水垢致使振荡片上结满了水垢，不能正常运转，雾会减少或喷不出来。处理方法：可用家用白醋加少量盐浸泡，有效溶解水垢后，将废水倒掉，加入纯净水或凉开水，即可解决不出雾的问题。注意：不能使用强酸除垢，因强酸会腐蚀金属，不利于保养，并且存在安全隐患。

2）加湿器雾化片有问题。处理方法：更换雾化片。

3）没有定期进行清洗保养。一般来说，加湿器的清洗保养应一周左右进行一次。处理方法：使用专用清洗剂清洗水槽、振荡片和水箱，加上水就可以用了。注意：清洗后第一次最好加凉开水，否则水中的钙质会凝结在加湿器内。

4）加湿器的工作过程分为两步：①陶瓷振荡器振动，产生水雾；②风扇转动，把水雾送出。如果加湿器能工作但不见水雾喷出，可能是操作不当或风扇有故障。处理方法：加点润滑油轻轻地拍拍它试一下，如果风扇还不转，应检修风扇。

5）认识误区。没有水雾喷出的加湿器一定不好。现在主流的加湿器有超声波加湿器和净化型加湿器。超声波加湿器通过超声波高频振动，将水雾化为1～5μm的超微粒，再通过风动装置喷出，均匀扩散到空气中，从而达到加湿的效果。这种类型的加湿器是有水雾喷出的。而净化型加湿器采用分子级选择性挥发技术，通过PTC材料使水直接升华，除去水中杂质，再经过净水洗涤处理，最后经风动装置将纯净的水分子送到空气中，从而提高环境湿度。这种类型的加湿器是没有水雾喷出的。

【典型实例2】 加湿器的日常维护。

1）每一个季度要对加湿器所有的法兰、螺栓联接处、浮球阀和水位进行一次检查。

2）平时要特别注意机组挡水板处和导风板处的空气流动是否流畅，加湿器的喷嘴是否工作正常。

3）机组停运期间，要将加湿器水盘中的水放干净。若加湿器需要长期停运，加湿器的水泵应每隔一周起动运行3～5min，防止水泵内沉淀固体粒子而使水泵损坏。

4）对于使用蒸汽的加湿器，当其蒸汽喷嘴堵塞时，可用针将蒸汽喷嘴内的脏污除掉，然后向里面喷入蒸汽，清洁其内部管道。

课题四　喷水室的结构及处理空气过程

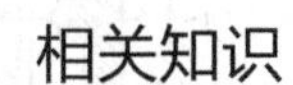

相关知识

喷水室又称为喷淋室、淋水室、喷雾室等，是一种直接接触式多功能的空气调节设备，可对空气进行加热、冷却、加湿、减湿等多种处理，同时又具有一定的空气净化能力。喷水室在温度、湿度要求较高的场合，如纺织厂、卷烟厂等以调节湿度为主要目的的工艺性空调系统中，得到了广泛的应用。

喷水室的主要优点是能够实现多种空气处理过程，冬、夏季工况可以共用，具有一定的净化空气能力，金属耗量小，容易加工制作；缺点是对水质条件要求高，占地面积大，水系统复杂，耗电较多，因此一般民用建筑中很少使用或仅仅作为加湿设备使用。

一、喷水室的结构和工作过程

1. 典型喷水室的结构

喷水室主要由喷嘴、挡水板、外壳和排管、底池及其附属设施等部件构成。图3-38所示为实际工作中应用较多的低速、单级卧式喷水室的结构。空调工程中选用的喷水室除单级、卧式外，还有双级、立式喷水室，也有高速喷水室。本节主要以低速、单级卧式喷水室为例进行讲解。

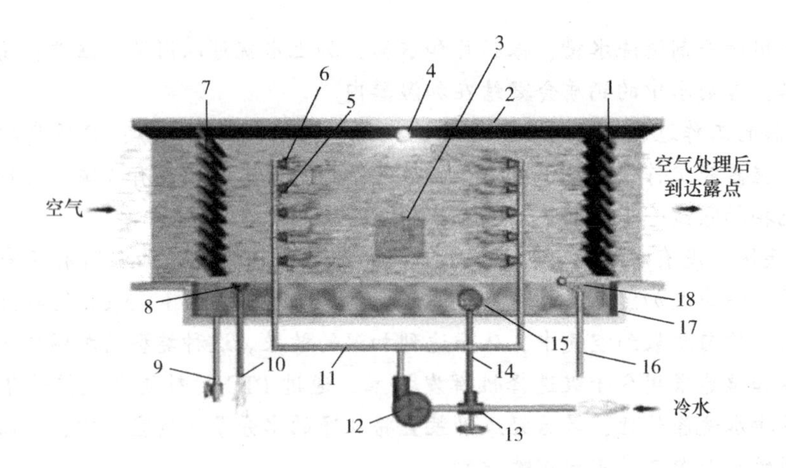

图 3-38　低速、单级卧式喷水室的结构

1—后挡水板　2—外壳　3—检查门　4—防水灯　5—排管　6—喷嘴　7—前挡水板
8—溢水器　9—泄水管　10—溢水管　11—供水管　12—水泵　13—三通阀
14—循环水管　15—滤水器　16—补水管　17—底池　18—浮球阀

（1）喷嘴　喷嘴是喷水室的主要构件之一，一般采用黄铜、不锈钢、尼龙、塑料和陶瓷等耐磨、耐腐蚀的材料制作，如图 3-39 所示为 Y-1 型离心喷嘴的构造。它可以将水喷射成雾状，从而增加水与空气的接触面积，使它们更好地进行热湿交换。喷水室的喷嘴安装在专门的排管上，喷水方向根据与空气流动方向的相对状况可分为顺喷、逆喷和对喷。根据喷孔的大小不同，喷嘴可分为粗喷喷嘴、中喷喷嘴及细喷喷嘴。

1）粗喷喷嘴。指喷嘴孔径在 4.0 ~ 6.0mm、喷水压力为 0.05 ~ 0.15MPa 的喷射口。它喷出的水滴较大，在与空气接触时，水滴温升较慢，不易蒸发，因而广泛应用于夏季的降温、降湿处理，在冬季可用于喷循环水加湿空气。

2）中喷喷嘴。中喷喷嘴介于粗喷喷嘴与细喷喷嘴之间，喷嘴孔径为 2.5 ~ 3.5mm，水压为 0.2MPa 左右。

3）细喷喷嘴。细喷喷嘴的孔径为 2.0 ~ 2.5mm，喷嘴前的水压大于 0.25MPa，这种喷嘴喷出的水滴较细，与空气接触时温度升高快，容易蒸发，适用于加湿空气，但是易堵。

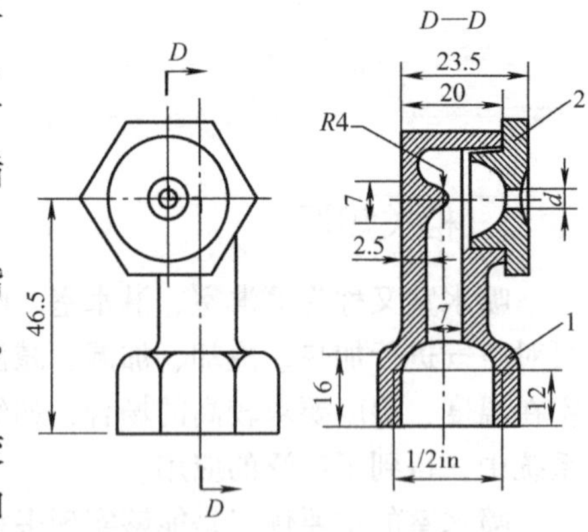

图 3-39　Y-1 型离心喷嘴的构造

1—喷嘴主体　2—顶盖

使用中喷喷嘴和粗喷喷嘴喷射时，喷嘴喷出的水滴直径较大，与空气接触时的温升慢，适用于空气的冷却干燥。在一般的空气调节使用场合，喷水室多采用粗喷喷嘴，这样既可以对空气进行降温减湿或绝热加湿处理，又可以不必经常更换喷嘴。

国内常用的是 Y-1 型离心喷嘴，近年来开始使用 BTL-1 型双螺旋离心式喷嘴。喷嘴喷出的水滴大小、水量多少、喷射角和作用距离等与喷嘴的构造、喷嘴前的水压及喷嘴的孔径有关。同一类型的喷嘴，孔径越小、喷嘴前水压越高，喷出的水滴越细。孔径相同时，水压越高，则喷水量越大。图 3-40 所示为 Y-1 型离心喷嘴的喷水性能。

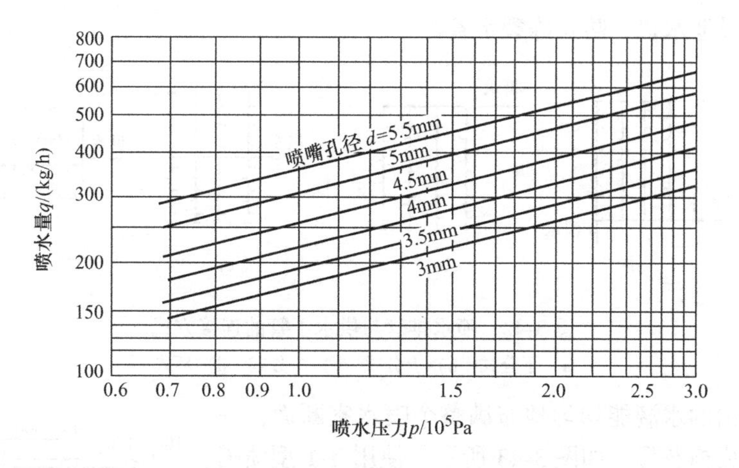

图 3-40　Y-1 型离心喷嘴的喷水性能

（2）挡水板　挡水板分为前挡水板和后挡水板。前挡水板设置在喷嘴前，防止水滴溅到喷水室之外，并能使进入喷水室的空气均匀分布；后挡水板设置在喷水室出口前，作用是分离空气中夹带的水滴，阻止混合在空气中较大的水滴进入管道和空调房间。

当气流在两片挡水板间做曲折前进时，其所夹带的水滴因惯性来不及迅速转弯，与挡水板表面碰撞而附流下来，并集聚在挡水板面上流入底池，起到了汽水分离和阻止水滴通过的作用。

挡水板一般用厚 0.75 ~ 1.0mm 的镀锌钢板或塑料板制作，其断面形式如图 3-41 所示。挡水板的折数越多、夹角越小、板间距越小及空气流速越低，挡水的效果越好，但这时对空气的阻力较大，并且增大了挡水板的迎风面。

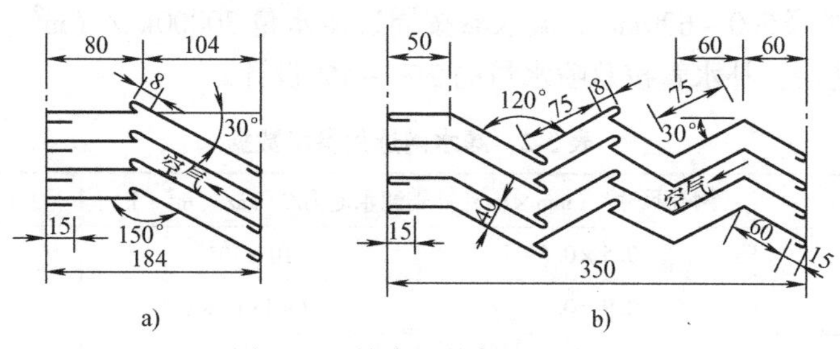

图 3-41　挡水板的断面形式
a）前挡水板　b）后挡水板

在实际工程中，前挡水板一般取 2 ~ 3 折，夹角为 90° ~ 150°；后挡水板一般取 4 ~ 6 折，夹角为 90° ~ 120°；挡水板间距为 25 ~ 40mm。

（3）外壳和排管　喷水室的外壳一般用厚 2 ~ 3mm 的钢板加工制成，也可用砖砌或用混凝土浇制，但要注意防水。喷水室的横断面一般为矩形，断面的大小根据通过的风量及推荐流速 2 ~ 3m/s 确定，而其长度则应根据喷嘴排管的数量、排管间距及排管与前、后挡水板的距离确定。喷水室外壳不论采用何种形式，其共同特点都是具有良好的防水和保温作用，并支撑和保护其他部件。近年来在材料上，也有采用玻璃钢体内嵌保温材料一次成形的喷淋室。

喷嘴排管的作用是布置喷嘴，通常设置 1 ~ 3 排，最多 4 排。它与供水干管的连接方式有下分式、上分式、中分式和环式几种，如图 3-42 所示。不论采用哪种连接方式，都要在水管的最低点设泄水口，防止冻裂水管。

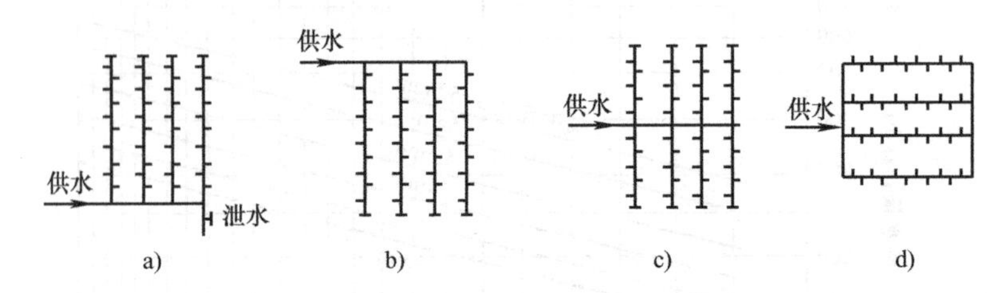

图 3-42 喷水排管与供水干管的连接方式
a）下分式 b）上分式 c）中分式 d）环式

为了使喷出的水滴能均匀地布满整个喷水室断面，一般将喷嘴布置成梅花形，如图 3-43 所示。使用 Y-1 型喷嘴的喷水室，其喷嘴的密度通常选 13 ~ 24 个/（m^2·排）比较合适，并且应当布置成上密下疏，使水滴在喷水室中均匀分布。

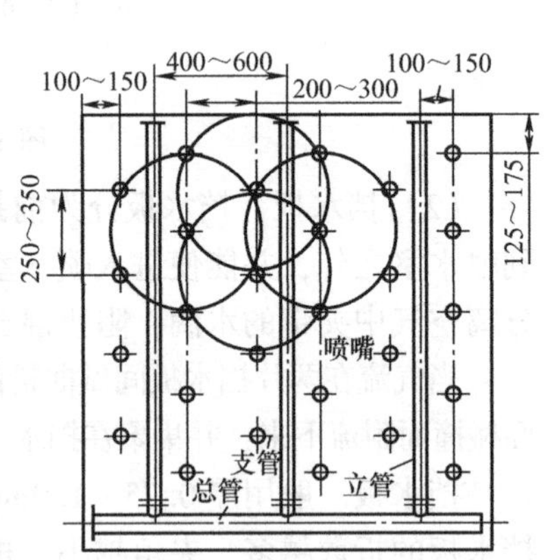

图 3-43 喷嘴的布置形式

为了便于检修、清洁和测量，喷水室外壳还设有观测孔，两排喷嘴之间设有一个 400mm × 600mm 的密封检修门，并装有防水灯。

（4）底池及其附属设施 底池用来收集喷淋水，底池中的滤水器、供水管、补水管、溢水管、循环水管、三通阀等组成循环水系统。通常底池容量按能容纳 2 ~ 3min 的总喷水量确定，池深 500 ~ 600mm。溢水器按周边溢水量 30000kg/（m^2·h）设计，滤水网的大小按表 3-2 选用，补水管按总喷水量的 2% ~ 4% 设计。

表 3-2 滤水网选用参考数据

喷嘴孔径/mm	网孔尺寸/（mm × mm）	滤水能力/［kg/（m^2·h）］	滤水阻力/kPa
2.0 ~ 2.5	0.5 × 0.5	10×10^3	0.98
2.5 ~ 3.5	0.9 × 0.9	（12 ~ 15）$\times 10^3$	0.98
4.0 ~ 5.5	1.25 × 1.25	（15 ~ 30）$\times 10^3$	0.98

其他附属设施有水泵和浮球阀等。

2. 喷水室的工作过程

喷水室处理空气的基本工作过程：当被处理的空气以一定的速度（一般为 2 ~ 3m/s）经过前挡水板进入喷水空间时，借助喷嘴喷出的高密度小水滴与空气直接接触，进行热、湿交换。根据所喷水温的不同，与空气进行热、湿交换的过程也不同，可以使空气状态发生相应变化，达到所需的处理效果。交换过的空气经过后挡水板流走，从喷嘴喷出的水滴完成与空气的热湿交换后落入底池中，再由循环水系统循环使用。

二、喷水室处理空气的过程

1. 喷水室中空气与水直接接触时的热、湿交换

在喷水室中，当用不同温度的水喷淋空气时，空气与水之间会产生不同的热、湿交换过

程，可获得不同的空气处理结果。如图 3-44 所示为喷到空气中的水滴在紧贴水滴表面和周围的未饱和空气之间形成一个很薄的、温度等于水面温度的饱和空气边界层。由于水滴周围空气中的水分子不停地做无规则的运动，部分水分子会扩散、渗透到饱和空气边界层中，饱和空气中的水分子也会部分扩散、渗透到周围的未饱和空气中，边界层中水蒸气分子的浓度或水蒸气分压力取决于边界层的饱和空气温度。

当边界层的温度高于周围未饱和空气的温度时，则由边界层向未饱和空气传热；反之，则由未饱和空气向边界层传热。当边界层内水蒸气分子浓度大于周围空气的水蒸气分子浓度（即边界层的水蒸气分压力大于空气中的水蒸气分压力）时，边界层的水蒸气分子会不断向空气中扩散，使空气中的水蒸气分子数不断增加，实现对空气进行加湿的目的，该过程称为蒸发；反之，空气中的水蒸气分子则会不断进入边界层，使空气中的水蒸气分子数逐渐减少，空气进行减湿过程，该过程称为冷凝。在蒸发过程中，边界层中减少了的水蒸气分子由水滴表面不断跃出的水分子补充；在冷凝过程中，边界层中过多的水蒸气分子将回到水中。

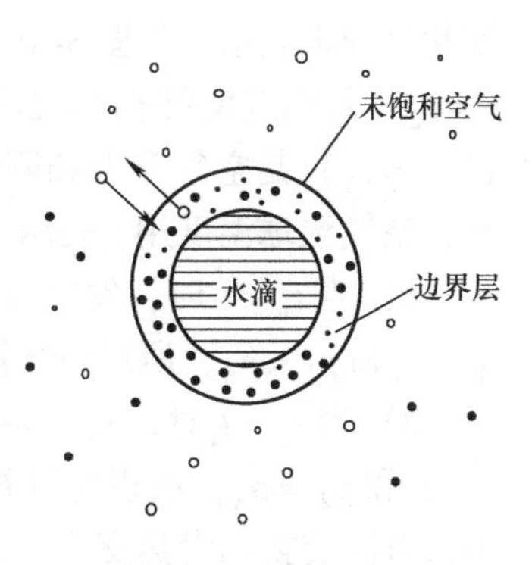

图 3-44　空气与水接触时的热、湿交换

在空气与水表面发生热、湿交换的过程中，按其水温不同，可能仅发生显热交换；也可能既有显热交换又有潜热交换，还有能湿交换，即同时伴有质量交换。显热交换是因为空气与水之间存在温差，通过导热、对流和辐射作用而换热，而潜热交换是因为空气中的水蒸气蒸发（或冷凝）而吸收（或放出）汽化热的结果，空气与水滴之间的热交换就是包括显热交换和潜热交换的全热交换。为了全面反映空气与水滴之间的热交换情况，通常用空气初始和终了状态的焓值变化来表示其热量的变化情况。

2. 喷水室处理空气的过程

（1）空气与温度不变的水接触时的状态变化　空气与温度不变的水直接接触时，空气与水的热湿交换过程可以按两种空气的混合过程来对待。根据两种不同状态空气的混合规律，混合点 C 应位于连接空气初始状态点 A 和饱和状态点 B 的直线上。饱和状态点 B 是由 $\phi=100\%$ 的饱和线与水温 t_w 决定的。C 点的具体位置取决于与空气接触的水量或水滴数量及空气与水接触的时间长短。参与混合的饱和空气越多，空气的终状态点（即混合后的状态点 C）就越接近饱和线，如图 3-45 所示。

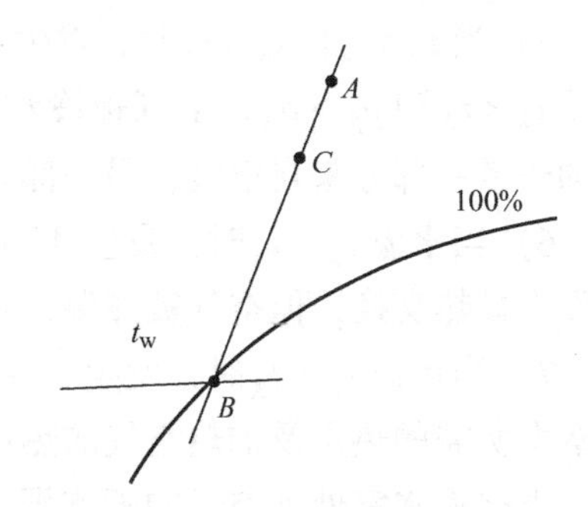

图 3-45　空气与温度不变的水直接接触时按两种空气的混合过程来对待

（2）空气与不同温度的水接触时的状态变化过程　在实际的喷水室中，无论是逆喷、顺喷还是对喷，水滴和空气的运动都是比较复杂的交叉流动，空气的终状态既不等于水的终温，也不等于水的初温，对喷时也不等于平均温度。对于结构一定的喷水室来说，空气与水的初始参数决定了喷水室内热湿交换推动力的方向和大小。因此，通过改变空气与水的初始参数，即可达到不同的处理过程和结果。

实际用喷水室处理空气时，由于受到各种客观条件的限制，与空气接触的水量是有限的，空气与水接触的时间也很短，在空气处理的过程中，水温也会发生变化，从而使得空气状态变化过程不是直线，而是曲线状变化过程。但在实际工作中，我们所关心的只是处理后的空气终状态，而不是变化的过程，所以仍然可以用连接空气初、终状态点的直线来表示空气状态变化的过程。

空气与不同温度的水直接接触时的状态变化范围可以用 $A\to1\sim A\to7$ 七种典型空气状态变化过程来表示。如图 3-46 所示，图中空气状态变化的三个主要分界线为：$A\to2$ 过程（即 $p=p_2$）是空气增湿和减湿的分界线；$A\to4$ 过程是空气增焓和减焓的分界线；$A\to6$ 过程（即 $t=t_A$）是空气升温和降温的分界线。其中，水的温度用 t_w 表示，空气露点温度用 t_1 表示，空气湿球温度用 t_s 表示，空气干球温度用 t_A 表示。

1）当 $t_w<t_1$ 时，发生 $A\to1$ 过程。此时由于 $t_w<t_1<t_A$ 和 $p_1<p_A$，所以空气被冷却和干燥。

2）当 $t_w=t_1$ 时，发生 $A\to2$ 过程。此时由于 $t_w=t_1<t_A$ 和 $p_2=p_A$，所以空气被冷却，但含湿量不变，即没有湿交换和潜热交换。

3）当 $t_w>t_1$，且 $t_w<t_s$ 时，发生 $A\to3$ 过程。此时由于 $t_w<t_s<t_A$ 和 $p_3>p_A$，所以空气被冷却和加湿，温度和焓均降低。

4）当 $t_w=t_s$ 时，发生 $A\to4$ 过程。此时由于等湿球温度线与等焓线相近，可以认为空气状态沿等焓线变化而被加湿。在此过程中，总热交换量近似为零，因为 $t_w=t_s$ 和 $p_4>p_A$，说明空气的显热量减少，潜热量增加，二者近似相等。

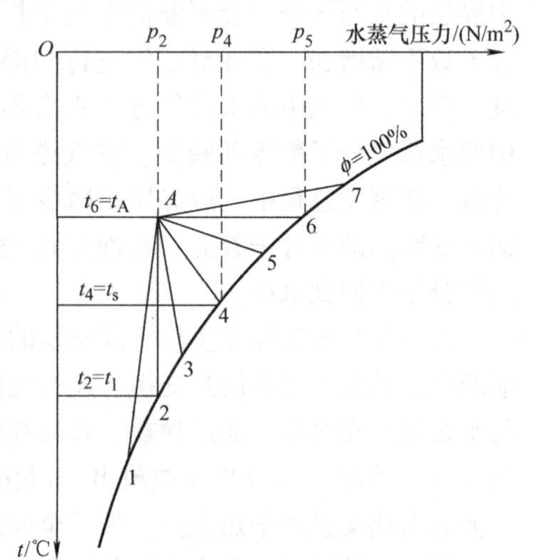

图 3-46　空气与水直接接触时的状态变化过程

5）当 $t_w>t_s$ 且 $t_w<t_A$ 时，发生 $A\to5$ 过程。此时由于 $t_w<t_A$ 和 $p_5>p_A$，空气被冷却加湿，水蒸发所需的热量一部分来自空气，另一部分来自水本身，空气的焓增加，但温度下降。

6）当水温 $t_w=t_A$ 时，发生 $A\to6$ 过程。此时由于 $t_w=t_A$ 和 $p_6>p_A$，说明空气温度不变，不发生显热交换，但空气被加湿，是等温加湿过程，水蒸发所需的热量来自水本身。

7）当水温 $t_w>t_A$ 时，发生 $A\to7$ 过程。此时由于 $t_w>t_A$ 和 $p_7>p_A$，空气被加热、加湿，水蒸发所需的热量及加热空气的热量均来自水本身。

根据喷水室处理空气的喷水温度，就能借助 h-d 图很容易地判断出空气状态的变化过程，以及状态参数的变化情况。喷水室七种典型空气状态变化过程可用表 3-3 表示。

表 3-3　喷水室七种典型空气状态变化过程

过 程 线	水温比较	温度或潜热	含湿量或潜热	焓或总热量	过 程 名 称
$A\to1$	$t_w<t_1$	降低或减少	减少	降低或减少	减湿冷却或冷却干燥
$A\to2$	$t_w=t_1$	降低或减少	不变	降低或减少	等湿冷却
$A\to3$	$t_1<t_w<t_s$	降低或减少	增加	降低或减少	减焓加湿或冷却加湿
$A\to4$	$t_w=t_s$	降低或减少	增加	不变	等焓加湿或绝热加湿
$A\to5$	$t_s<t_w<t_A$	降低或减少	增加	增大或增加	增焓加湿
$A\to6$	$t_w=t_A$	不变	增加	增大或增加	等温加湿
$A\to7$	$t_w>t_A$	升高或增加	增加	增大或增加	升温加湿

空调工程中，一般把温度高于被处理空气初态湿球温度的水称为热水，反之称为冷水，等于该湿球温度的水则称为循环水。在上述七种典型空气状态变化过程中，要实现前三种过程需喷冷水，实现后三种过程要喷热水，而中间的第四种过程则要喷循环水才能实现。

用喷水室处理空气时，空气的终状态往往达不到饱和，只能接近饱和状态，相对湿度一般为90% ~95%，但也接近了结露状态，因此常把空气经喷水室处理后接近饱和状态时的终状态点称为机器露点。

三、喷水室的水系统与管路连接

1. 喷水室的水系统

喷水室的水系统包括天然冷源水系统和人工冷源水系统。

(1) 天然冷源水系统　天然冷源一般是指深井水和山洞水等。这样的水系统可用水泵抽取供喷水室使用，然后排放掉。采用深井水作为冷源时，为了防止地面下沉，需要采用深井回灌技术。

(2) 人工冷源水系统　人工冷源水系统就是利用制冷设备制取的冷冻水处理空气的水系统。目前喷水室的水系统用得较多的形式是自流回水式水系统和压力回水式水系统。

1) 自流回水式。当制冷机的蒸发水箱比喷水室的底池低时，喷淋后的回水可以靠重力自动流回蒸发水箱，被蒸发器冷却后再用泵供给喷水室使用。图3-47所示为两种自流回水方式，图3-47a所示的回水是靠重力直接流回蒸发水箱，图3-47b所示是先自动流回一个回水箱，然后用泵把该回水箱中的回水送入壳管式蒸发器中，冷却后再返回冷水箱。这时制冷系统蒸发器的位置既可以在喷水室的底池之上，也可以在喷水室的底池之下。

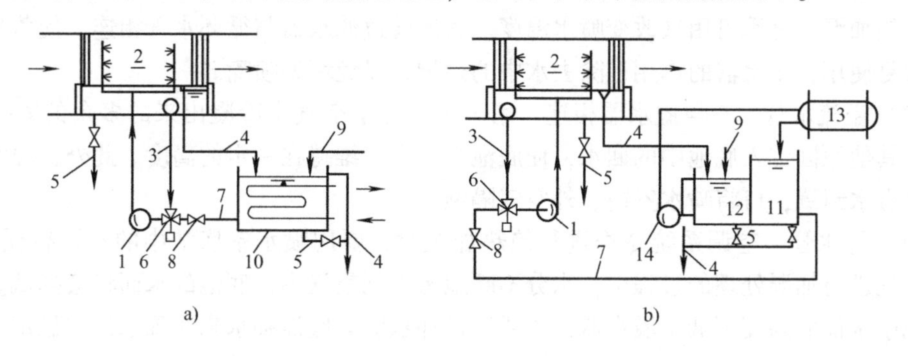

图3-47　自流回水式喷水室的水系统

1—喷水泵　2—喷水室　3—循环水系统　4—溢水管　5—泄水管　6—三通阀　7—冷水管　8—止回阀　9—补水管　10—蒸发水箱　11—冷水箱　12—回水箱　13—壳管式蒸发器　14—冷冻水泵

2) 压力回水式。当制冷机的蒸发水箱高于喷水室的底池时，喷淋后的回水无法靠重力自动流回蒸发水箱，这时需要设置回水泵把喷淋后的回水抽回蒸发水箱，如图3-48a所示。如果有几个喷水室共同使用一个制冷系统，可以设置一个低位的回水池，使各个喷水室喷淋后的回水靠重力自动流到回水池中，然后再用回水泵把回水抽回蒸发水箱，如图3-48b所示。

喷水室的喷水泵一般只设置一台，但由于冬季绝热加湿空气时，喷水量比较少，为了节省运行费用，也可另外设一台小水泵供冬季使用。

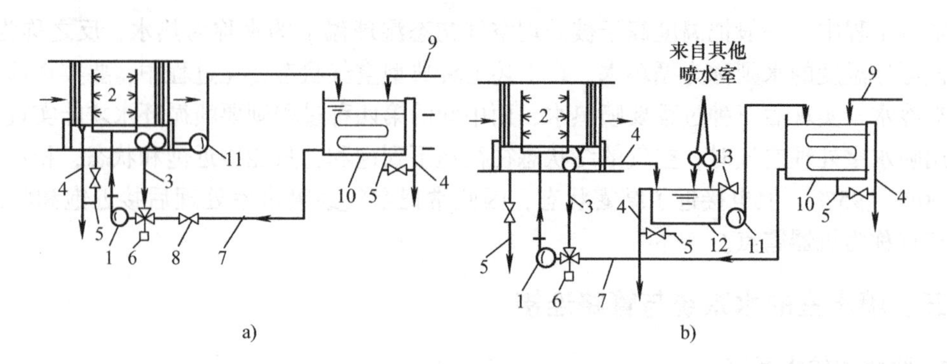

图3-48 压力回水式喷水室的水系统

1—喷水泵 2—喷水室 3—循环水管 4—溢水管 5—泄水管 6—三通阀 7—冷水管 8—止回阀 9—补水管 10—蒸发水箱 11—回水泵 12—回水池 13—浮球阀

喷水温度的调节最好采用电动三通阀。此外，还应考虑检修或更换电动三通阀时，用手动调节的情况。水系统中止回阀的作用是防止在停机时高位水箱的水向低位水箱自流并从溢水管流入下水道，避免造成冷量的损失。

有关喷水室的热工计算和阻力计算可参见空气调节设计手册。

2. 喷水室的管路系统

在喷水室的底池中有多种管道相连，形成喷水室的管路系统。

(1) 供水管　供水管将喷水泵喷出的水送到喷嘴。

(2) 循环水管　循环水管的作用是将底池中的水通过过滤后循环使用，如冬季对空气进行绝热加湿，夏季可用来改变喷水温度。底池通过滤水器与循环水管相连，使落到底池的水能重复使用，滤水器的作用是除去水中的杂物，以免堵塞喷嘴。

(3) 溢流水管　它与溢水器相连，用于排出夏季空气中冷凝出来的多余的凝结水和收集由于其他原因带入底池中的回水，使底池中的水面维持在一定的高度。此外，溢水器的喇叭口上有水封罩，可将喷水室内、外空气隔绝。

(4) 补水管　空调系统冬季进行绝热加湿时，要用喷水室底池中的水进行循环喷淋。在对空气进行加湿处理的过程中，水分不断地蒸发到空气中，底池的水面将会降低。为了维持底池中水面的高度不低于溢水器，需要通过补水管向底池补水来实现水位的稳定。喷水室底池补水由浮球阀门自动控制。

(5) 泄水管　空调系统在进行检修、清洗、防冻时，通过底池底部的泄水管可以把底池中的水排入下水道。

【典型实例1】 喷水室的运行调节。

1. 喷水室日常运转时的调节

喷水室日常运转时的调节一般可分为相对湿度调节、温度调节和温度湿度同时调节三种基本调节方法。

(1) 相对湿度调节　在喷水室运行过程中，当室内空气温度符合要求，但相对湿度偏低，达不到设计使用要求时，可用不改变送风参数、只改变送风量的调节方法进行调节，即在保持机器露点温度基本不变的情况下，用加大送风量的方法来提高相对湿度。若相对湿度偏高，可在保持机器露点温度基本不变的情况下，用减小送风量的方法来降低相对湿度。

室内空气相对湿度也可以用控制喷嘴开启数量的方法进行调节。当室内空气相对湿度偏低时，可多开些喷嘴，以增加喷水量，改变送风参数，使室内空气相对湿度适当提高；当室内空气相对湿度过高时，可以减少开启的喷嘴数量，以减少喷水量，改变送风参数，使室内空气相对湿度相应降低。

(2) 温度调节　在喷水室运行过程中，当室内空气相对湿度符合要求，但温度较高，达不到设计使用要求时，可用只改变送风参数，不改变送风量的调节方法进行调节，即可在室内空气相对湿度不变的情况下通过降低机器露点温度来降低室内温度。若要提高室内温度，可在保持室内空气相对湿度基本不变的情况下，通过提高机器露点温度来提高室内温度。

改变机器露点温度，即改变送风参数常用的方法有改变喷水量，改变机器露点温度，改变喷水温度或改变新、回风比例等，实现对室内温度的调节。

(3) 温度湿度同时调节　在喷水室运行过程中，当室内空气温度和相对湿度均偏高时，要进行室内空气温度和相对湿度的同时调整。调节时，首先要将机器露点温度降低，同时减少送风量。当室内空气温度和相对湿度均偏低时，要将机器露点温度升高，同时加大送风量。这种量和质同时调节的方法称为混合调节。

混合调节的方法多用于热湿负荷改变而室内空气温度湿度要求不变、室内空气热湿负荷不改变而室内空气温度湿度要求改变或室内空气热湿负荷改变的同时室内空气温度湿度要求也改变的情况。

2. 喷水室全年运转时的调节

喷水室全年运转时的调节是指根据不同季节的气候特点和室内温度湿度要求，按照空调系统运行的经济性、可靠性和操作方便等原则要求制订出的喷水室全年运转方案。

喷水室全年运转时调节的方法主要有以下几种。

(1) 风量调节　通过改变送风阀门的开启度、改变送风机的转速、增加或减少风机开启台数来达到调节风量的目的的调节方法。

(2) 新、回风混合比例调节　新、回风混合比例调节简称混合比例调节。这种调节方法是通过调节新、回风门的开启度进行的。

(3) 水量调节　通过控制喷嘴供水阀门的开度进行的调节称为水量调节。为适应负荷变化过大的情况，进行水量调节时还可以采用停止或增加水泵运行台数的方法。

在冬季使用热水进行喷淋时，为了保持水温，可在喷水室的水池内安装加热管。

【典型实例2】喷水室运行中的检查与管理。

1）每隔1h监测一下喷水泵在运行中的水压力、喷水温度等是否符合要求。

2）巡视喷水室内喷嘴的喷水情况，看是否有喷嘴堵塞导致喷不出水，喷出水的雾化情况是否充分，并及时调整喷水泵的出口水压。

3）检查底池的积水是否正常。如果底池的积水过多，则可能为回水管路堵塞，回水不畅，有可能造成喷水室底池水的外溢和回水断水而使系统无法运行。

4）监测回水系统工作是否正常。如果发现回水不畅、出现堵塞等情况时，应及时采取措施进行处理，以保证喷水系统的正常运行。

5）检查各阀门的泄漏情况。如果发现阀门及与其连接的管路法兰间或阀门与阀门连接的法兰间有泄漏时，可紧固法兰联接螺栓或更换其间的密封垫。

6）检查喷水室的漏风情况。喷水室如果处于正压区，则可能造成由内向外的漏风；如果喷水室处于负压区，则可能造成由外向内的漏风。无论是哪一种漏风，都会造成能量的过多消耗，从而无法保证要求的运行参数。

7）查看挡水板的过水量。及时对挡水板的过水量进行检查，发现过水量较大时，应调整通过喷水室的空气流速或检查挡水板是否有破损、脱落等情况，并及时进行处理。

8）检查水过滤器是否有堵塞情况。

【典型实例3】喷水室运行中的常见故障及处理。

1）喷水泵故障。喷水泵压不出水，水压力表的指针剧烈跳动。

产生此种现象的原因可能是：泵体内空气没有排出，因而在水泵运行时由于泵体内空气的存在而使水无法通过泵体压出；水泵吸水管路或仪表安装部位漏气，由于在水泵运行中吸水管路处于负压区段，如果有漏气现象存在，水和空气将一并进入泵体而使压出管路断续有水通过，造成水泵出口压力表指针剧烈跳动；底阀漏水、水泵吸入口处滤网堵塞、吸水管路阻力太大、吸水高度太高等而使水无法吸入，都会造成水泵无水压出。

处理方法：找出管路或仪表安装部位漏气的位置，拧紧或更换部件。

2）压力表有指示而水泵压不出水。其原因可能是：水泵压出管堵塞，或出水管上的阀门未打开，或水泵旋转方向不对，或水泵叶轮由于水质原因而造成堵塞，或水泵转速过低等。

处理方法：检查出水管路阀门并使之真正打开，检查水泵转向、转速并纠正其转向和提高转速或清洗水泵叶轮。

3）水泵流量太小。原因可能是：水泵堵塞，密封环磨损过多，电动机转速过低等。

处理方法：清洗管道和水泵，更换密封环，更换转速合适的电动机。

4）水泵消耗功率过大。原因可能是：水泵填料压盖压得太紧，叶轮磨损，水泵供水量增加。

处理方法：松一下水泵填料压盖或将填料适当取出一些，或更换水泵叶轮，或将水泵出口阀门关小一些，以减少出水量。

5）水泵内部声音反常，水泵不出水。原因可能是：出水量太大，吸水管有堵塞现象或有漏气现象。

处理方法：将水泵出口阀门稍微关小一点，以减少水泵出水量，清洗吸水管路堵塞部位。

6）水泵的振动过大。原因可能是：水泵轴与电动机轴不同心。

处理方法：将电动机与水泵找正找平即可。

7）水泵轴承过热。原因可能是：轴承处缺少润滑油，水泵轴与电动机轴不同轴。

处理方法：对轴承加润滑油，或对电动机与水泵找同轴，或清洗、更换轴承。

8）喷水的雾化效果较差。原因可能是：喷嘴堵塞。由于喷嘴堵塞，喷水雾化效果差，喷水系数下降，空气与水的热、湿交换效率显著降低，进而造成空气处理后的机器露点温度升高，很难保证空调房间内的温度和湿度。

处理方法：清理被堵塞的喷嘴，或更换新的喷嘴。

习　题

一、填空题

1. 空气的热、湿处理就是________________________________的处理过程。

2. 与空气进行热、湿交换的介质有________、________、________、________、________等。

3. 根据交换介质与空气的接触方式不同，可将热、湿交换设备分为________________和________________两大类。

4. 减湿溶液与空气直接接触，是通过________________________________驱动水分在两者间传递。

5. 空气加热器、表面式冷却器、盘管等设备按处理空气的种类分，它们属于________。

6. 表面式换热器可实现的空气处理过程有________、________、________。

7. 表面式换热器通常采用肋片管来增加________，提高管子外表面的传热系数。

8. 当边界层空气温度低于主体空气的露点温度时，将发生________________，在这个过程中，表面式换热器对空气的热处理不但有显热交换，还有________。

9. 干式冷却过程所需要的条件是________________________________。

10. 常用的空气加湿方法有________、________、________。

11. 蒸汽喷管和干蒸汽加湿器对空气的加湿过程属于________，进入加湿喷管中的蒸汽为________。

12. 湿膜加湿器和汽水混合加湿器都属于水加湿装置，加湿过程中其空气的状态变化过程在工程上按________过程对待。

13. 超声波加湿器利用________________的振动把水破碎成微小水滴，然后扩散到空气中。

14. 常用的空气减湿技术主要有________、________、________、________、________和________等方式。

15. 固体吸湿剂的减湿方法分为________和________。

16. 转轮工作时被分为两个区域：一个是________，占转轮轴向圆面积的3/4；一个是________，占转轮轴向圆面积的1/4。转轮的种类有________、________、________等。

17. 喷水室主要由________、________、________、________及其附属设施等构成。

18. 喷水室是一种直接接触式多功能的空气调节设备，可对空气进行________、________、________、________等多种处理，同时又具有一定的________________。

19. 喷水室的人工冷源水系统用得较多的形式是________________和________________。

20. 喷水室中典型的空气状态变化过程有________、________、________、________、________、________、________。

二、选择题

1. 表面式换热器是借助（　　）经金属分隔面与空气间接进行热、湿交换的。

A. 电流　　B. 燃气　　C. 冷冻机油　　D. 管内流动的冷、热媒介质

2. 表面式冷却器造成空气含湿量减少的处理过程是（　　）。

A. 干式加热过程　　B. 干式冷却过程

C. 减湿冷却过程　　D. 绝热减湿过程

3. 表面式冷却器与空气的热、湿交换实质上也就是（　　）。

A. 饱和空气边界层与空气间的热湿交换

B. 管内流动介质与空气的热湿交换

C. 饱和空气边界层与换热管之间的热湿交换

D. 管内流动介质与换热管之间的热湿交换

4. 表面式冷却器的优点有（　　）。

A. 可除尘去味　　B. 水和空气不互相污染，冷冻水损耗少

C. 制作简单，可现场加工　　D. 采用开式水系统，管路简单

5. 湿式冷却的含义是（　　）。

A. 以水为介质冷却空气

B. 冷却过程中温度不变，含湿量增加

C. 冷却过程中焓值增加，含湿量也增加

D. 冷却过程中焓值降低，含湿量也下降

6. 空气与水滴之间的热交换包括（　　）。

A. 显热交换　　B. 潜热交换

C. 湿交换　　D. 显热交换和潜热交换的全热交换

7. 当水温 t_w 等于空气露点温度 t_1 时，空气处理过程的特点是（　　）。

A. 空气被冷却但含湿量不变，即没有湿交换和潜热交换

B. 空气被冷却和加湿

C. 空气的显热量减少，潜热量增加

D. 空气温度不变，但空气被加湿

8. 机器露点的含义是（　　）。

A. 处理后空气的温度

B. 处理后的空气接近饱和状态，相对湿度一般为 90% ~95%

C. 等于喷水的温度

D. 相对湿度达到 100% 的空气温度

9. 湿工况下工作的表面式换热器比干工况下工作时的热交换能力（　　）。

A. 更小　　B. 更大　　C. 相等　　D. 不确定

10. 工程中把向空气中加蒸汽加湿的过程当作（　　）的过程对待。

A. 加热加湿　　B. 绝热加湿　　C. 等温加湿　　D. 增焓冷却加湿

11. 壳管式冷凝器属于（　　）换热器。

A. 风冷式　　B. 混合式　　C. 回热式　　D. 间壁式

12. 喷水室属于（　　）换热器。

A. 风冷式　　B. 混合式　　C. 回热式　　D. 间壁式

13. 表面式冷却器属于（　　）换热器。

A. 风冷式　　B. 混合式　　C. 回热式　　D. 间壁式

14. 空调器中的蒸发器属于（　　）换热器。

A. 壳管式　　B. 套管式　　C. 肋片管式　　D. 板式

15. 大、中型冷水机组中的水冷式冷凝器多采用（　　）换热器结构。

A. 壳管式　　B. 套管式　　C. 肋片管式　　D. 板式

三、简答题

1. 接触式和表面式热、湿交换设备的区别是什么？
2. 简述各种热、湿交换介质的作用。
3. 简述表面式换热器处理空气的三种情况。
4. 简单说明干蒸汽加湿器的工作原理。
5. 简述超声波加湿器的工作过程及其特点。
6. 固体吸湿剂减湿的原理是什么？适用于什么场合？
7. 简述转轮减湿机的工作原理并画出其结构示意图。
8. 硅胶的失效和再生是什么意思？
9. 简述喷水室的工作过程。
10. 空调工程中的热水、冷水和循环水是什么？
11. 喷水室主要由哪些部件构成？各起什么作用？
12. 用喷水室可对空气实现哪些处理过程？
13. 喷水室的水系统有哪几种形式？

单元四 空气的净化处理设备及处理方法

内容构架

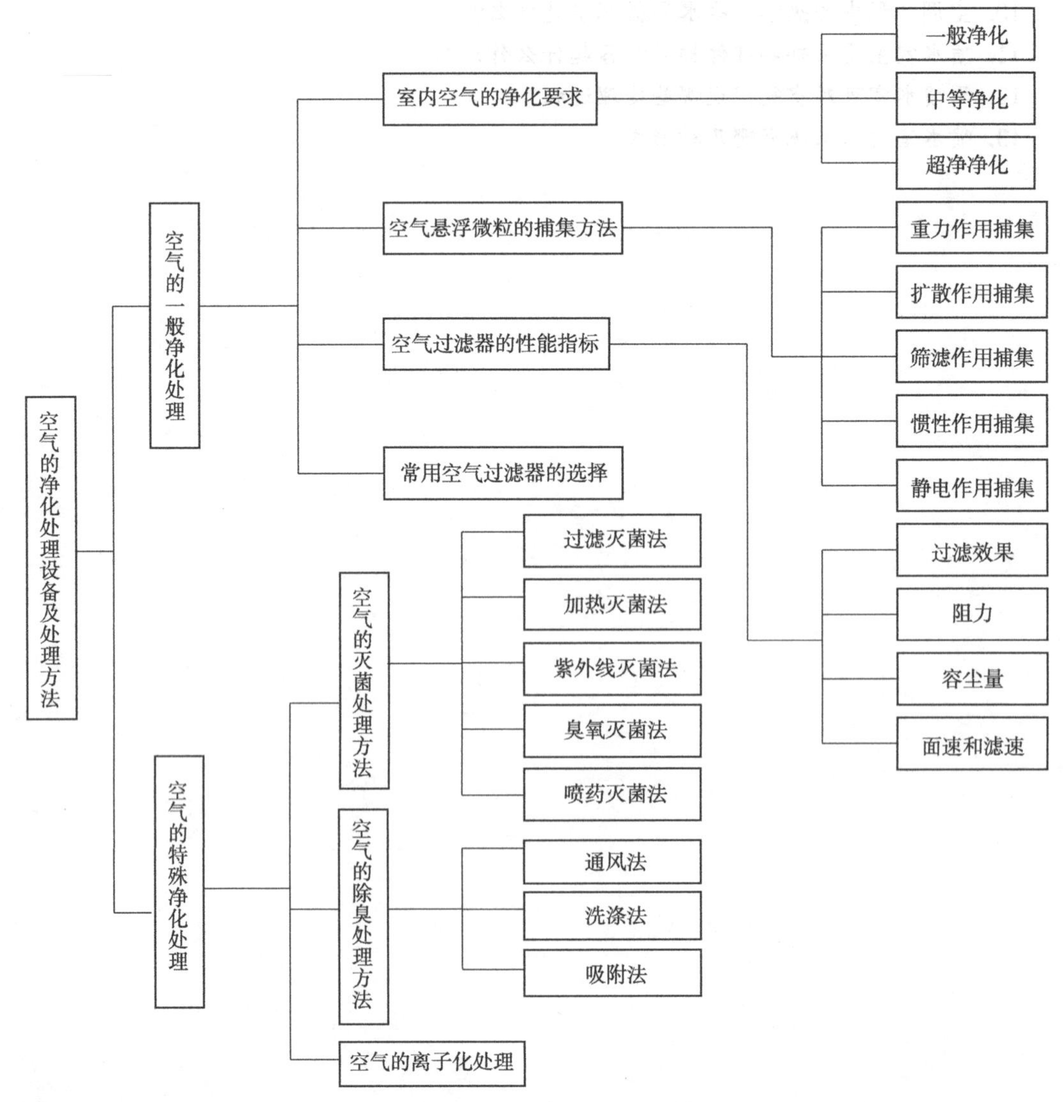

学习引导

目的与要求

- 知道空气净化的目的、要求，能根据不同的净化要求选用合适的净化设备。
- 熟悉空气过滤器的机理，会分析各类空气过滤器的特点。
- 知道空气特殊净化处理的方法及其原理，并根据需要选用适当的净化方法。

重点与难点

学习重点：

- 空气净化的目的、标准以及实现净化的设备。
- 空气过滤器性能指标的理解与运用。
- 空气的灭菌、除臭和离子化处理的原理和方法。

学习难点：

- 空气过滤器的合理选用。

课题一 空气的一般净化处理

相关知识

空气中的尘埃不仅对人的健康不利，而且会影响生产工艺过程的正常进行，并影响室内墙壁表面、家具和设备的清洁，同时还会对某些空气处理设备的处理效果（如加热器、冷却器的传热效果）造成影响。因此，某些空调房间或生产工艺过程，在对室内空气进行处理的过程中，除要使空调房间达到和保持设计要求的温度、湿度外，还对进入房间的空气有洁净度要求。空气在送入室内之前，应进行必要的净化处理，除去空气中的悬浮尘埃，并达到一定的净化标准，以满足室内生活和工作人员的舒适度及生产工艺要求。

一、室内空气的净化要求

室内空气的净化标准是以含尘浓度来划分的。所谓含尘浓度，是指单位体积空气中所含的灰尘量。根据室内空气净化的要求不同，通常含尘浓度可用以下三种方法表示。

（1）质量浓度　单位体积空气中含有的灰尘质量（kg/m^3）。

（2）计数浓度　单位体积空气中含有的灰尘颗粒数（粒/m^3或粒/L）。

（3）粒径颗粒浓度　单位体积空气中含有某一粒径范围灰尘的颗粒数（粒/m^3或粒/L）。

一般的室内空气允许含尘标准采用质量浓度，洁净室的洁净标准（洁净度）采用计数浓度（1L空气大于或等于某一粒径的尘粒总数）。

根据生产、工作、生活的要求，空调房间的净化标准大致可分为以下三类。

1. 一般净化

对空气含尘浓度没有具体指标要求，对进入房间的空气进行一般净化处理，保持空气清洁即可，只对温度、湿度提出要求。一般的民用和工业建筑都属于这一类。

2. 中等净化

对室内空气含尘浓度有一定要求，一般要求室内空气含尘质量浓度为0.15～0.25mg/m^3，并规定应该滤掉直径大于10μm的尘粒。

3. 超净净化

对室内空气含尘浓度提出严格要求，一般用洁净度等级表示室内空气含尘的计数浓度。表4-1为不同超净净化的空气洁净度等级标准，该标准与国际通用的标准一致。

表4-1 空气洁净度等级标准

洁净度等级	1m^3空气中大于或等于0.5μm的尘粒数	1m^3空气中大于或等于5μm的尘粒数
100	≤35×100	
1 000	≤35×1000	≤250
10 000	≤35×10 000	≤2500
100 000	≤35×100 000	≤25 000

空气洁净度等级说明：表4-1中所列的含尘浓度值为限定的最大值，等级数越小，洁净度越高。例如，1000级的洁净度等级要求在1m^3空气中，粒径大于或等于5μm的尘粒数不能多于250个，粒径大于0.5μm的尘粒数不能多于35 000个，而10 000级洁净度等级的允许尘粒数是1000级的10倍，要求降低。实际测量时，通常取连续测定一段时间所测结果的平均值。

二、空气悬浮微粒的捕集方法

一般固体粒子的粒径在10μm以上的为“降尘”，粒径在10μm以下的为“飘尘”。在大气中悬浮数量最多的是粒径为1～10μm的微粒。对于空气中的悬浮微粒，一般有以下几种基本的捕集方法。

1. 重力作用捕集

当含有较大尘粒（>5μm）的气流通过纤维层时，在重力作用下，尘粒产生脱离流线的位移而沉降到纤维表面上，从而被捕集。由于小尘粒的重力作用小，当它还未来得及沉降到纤维上时，已随气流通过了纤维过滤器，因此纤维过滤器对小尘粒（<0.5μm）的过滤完全可以忽略重力作用。

2. 扩散作用捕集

由于气体分子的热运动，会对空气中的细微尘粒（<1μm）产生碰撞，这些细微尘粒也随着气体分子做布朗运动。且尘粒越小，布朗运动越显著。例如，常温下0.1μm的尘粒1s的扩散距离达17μm，比纤维间距离大几倍至几十倍，导致这些微粒与纤维接触的可能性增大，当其与纤维接触时就会附着在纤维上；而大于0.3μm的尘粒，由于质量较大，其布朗运动减弱，不足以靠布朗运动使其离开流线而碰撞到纤维上。也就是说，尘粒越小，过滤速度越低，扩散作用就越显著。高效过滤器主要靠扩散作用进行过滤。

3. 筛滤作用捕集

当大于滤料纤维之间间距的粒子通过纤维时，会被纤维拦下而从气流中筛滤下来，这种作用主要在上游迎风面上进行。粗孔或中孔的泡沫塑料过滤器主要依靠这种作用捕集悬浮微粒。

4. 惯性（撞击）作用捕集

当尘粒随气流运动逼近滤料时，较大、较重的尘粒受惯性力作用来不及随气流转弯，仍会向前直行，与滤料碰撞而附着在滤料表面上，而较小、较轻的粒子则会随气流绕过捕尘表面。所以，这种作用与尘粒直径和过滤风速有关，其作用大小随尘粒直径和过滤风速的增加而增强。

5. 静电作用捕集

除了在静电过滤器中预先提供高压电场外，当含尘空气经过某些纤维滤料时，由于气流摩擦而产生电荷，形成静电作用，从而增强了其吸附尘粒的能力。静电作用的强弱与纤维材料的物理性质有关。

三、空气过滤器的性能指标及分类

1. 空气过滤器的性能指标

空气过滤器可将含尘量低的空气经净化处理后送入室内，是目前空气净化的重要手段，其主要性能指标包括以下几项。

（1）空气过滤器的过滤效果　在空气过滤器中，表示过滤效果的指标有过滤效率、穿透率和净化系数。

1）过滤效率是指在一定风量下，过滤器捕获的灰尘量与过滤前灰尘量之比的百分数，即过滤前、后空气含尘浓度之差与过滤前空气含尘浓度之比的百分数。即

$$\eta = \frac{VC_1 - VC_2}{VC_1} \times 100\% = \frac{C_1 - C_2}{C_1} \times 100\% = \left(1 - \frac{C_2}{C_1}\right) \times 100\% \tag{4-1}$$

式中　V——通过过滤器的风量；

C_1、C_2——过滤前、后空气的含尘浓度。

例如，一台过滤器的过滤效率 $\eta = 60\%$，说明滤掉的灰尘量占过滤前灰尘量的60%；另一台过滤器的过滤效率 $\eta = 80\%$，则有80%的灰尘被捕集。两台设备比较，显然后者捕集尘粒的能力高于前者。

2）穿透率是指过滤后空气的含尘浓度与过滤前空气含尘浓度之比的百分数。即

$$K = \frac{C_2}{C_1} \times 100\% = 1 - \eta \tag{4-2}$$

例如，一台过滤器的穿透率 $K = 0.01\%$，则说明过滤后空气的含尘量仅占过滤前含尘量的0.01%。

3）净化系数是表示经过过滤器后尘粒浓度降低的程度，它以穿透率的倒数表示，但它不是百分数。如穿透率 $K = 0.01\%$ 时，净化系数等于1/0.0001，即10 000；当穿透率 $K = 0.02\%$ 时，净化系数为1/0.0002 = 5000。即净化系数越高，过滤效果越好。

（2）空气过滤器的阻力　空气过滤器对空气产生的阻力，随着风量的增加而增大，一般用额定风量时的阻力来衡量，可近似表示为

$$\Delta H = A\mu + B\mu^n \tag{4-3}$$

式中　ΔH——过滤器的阻力（压力降，Pa）；

μ——过滤器的面风速（m/s）；

A——反应纤维层结构特性的结构系数；

B——过滤器结构阻力系数，A、B 均为实验系数；

n——实验指数。

过滤器的阻力还会随着粘尘量和过滤器通过风量的增加而增大。一般把过滤器未粘尘时的阻力称为初阻力；把需要更换时的阻力称为终阻力。终阻力要综合考虑后决定，通常规定终阻力为初阻力的两倍。

（3）过滤器的容尘量　在额定风量下，过滤器阻力达到终阻力时，过滤器所容纳的灰尘的质量，称为过滤器的容尘量。

（4）过滤器的面风速和滤速　面风速是指过滤器迎风断面通过气流的速度μ，即

$$\mu = \frac{q_V}{A} \tag{4-4}$$

式中　q_V——风量；

A——过滤器断面面积（即迎风面积）。

滤速指滤料单位面积上气流通过的速度。

$$v = \frac{q_V}{A_f} \tag{4-5}$$

式中　A_f——滤料净面积（即除去粘接等占去的面积）。

面风速和滤速反映过滤器通过风量的能力，在特定的过滤器结构条件下，同时反映过滤器面风速和滤速的是过滤器的额定风量。

2. 空气过滤器的分类

（1）按过滤性能分类　按过滤性能不同可将过滤器分为五类：初效过滤器、中效过滤器、亚高效过滤器、0.3μm 级高效过滤器和 0.1μm 级高效过滤器（又称超高效过滤器）。空气过滤器的分类及主要性能指标见表 4-2。

表 4-2　空气过滤器的分类及主要性能指标

类　别	有效的捕集粒径/μm	计数效率（%）	阻力/Pa
初效过滤器	>10	<20	≤30
中效过滤器	>1.0	20~90	≤100
亚高效过滤器	≥0.5	90~99.9	≤150
0.3μm 级高效过滤器	≥0.3	99.91	≤250
0.1μm 级高效过滤器	≥0.1	99.999	≤250

一般在净化空调系统中，所使用的初效过滤器采用无纺布或粗孔泡沫塑料为滤材，不得使用浸油式过滤器；中效过滤器采用无纺布、玻璃纤维或合成纤维为滤料；而高效过滤器大多采用玻璃纤维滤纸为滤料。

（2）按滤芯构造形式分类　按滤芯构造形式不同，空气过滤器可分为四类，即平板式过滤器、折格式过滤器、袋式过滤器及卷绕式过滤器。

（3）按滤料更换方式分类　按滤料更换方式不同，空气过滤器可分为两种，即可清洗或可更换式空气过滤器和一次性使用式空气过滤器。

（4）按滤尘机理分类　按滤尘机理不同，空气过滤器有两种类型。

1）黏性填料过滤器。黏性填料过滤器的填料有金属网格、玻璃丝（直径约为 20μm）

和金属丝等，填料上浸涂黏性油。当含尘空气流经填料时，沿填料的空隙通道进行多次曲折运动，尘粒由于惯性而偏离气流方向，碰到黏性油上即被黏住而捕获。

2）干式纤维过滤器。干式纤维过滤器的滤料是玻璃纤维、合成纤维、石棉纤维以及由这些纤维制成的滤纸或滤布。滤料由极细微的纤维紧密错综排列，形成一个具有无数网眼的稠密过滤层，纤维上没有任何黏性物质。

四、常用空气过滤器的选择

1. 常用空气过滤器的种类和结构

（1）浸油过滤器　浸油过滤器包括金属网格式浸油过滤器和自动清洗式浸油过滤器两种。

金属网格式浸油过滤器属于初效过滤器，它只起到初步净化空气的作用。其滤料通常由一片片金属网格状滤网叠置而组成块状结构，每片滤网都由波浪状金属丝做成互相垂直的网格，如图 4-1a 所示。每片滤网的网格大小不同，一般是沿气流方向网格逐渐缩小，片状网格组成块状单体（见图 4-1b）。使用前滤料上浸以 10 号或 20 号机油，当含尘空气流经网格结构时，可粘住被阻留的尘粒。

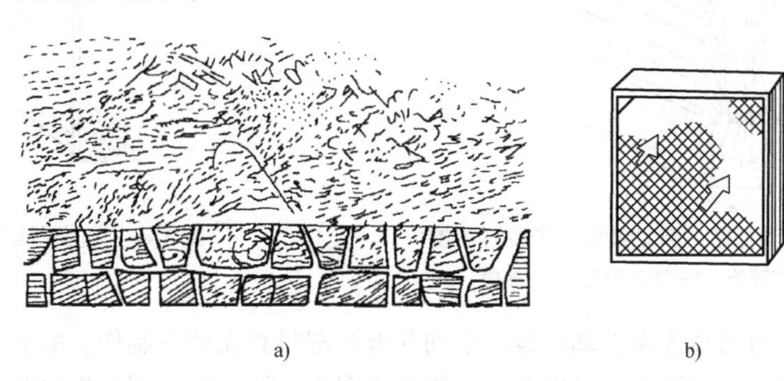

图 4-1　金属网格和块状单体

a）金属网格　b）块状单体

浸油过滤器容尘量大，但效率低。当过滤器含尘量达到规定时，可用 60 ~ 70℃ 含碱 10% 的热水清洗，待晾干后再浸油继续使用，或定期更换滤芯。

在安装时，把一个个的块状单体做成“人”字形安装或倾斜安装，可以适当提高进风量，部分弥补由于效率低所带来的不足，如图 4-2 所示。

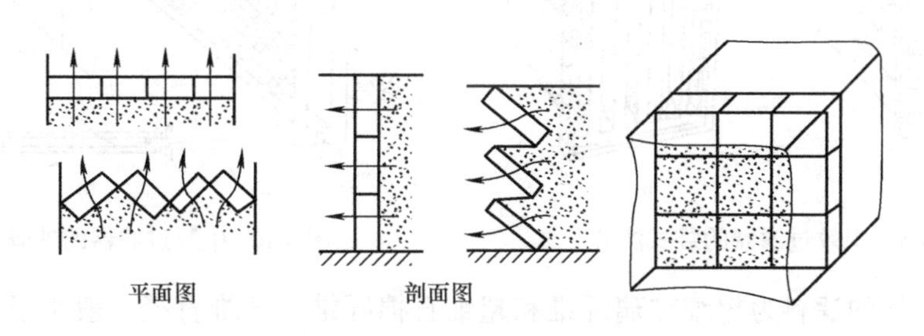

图 4-2　块状单体的两种安装方式

金属网格式浸油过滤器由于滤料浸油，空气会带油雾，并且需要时常清洗或更换滤芯，故价格较高，现在用得较少。

为减少金属网格式浸油过滤器清洗或更换滤芯的不便，有的浸油过滤器设置了可移动的滤芯（见图4-3），称自动清洗式浸油过滤器。它由电动机、传动机构、金属过滤网片和油槽组成。过滤网片在传动机构的带动下，以极慢的速度做回转运动，粘有灰尘的过滤网片经过油槽时可以自动完成清洗、浸油过程，因而可连续工作，只需定期拆洗油槽内的积垢即可。

（2）干式过滤器　干式过滤器的应用范围很大，可以用于从初效到高效的各类过滤器。用于初效过滤器时，辅料采用比较粗糙的纤维和粗孔泡沫塑料。由于初效过滤器需人工清洗或更换，为了减少清洗过滤器的工作量，可采用图4-4所示的卷绕式滤芯。当滤芯的滤料用完后，可更换一卷新的滤料，使更换周期大大延长。

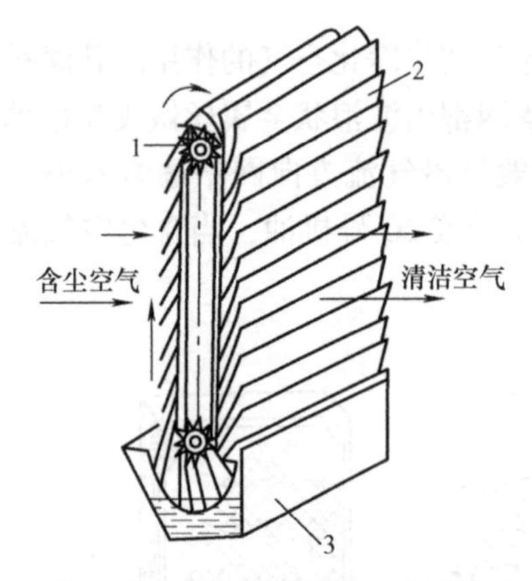

图4-3　带可移动滤芯的自动清洗式浸油过滤器
1—传动轴和链条　2—滤尘网片　3—油槽

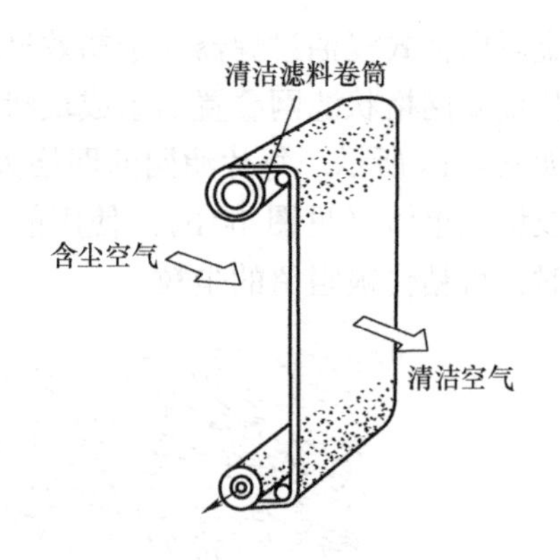

图4-4　卷绕式滤芯

中效过滤器的滤芯选用玻璃纤维、中细孔泡沫塑料和无纺布制作。所谓无纺布，就是由涤纶、丙纶、腈纶合成的人造纤维布，一般做成图4-5所示的袋式滤芯和图4-6所示的抽屉式滤芯。中效过滤器所用的无纺布和泡沫塑料可在清洗后连续使用，玻璃纤维则需更换。

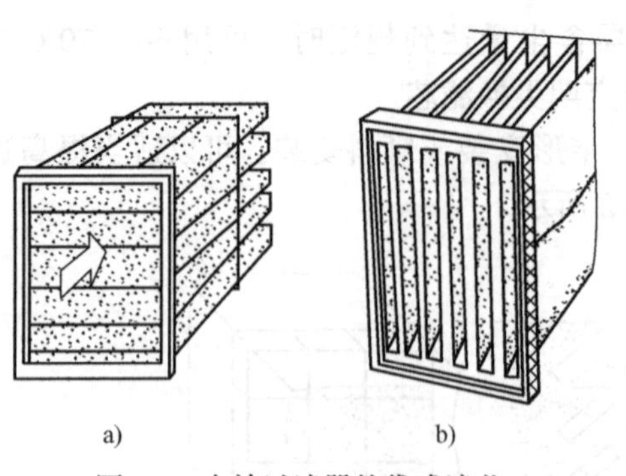

图4-5　中效过滤器的袋式滤芯

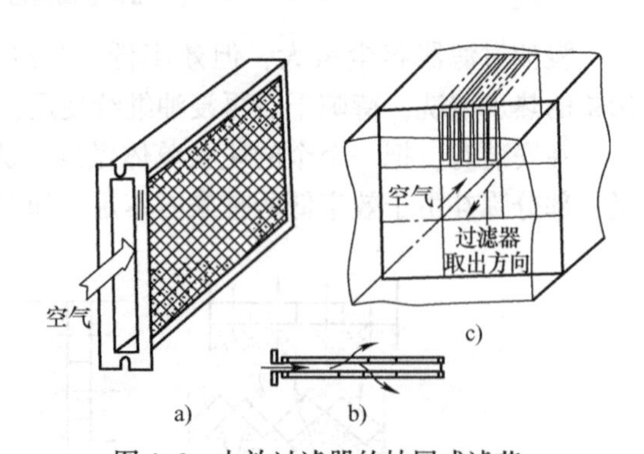

图4-6　中效过滤器的抽屉式滤芯

高效过滤器的滤料为超细玻璃纤维和超细石棉纤维，纤维直径一般小于1μm，而常见细菌的平均尺寸都大于或等于3μm，因此能被高效过滤器有效过滤。滤料一般加工成纸状，称为滤纸。为了降低空气穿过滤纸的速度，即采用低滤速，需要大大增加滤纸面积，因而高效过滤器经常做成折叠状。常用的带折纹分隔片的高效过滤器如图4-7所示。

（3）静电过滤器　静电过滤器的外形如图4-8所示，其过滤效率在初效和中效之间，主要取决于电场强度、气流速度、尘粒大小及集尘板的大小等。

在高压直流电场中，流过的空气被电离，使空气中的尘粒带上电荷，在电场的作用下，带电的尘粒将向与其电荷相反的电极移动，利用静电集尘的方法净化空气。

静电过滤器与电除尘器不同，不是用负电晕放电，而是用正电晕放电，以减少臭氧的产生。它的优点是滤尘效率高、空气阻力小、积尘对气流的阻碍小、使用方便，但需要高压直流电，故价格较贵，一般用于回收贵重金属以及有超净净化要求的特殊空调场合，并且积在集尘板上的灰尘还要定期清洗，清洗后需烘干再用。

静电过滤器在下列场所不适宜使用。

1）存放有爆炸性气体的场所。

2）有低温下可能点燃的油雾或油气的场所。

3）有高温或高湿空气的场所。

4）有纤维性或黏结性粉尘的场所。

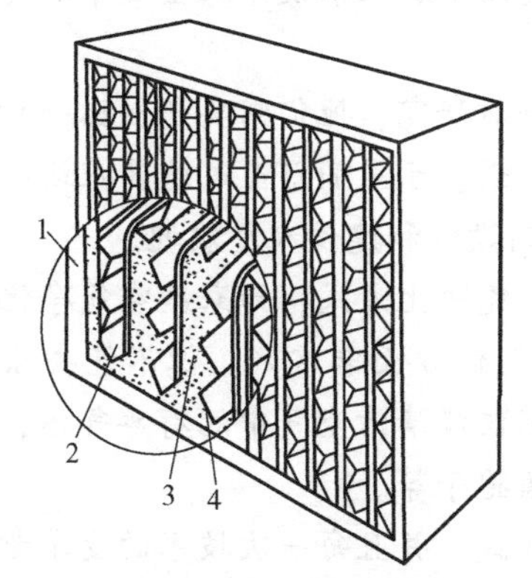

图4-7　带折纹分隔片的高效过滤器

1—滤纸　2—分隔片　3—密封胶　4—木质外框

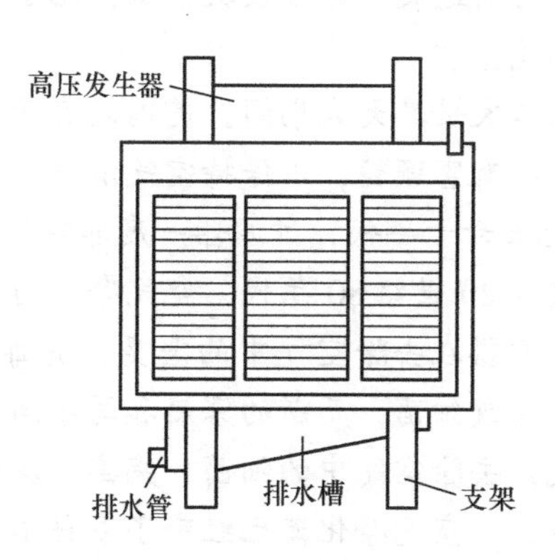

图4-8　静电过滤器的外形

2. 空气过滤器的选用要求

（1）根据空调房间的洁净度要求选用　对于一般洁净度要求的房间，只选用一道初效过滤器进行初步净化即可。对于中等净化要求的房间，选用初效、中效两道过滤器。对于有高洁净度要求的房间，则至少要选用初效、中效、高效三道过滤器。在进风方向上设置初效和中效过滤器进行预过滤，滤掉较大的尘粒，同时还可以起到保护高效过滤器的作用。高效过滤器一般安装在靠近出风口处，以避免风道对空气的再污染。为了防止在进风中带有油，初效过滤器最好不选用浸油式。此外，高效过滤器还有灭菌功能，可用于有灭菌要求的洁净室。

（2）要结合资金情况合理选用　既要根据初投资情况选择过滤器的类型，还要考虑过滤器的运行维护费用。浸油式过滤器初投资较低，运行维护费用也低，尤其是单体式，压力损失也小；选用卷绕式滤芯则降低了维护难度，但要求较高的初投资；干式过滤器的效率高于浸油式，维护费用也较低，但初投资高；静电过滤器有较高的过滤效率，特别是对很小的尘粒，但其初投资也高。

（3）根据过滤器的额定风量选用　净化空调系统中所使用的空气过滤器，在系统设计时是按照各级过滤器的额定风量、空气阻力和过滤效率进行组合选型的。初效空气过滤器空气通过滤料时的滤速为1~2m/s，中效空气过滤器空气通过滤料时的滤速为0.2~1.0m/s，高效空气过滤器空气通过滤料时的滤速一般为0.01~0.03m/s。

（4）根据洁净度的要求组合使用　在空气过滤器的组合方面，以初效、中效、高效三级空气过滤器相组合的方式，一般用于10万~100级的洁净室，对于1万~100级的洁净室，其净化空调系统可以使用初效、中效、亚高效、高效四级空气过滤器的组合方式。在四级空气过滤器的组合中，增加的第三级中效或亚高效空气过滤器的目的是提高净化空调系统的送风洁净度，延长末端空气过滤器的使用寿命，减少其更换的次数。

【典型实例1】 空气净化器的诞生与发展。

空气净化器起源于消防用途。1823年，约翰和查尔斯·迪恩发明了一种新型烟雾防护装置，可使消防队员在灭火时避免烟雾侵袭。1854年，约翰斯·滕豪斯在前辈发明的基础上又取得新进展。通过数次尝试，他了解到向空气过滤器中加入木炭可从空气中过滤出有害和有毒气体。

第二次世界大战期间，美国政府开始进行放射性物质研究，他们需要研制出一种方式过滤出所有有害颗粒，以保持空气清洁，使科学家可以呼吸，于是HEPA过滤器应运而生。在20世纪五六十年代，过滤器一度非常流行，很受防空洞设计和建设人员欢迎。

进入20世纪80年代，空气净化的重点已经转向空气净化方式，如家庭空气净化器。过去的过滤器在去除空气中的恶臭、有毒化学品和有毒气体方面非常好，但不能去除真菌孢子、病毒或细菌，而新的家庭和写字间用空气净化器不仅能清洁空气中的有毒气体，还能净化空气，去除空气中的细菌、病毒、灰尘、花粉和真菌孢子等。

现在，空气净化器已经有了多种不同的设计制作方式，并且每一次技术的变革都为室内空气品质的改善带来了显著效果。而这一切目的只有一个：希望能净化室内空气，从而提高人们的生活质量。

【典型实例2】 空气过滤器的型号规格表示方法。

过滤器的基本规格以额定风量表示，以1000m^3/h为1号，增加500m^3/h时递增0.5号，增加不足500m^3/h时代号不变。

空气过滤器的型号规格表示方法如下：

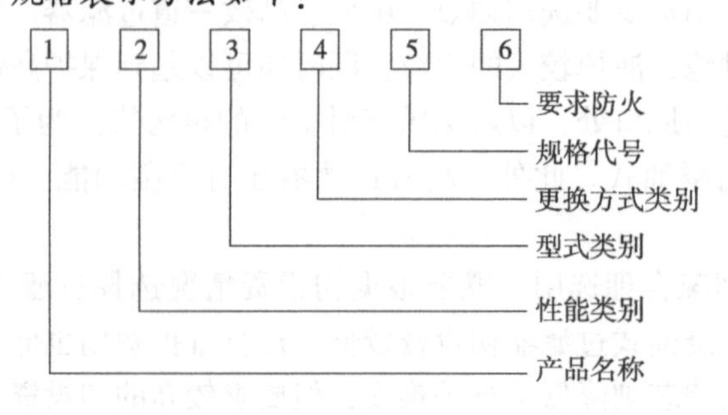

过滤器型号规格代号及含义见表4-3，此表为我国产品的标准，与国外通用标准基本接近。

表 4-3　过滤器型号规格代号及含义

<table>
<tr><th>序　号</th><th>项目名称</th><th colspan="2">含　义</th><th>代　号</th></tr>
<tr><td>1</td><td>产品名称</td><td colspan="2">空气过滤器</td><td>K</td></tr>
<tr><td>2</td><td>性能类别</td><td colspan="2">初效过滤器
中效过滤器
亚高效过滤器
高效过滤器</td><td>C
Z
Y
G</td></tr>
<tr><td>3</td><td>型式类别</td><td colspan="2">平板式
折叠式
袋式
卷绕式</td><td>P
Z
D
J</td></tr>
<tr><td>4</td><td>更换方式类别</td><td colspan="2">可清洗，可更换
一次性使用</td><td>K
Y</td></tr>
<tr><td>5</td><td>规格代号</td><td>额定风量
/（m^3/h）</td><td>1000
1500
2000
2500
3000
以下类推</td><td>1.0
1.5
2.0
2.5
3.0
以下类推</td></tr>
<tr><td>6</td><td>要求防火</td><td colspan="2">有</td><td>H</td></tr>
</table>

注意：过滤器的外形表示方法，以气流通过方向截面垂直长度为高度，水平长度为宽度，气流通过方向为深度。

【典型实例 3】 空气过滤器的安装。

初效过滤器应安装在空气处理机组的新风口之后或新、回风混合段之后，空气预热器之前，以预防预热器表面积尘，降低传热效果。

中效过滤器应设置在送风机出口的正压段上，以免经过中效过滤器的洁净空气被渗入到空气处理机组内的未被处理的空气所污染。

高效过滤器应设置在洁净室的送风口处，安装要求十分严密，以保证经过三级过滤的洁净空气不被再次污染。

注意：中效过滤器之前必须设置初效过滤器；高效过滤器之前必须设置初效过滤器和中效过滤器。

课题二　空气的特殊净化处理

相关知识

在医院、实验室等一些特殊场合，除了对空气中的含尘量有净化处理要求外，还要求对空气中的细菌、病毒、花粉、真菌孢子、异味和甲醛之类的装修污染等进行特殊净化处理，以满足特殊场合的空气洁净度要求，进一步改善空气的品质。

一、空气的灭菌处理方法

空气灭菌又称空气消毒，是利用过滤、加热、紫外线辐射或臭氧等对空气进行杀菌消毒的过程。中央空调系统对空气进行灭菌处理的方法主要有以下几种。

1. 过滤灭菌法

细菌单体大小为0.5～5μm，病毒大小为0.003～0.5μm，它们在空气中不是以单体存在的，而是以群体存在。这些微小的群体（范围为1.0～5μm）大多附着在尘粒上，因此在对空气进行净化的同时，细菌也被铲除掉了。例如玻璃纤维纸高效过滤器，其穿透率为0.01%，而对细菌的穿透率为0.0001%，对病毒的穿透率为0.0036%。所以通过高效过滤器的空气基本上是无菌的，被过滤掉的细菌由于缺乏生存条件，也不可能生存和繁殖。因此，过滤法对于消灭室内的细菌和病毒是十分有效的。

HEPA滤芯（高效率空气微粒滤芯）是目前被医疗界、实验室等专业环境认定为较高标准的滤材。医用高精度的HEPA滤材的滤孔直径可小到0.3μm，用这种滤材折叠后所制成的立体滤芯，增加了过滤面积，不仅可有效地过滤和吸附空气中的细小微粒和细菌，而且延长了滤芯的使用寿命。

2. 加热灭菌法

当空气被加热到250～300℃时，细菌就会死亡。因此，可通过加热法进行灭菌处理。在中央空调系统中一般用电加热器加热，但是由于使空气再冷却的费用高，故较少采用。

3. 紫外线灭菌法

紫外线不仅能使核酸蛋白变性，而且能使空气中的氧气产生微量臭氧，从而达到共同杀菌的作用，灭菌能力较强。凡紫外线所照之处，细菌都不能存活。紫外线灭菌式空气净化消毒器采用强迫室内空气流动的方式，使空气经过装有紫外线消毒灯的隔离容器，达到杀灭室内空气中各类细菌、病毒和真菌的目的。紫外线灭菌的适宜温度为10～55℃，相对湿度为45%～60%。

紫外线消毒灯产生的紫外线分为A波、B波、C波和真空紫外线，其中消毒灭菌使用的紫外线应该是C波段，其波长范围是200～275nm（纳米），杀菌作用最强的波段是250～275nm。用于杀灭细菌、病毒和真菌的紫外线消毒灯的照射量应达到20000μW·s/cm^2以上。

紫外线消毒灯的使用注意事项：

1）在使用过程中，应保持紫外线消毒灯表面的清洁，一般每两周用酒精棉球擦拭一次。发现灯管表面有灰尘、油污时，应随时擦拭。

2）用紫外线消毒灯消毒室内空气时，房间内应保持清洁干燥，减少尘埃和水雾，温度低于20℃或高于40℃、相对湿度大于60%时，应适当延长照射时间。

3）不得使紫外线光源照射到人，以免引起损伤。

4. 臭氧灭菌法

臭氧化学式是O_3，为大气中正常存在的气体，在自然界中臭氧起到了保护大气层的作用。臭氧具有很强的杀菌作用，常被用于医院中某些特定环境的消毒。臭氧式空气净化器利用电子放电的原理产生适量臭氧，并将臭氧释放到周围空气里，达到杀菌消毒的目的。但由于臭氧释放浓度很难掌握，空气中的臭氧过量会伤及人体肺泡组织和危害到人体健康（国际允许空气中存在的浓度为0.05μmol/mol)，因此美国环境保护署（EPA）不推荐使用带臭氧的空气净化器。

5. 喷药灭菌法

直接在室内或送风管中喷杀菌剂灭菌。氧化乙烯等杀菌剂灭菌效果较好，但杀菌剂本身具有强烈的刺激性气味，对人体健康不利，而且还会腐蚀金属，使用时要特别注意。

二、空气的除臭处理方法

空调场所中臭味的来源很多，有生产过程或产品（如油漆、塑料、橡胶等）散发的臭味，也有民用建筑（商场、办公楼等）内人体散发的臭味及烟雾的刺激性气味等。目前国外较多采用臭气强度分级指标来表示臭味，见表4-4。

表4-4　臭气强度分级指标

臭气强度分级指标	定　义	说　明
0	无	完全感觉不出
1/2	可感觉临界值	极微，经过训练的人才嗅得出
1	明确	一般人可感觉出，无不愉快感觉
2	中	稍有不适
3	强	不快感
4	很强	强烈不快感
5	很强	令人作呕

空气除臭指为排除空气中的臭味而对空气所做的物理化学处理。在空调中通常采用加大新风量稀释空气的方法，使空气臭气强度指数变小，也可采用洗涤法和活性炭吸附器吸附法。

1. 通风法

把大量无臭味的新鲜空气送入室内来稀释或替换有臭味的空气。例如在厨房、休息室设置排风设施，使卫生间内保持负压，避免臭味散入其他房间。

2. 洗涤法

在空调工程中，用喷水室对空气进行热处理，即可除去有臭味的气体或尘粒。

3. 吸附法

吸附法主要靠吸附剂来吸附臭味或有毒气体以及其他有机物质。常用的吸附剂是活性炭，主要用椰壳等有机物通过加热和活化加工制成，是一种黑色微晶质碳素材料，内部微孔结构发达，1g活性炭（体积约为$2cm^3$）内部微孔展开面积可达近$1000m^2$，而1L活性炭就有485g。因此，它具有很强的吸附能力。对一些气体而言，活性炭可吸附其本身质量1/6～1/5的化学有毒气体和异味，是一种优良的吸附剂，广泛运用于现代工业、科技、医疗、军事及日常生活等领域。

空气净化器就是利用活性炭对空气中有毒气体具有高强吸附能力的原理，通过强迫室内空气经过净化器内部活性炭滤层，对有毒气体和异味进行有效吸附，从而达到净化室内有毒气体的目的。

活性炭一般呈颗粒状，装在形状不同的多孔或网状容器内制成吸附过滤器，如图 4-9 所示。为防止活性炭被尘粒堵塞，在它前面应设置其他过滤器进行保护。活性炭的吸附量在接近和达到吸附保持量时，其吸附能力下降甚至失效，这时就需要更换已吸附饱和的活性炭或使其再生。

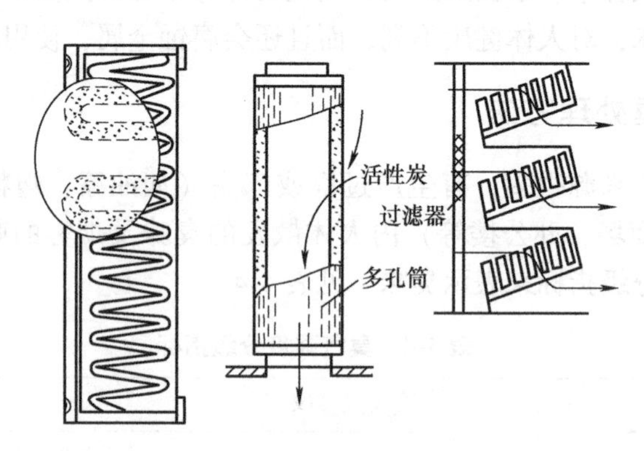

图 4-9　吸附过滤器

三、空气的离子化处理

在日常生活的空间里，来自建筑材料的放射性或外部空间的宇宙射线和地球上放射性物质的放射作用，会使空气中的中性分子变成带正电、负电的气体离子。这些带电的气体离子再与某些中性分子结合形成轻离子，轻离子与水滴或灰尘类凝结核结合，形成中离子或重离子。新鲜空气中轻离子多，重离子少；肮脏空气中轻离子少，重离子多。科学研究表明，新鲜空气对人体健康有利的原因之一就是其中含有较多的负离子，它们对人体有良好的生理调节作用，如缓解高血压、风湿、烫伤等症状，抑制哮喘，对神经系统有镇静作用并有利于消除疲劳。

实验证明，空调系统对空气中的轻离子有重要影响。由于对空气进行加热、加湿、过滤、冷却等处理，使离子数急剧减少，这对除去重离子是有利的，但同时也减少了轻离子数。而在用喷水室处理空气时，轻离子含量明显升高，这说明水在雾化时所产生的雾电效应会产生轻离子。在空调系统中，为改善房间内空气的品质，需要对空气进行离子化处理。

空气离子化处理是指为改善空气的品质，增加室内空气中的负离子含量，用人工方法产生负离子，使空气增加带电微粒的过程，即利用电晕放电、紫外线照射或利用放射性物质使空气电离的过程。为了设法使负离子不被及时中和，需要通过离子流或专设的风扇使空气中的负离子增加，以达到改善空气质量的目的。好的负离子发生器不应产生大量臭氧，以免臭氧含量过大危及人体健康。

空气调节器中比较常用的空气离子化处理方法是电晕放电法，其原理是利用针状电极与平板电极之间在高电压作用下产生的不均匀电场，使流过的空气离子化。

【典型实例1】 活性炭吸附过滤的性能。

活性炭按其原料来源可分为煤质活性炭、木质活性炭、有机活性炭、再生活性炭、果壳类活性炭和椰壳类活性炭等。其中以中孔煤质活性炭为活性炭中的上品，常被用来空气净化和制作成工业防毒面具，供在有毒气体环境中工作的工人使用。活性炭中加适量天然沸石或碘化钾后，能增加活性炭吸附空气中有毒气体种类的范围，经调整孔径特殊处理过的活性炭，还被用作抗生化武器的军用防毒面具，来过滤沙林毒气和炭疽杆菌等。

活性炭内部极细小的非封闭孔隙，对不同物质的吸附性能不同，具体见表4-5。

表4-5　活性炭的吸附性能

序号	名称	分子式	吸附保持量（%）
1	氨	NH_3	少量
2	二氧化硫	SO_2	10
3	氯	Cl_2	15
4	二硫化碳	CS_2	15
5	臭氧	O_3	能还原为氧气
6	二氧化碳	CO_2	少量
7	一氧化碳	CO	少量
8	吡啶（烟草燃烧生成）	C_5H_5N	25
9	丁苯酸	$C_5H_{10}O$	35
10	苯	C_6H_6	24
11	烹调味		30
12	浴厕味		30

活性炭的吸附量在接近和达到吸附保持量时，其吸附能力下降甚至失效，这时就需要更换已吸附饱和的活性炭或使其再生。活性炭的一般使用寿命和使用量见表4-6。

表4-6　活性炭的一般使用寿命和使用量

用　　途	使用寿命	$1000m^3/h$ 风量的使用量/kg
居住建筑	两年或两年以上	10
商业建筑	1～1.5年	10～12
工业建筑	0.5～1年	16

常用活性炭的型号、性能和用途见表4-7。

表4-7　常用活性炭的型号、性能和用途

型　　号	DX-15	DX-30	ZX-15	ZX-40	ZL-30	ZH-30
粒径/mm	$\phi1.5$	$\phi3.0$	$\phi1.5$	$\phi4.0$	$\phi3.0$	$\phi3.0$
水分（%）	≤3	≤3	≤5	≤5	≤5	≤5
强度（%）	≥85	≥90	≥85	≥90	≥90	≥90
Cl_4 吸附率（%）	≥60	≥60	对苯的防护时间≥40min			≥54
碘值/（mg/g）				≥700		
硫含量/（mg/g）					≥800	
用途	装填各种防毒面具和过滤器			净化污染物	净化硫化氢及其他硫化物	净化苯、醚、三氯甲烷和碳氢化合物

【典型实例2】 臭氧是把双刃剑。

利用臭氧来净化空气的臭氧发生器价格低廉，功能多于清新剂，能增加空气中的负离子数量，降低空气中的固态尘埃，有杀菌作用，但对分解甲醛等有害气体作用不大。使用这类空气净化器要特别当心，臭氧发生器产生的大量高浓度臭氧在杀灭一些病毒、细菌的同时，也可能杀灭人体白细胞，有导致癌变的可能，因此室内使用臭氧空气净化器时人应该走开。另外，臭氧还能加速橡胶制品的老化，负离子也易吸附灰尘，从而黏附在车厢内壁顶棚，导致车厢内饰特别是浅色车逐渐变成灰黑色，所以臭氧也不适合用在车内清洁空气。

【典型实例3】 空气净化器的保养与维护。

空气净化器的保养与维护需要视不同品牌、不同类型空气净化器来定，一般情况下都比较简单。

1）空气净化器的进风口有初效滤网或集尘网，使用时间长了会聚集一些灰尘，从而影响进风，影响空气净化的效果，所以要经常用吸尘器把灰尘吸走或用抹布清理，甚至用水洗，洗净后自然干燥，以免产生放电声响。

2）过滤网。部分过滤网需要定期拿到太阳底下去晒一晒，才能较好地保持净化效率（如活性炭滤网），并注意定期更换滤芯。

3）除臭滤网。少数品牌的空气净化器设有除臭滤网，已达到可水洗的技术水平，通过水洗既可保持净化效率，又可缩短换滤网的周期。

4）离子发生器一般是内置的，不需要清洁，较好的离子发生器工作效率都较高。由于负离子在空气中寿命很短，因此出口应尽量靠近人的呼吸带。在负离子发生的过程中，由于静电作用，周围环境易积尘，应及时擦拭掉。

习　题

一、填空题

1. 空调房间的净化标准大致可分为________净化、________净化和________净化三类。
2. 空气悬浮微粒的捕集方法有________捕集、________捕集、________捕集、________捕集和________捕集。
3. 空气过滤器的过滤效果指标有________、________、________。
4. 按过滤性能不同可将过滤器分为________、________、________、________、________五类。
5. 空气的灭菌处理方法有________、________、________、________、________。
6. 空气除臭的处理方法有________、________、________。

二、判断题

1. 空气洁净度等级数越大，其洁净度越高。（　）
2. 一般净化对空气含尘浓度没有具体指标要求，多少都可以。（　）
3. 大于0.3μm的尘粒，不能靠扩散作用捕集。（　）
4. 纤维过滤器对小于0.5μm的小尘粒的过滤完全可以忽略重力作用。（　）
5. 清洗浸油过滤器可用80~90℃含碱10%的热水清洗。（　）

6. 过滤效率 $\eta=60\%$，说明滤掉的灰尘量占过滤前灰尘量的 60%。（　）
7. 穿透率 $K=0.01\%$，说明过滤后空气中 0.01% 的含尘量被过滤掉了。（　）
8. 空气过滤器对空气产生的阻力随着风量的增加而减小。（　）
9. 干式过滤器可以用于从初效到高效的各类过滤器。（　）
10. 紫外线杀菌作用最强的波段是 250～275nm。（　）
11. 当空气被加热到 250～300℃时，细菌就会死亡。（　）
12. 活性炭可吸附其本身质量 1/6～1/5 的化学有毒气体和异味。（　）

三、简答题

1. 试比较三种常用空气过滤器的优劣。
2. 简述根据空调房间的洁净度要求如何选用空气过滤器。
3. 什么是空气离子化处理？常用方法是什么？

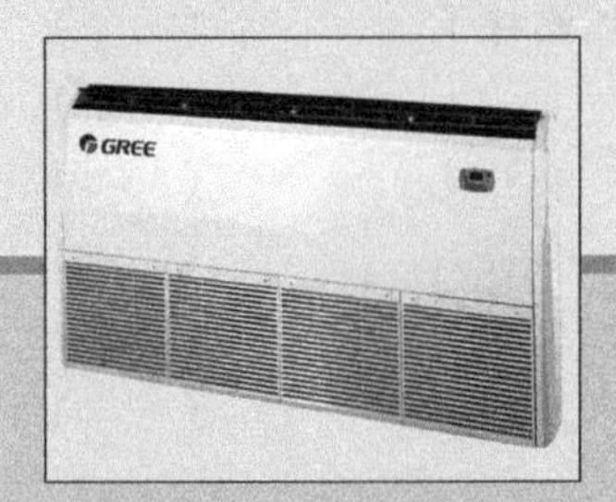

单元五 典型的中央空调系统

内容构架

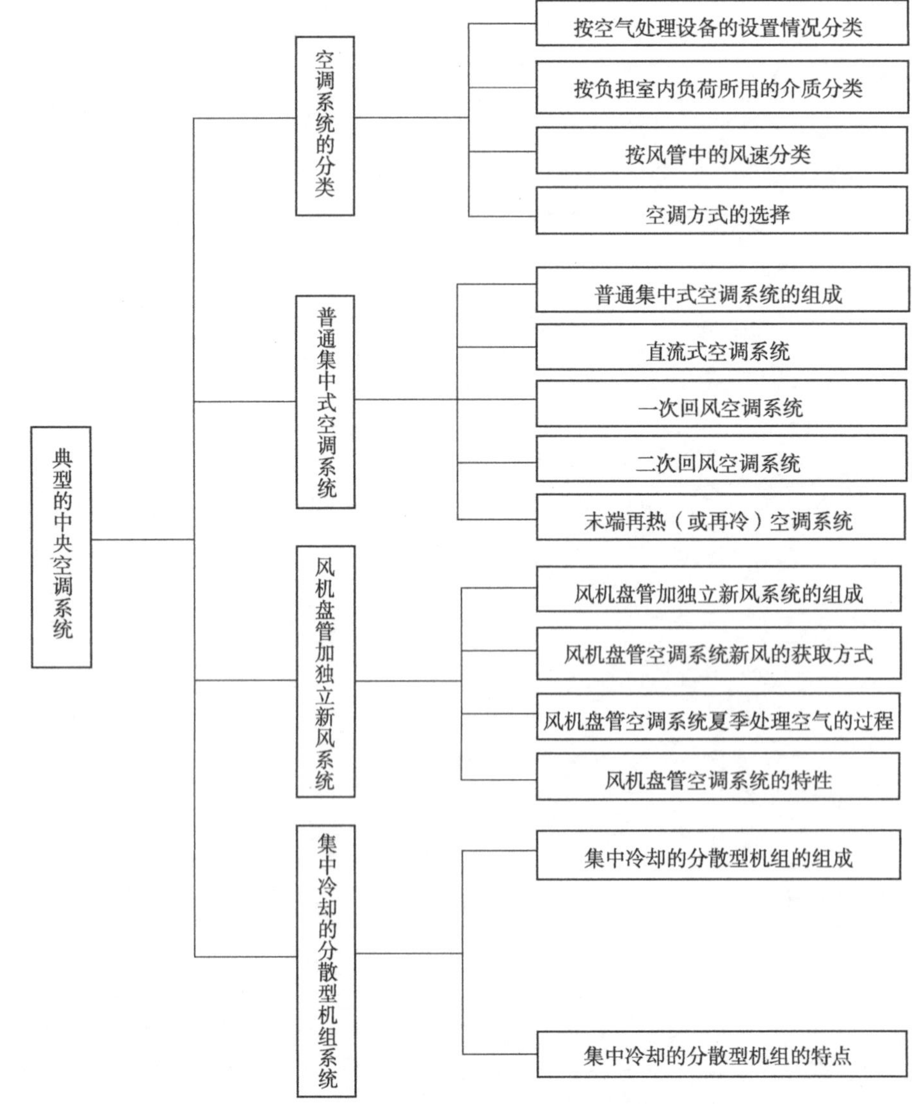

学习引导

目的与要求

- 了解空调系统的常用分类方法，能区分空调系统在不同分类方法下的类型。
- 掌握典型中央空调系统的结构组成及特点，能根据不同建筑的要求选择空调系统。
- 熟悉典型中央空调系统的空气处理流程，并能在焓湿图上绘制其处理过程。

重点与难点

- 学习难点：在焓湿图上绘制典型中央空调系统的空气处理过程。
- 学习重点：典型中央空调系统的结构及空气处理过程。

课题一　空调系统的分类

相关知识

中央空调是由一台主机通过风道送风或冷热水管连接多个末端的方式来控制不同的房间，以达到室内空气调节目的的。中央空调系统通常由冷热源部分、空气处理部分（风机、冷却器、加热器、加湿器、过滤器等）、空气输送及空气分配部分、冷热媒输送和自动控制部分等组成。

人们常常采用按空气处理设备的设置情况、负担室内负荷所用的介质、风管中的风速和处理空气的来源几种方法对中央空调进行分类。

一、按空气处理设备的设置情况分类

按空气处理设备的设置情况不同，空调系统可分为集中式系统、半集中式系统和分散式系统。

1. 集中式系统

集中式空调系统的所有空气处理设备都集中设置在专用的空调机房内，空气经处理后由送风管送入空调房间。

集中式系统按送风管的套数不同，可分为单风管式和双风管式。单风管式只能从空调机房送出一种状态经处理的空气，若不采用其他措施（如在各空调房间的支风管中设调节加热器等），就难以满足不同房间对送风状态的不同要求。双风管式用一条风管送冷风、另一条风管送热风，冷风和热风在各房间的送风口前的混合箱内按不同比例混合，达到各自要求的送风状态后，再送入房间。集中式空调系统多采用单风管式。

集中式系统按送风量是否可以变化，可分为定风量式和变风量式。定风量系统的送风量是固定不变的，并且按最不利情况来确定房间的送风量。在室内负荷减少时，它虽可通过调节再热、提高送风温度、减小送风温差的办法来维持室内的温度不变，但能耗较大。变风量系统采用可根据室内负荷变化自动调节送风量的送风装置。当室内负荷减少时，它可保持送风参数不变（不需再热），通过自动减少风量来保持室内温度的稳定。这样不仅可节约上述定风量系统为提高送风温度所需的再热量，而且还由于处理的风量减少，可降低风机功率电

耗及制冷机的冷量。因此，与定风量系统比较，变风量系统的初投资虽高一点，但它节能、运行费用低、综合经济性好，特别是大容量的空调装置，采用变风量系统的经济性更好。因此当房间负荷变化较大、采用变风量系统能满足要求时，不宜采用定风量再热式系统。不过，普通舒适性空调对空调精度无严格要求，目前仍多采用无再热的定风量集中式系统。

集中式系统按处理空气的来源不同又可分为封闭式空调系统、直流式空调系统和混合式空调系统，如图 5-1 所示。

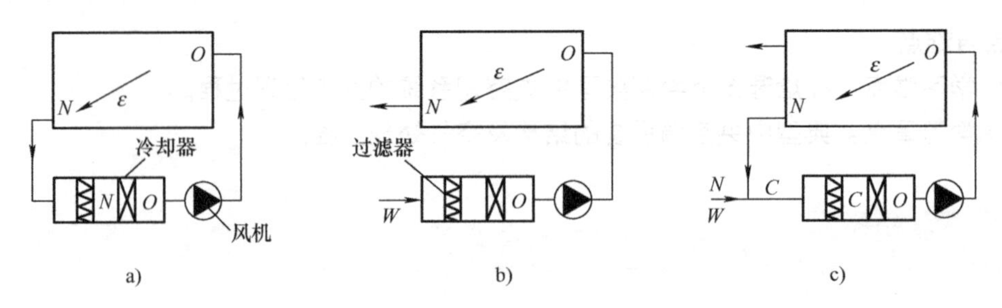

图 5-1　普通集中式空调系统

a）封闭式空调系统　b）直流式空调系统　c）混合式空调系统

N—室内空气　*W*—室外空气　*C*—混合空气　*O*—冷却后的空气

（1）封闭式系统　如图 5-1a 所示，它所处理的空气全部来自空调房间本身（也称全回风空调系统），故其经济性好，但卫生效果差，仅适用于密闭空间且无法（或不需）采用室外空气的场合，若有人员长期停留，必须考虑空气的再生。

（2）直流式系统　如图 5-1b 所示，它全部采用室外空气，经处理后送入室内吸收余热余湿，再全部排出室外，故又称为全新风空调系统。这种系统卫生效果好，但经济性差，只适用于室内有污染源，不允许采用回风的场所。

（3）混合式系统　封闭式系统不能满足卫生要求，全新风系统经济上又不合理，因此大多数空调系统都综合两者的利弊，采用一部分回风与新风混合，即为混合式系统，如图 5-1c 所示。混合式系统按送风前在空气处理过程中回风参与混合的次数不同，可分为一次回风式和二次回风式。让回风与新风先行混合，然后加以处理直接达到送风状态，这种只在送风前让回风与新风混合一次的集中式系统，称为一次回风系统，其流程图如图 5-2 所示。如前所述，在室内负荷降低时，定风量一次回风系统需采用再热措施提高送风温度，以减少供冷量来维持室内温度的稳定，故能耗较大。若让新风与部分回风混合并经处理后，再次与部分回风混合而达到要求的送风状态，则可省去空气加热器，减少能耗。这种在送风前回风先后参与混合两次的系统，称为二次回风系统，其流程图如图 5-3 所示。如仅作夏季降温用的系统，不应采用二次回风。

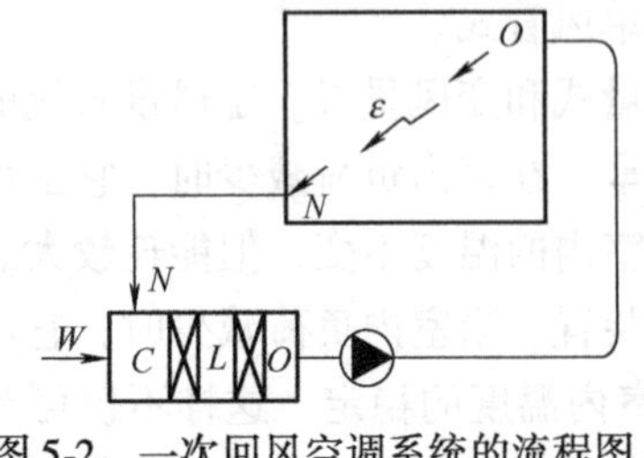

图 5-2　一次回风空调系统的流程图

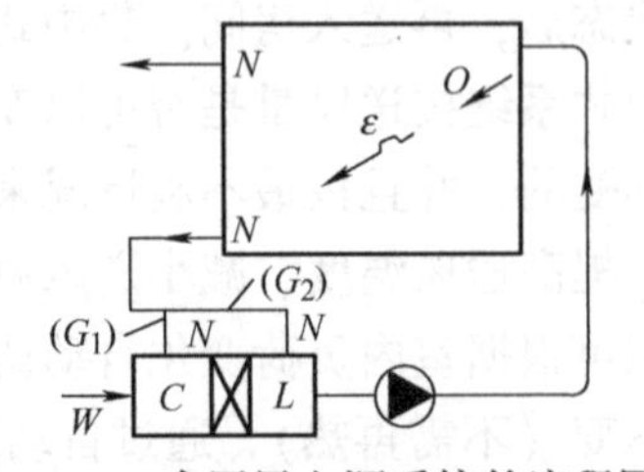

图 5-3　二次回风空调系统的流程图

2. 半集中式系统

半集中式系统将各种非独立式的空调机分散设置，而将生产冷、热水的冷水机组或热水器和输送冷、热水的水泵等设备集中设置在中央机房内。

图 5-4 所示为风机盘管加独立新风系统的示意图，该系统是典型的半集中式系统。这种系统的风机盘管分散设置在各个空调房间内；新风机可集中设置，也可分区设置，但都是通过新风送风管向各个房间输送经新风机做了预处理的新风。因此，独立新风系统又兼有集中式系统的特点。

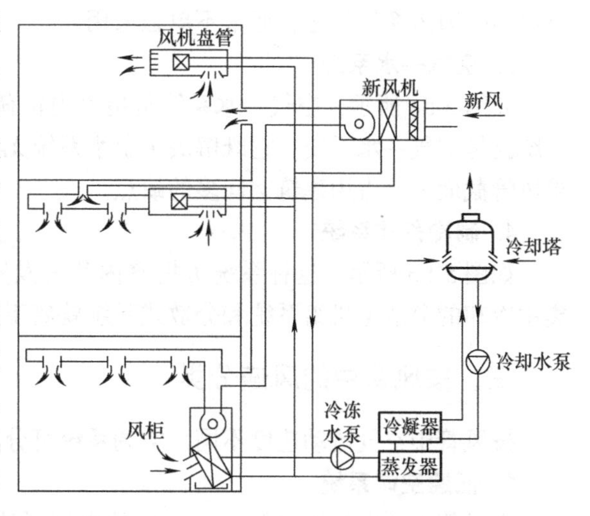

图 5-4　风机盘管加独立新风系统的示意图

此外，对已集中设置冷、热源的建筑物中的大面积空调房间，通常多采用冷量和风量都较大的非独立式风柜处理空气。风柜设置在专用的空调机房内，通过送风管向空调房间送风。这种系统相对于集中设置的冷、热源来说是半集中式系统；相对于空调房间来说又可看作是集中式系统。空气调节房间较多且各房间要求单独调节的建筑物，条件许可时宜采用风机盘管加新风系统。

3. 分散式系统

这种系统没有集中的空调机房，只是在需要空调的房间内设置独立式的房间空调器。因此，分散式系统又称为局部机组式系统，适用于空调面积较小的房间，或建筑物中仅个别房间有空调要求的情况。

二、按负担室内负荷所用的介质分类

空调系统按负担室内负荷所用的介质种类不同，可分为全空气系统、全水系统、空气—水系统和制冷剂式系统，如图 5-5 所示。

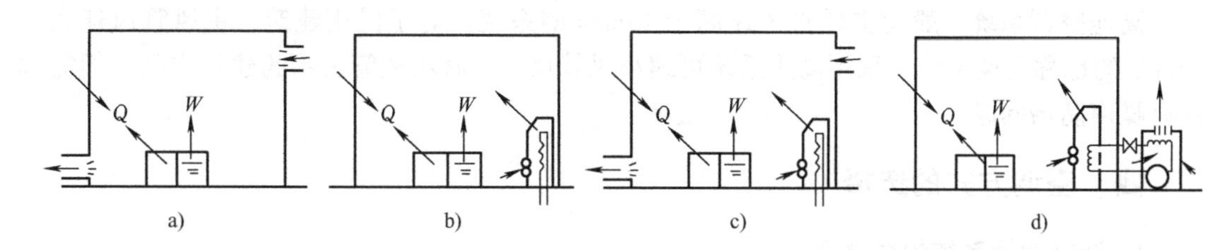

图 5-5　按负担室内负荷所用的介质分类的空调系统示意图

a）全空气系统　b）全水系统　c）空气—水系统　d）制冷剂式系统

1. 全空气系统

如图 5-5a 所示，全空气系统空调房间的室内负荷全部由经过处理的空气来负担。如夏季，向空调房间送入温度和含湿量都低于室内设计状态的空气，吸收室内的余热和余湿后排出，使室内的温度和相对湿度保持稳定。集中式系统就是全空气系统。由于空气的比热容较小，用于吸收室内余热、余湿的空气量大，所以这种系统要求的风道截面积大，占用的建筑空间较多。

2. 全水系统

如图 5-5b 所示，全水系统空调房间的室内负荷全靠水作为冷热介质来负担。它不能解决房间的通风换气问题，通常不单独采用。

3. 空气—水系统

如图 5-5c 所示，空气—水系统负担室内负荷的介质既有空气又有水，风机盘管加新风系统就是空气—水系统。它既解决了全水系统无法通风换气的困难，又可克服全空气系统要求风管截面大、占用建筑空间多的缺点。

4. 制冷剂式系统

如图 5-5d 所示，这种系统负担室内负荷及室外新风负荷的是制冷机或热泵的制冷剂。集中冷却的分散型机组系统和分散式系统就属于这种类型。

三、按风管中的风速分类

按风管中空气流动速度不同，空调系统可分为低速空调系统和高速空调系统。

1. 低速空调系统

主风管内的空气流速低于 15m/s 的空调系统称为低速空调系统。综合考虑经济性和消声要求，宜按表 5-1 选取风管内的风速。风机与消声装置之间的风管，其风速可采用 8～10m/s。一般民用建筑的舒适性空调大都采用低速空调系统，风管风速不宜大于 8m/s。

表 5-1 风管的风速

室内允许噪声级 L_A/dB	主风管风速/（m/s）	支风管风速/（m/s）
25～35	3～4	≤2
35～50	4～7	2～3
50～65	6～9	3～5
65～85	8～12	5～8

2. 高速空调系统

高速空调系统一般指主风管风速高于 15m/s 的系统。对于民用建筑，主风管风速大于 12m/s 的也称高速系统。采用高速系统可缩小风管尺寸，减小风管占用的建筑空间，但需解决好噪声防治问题。

四、空调方式的选择

1. 选择空调系统的总原则

选择空调系统时，应根据建筑物的用途、规模、使用特点、室外气象条件、负荷变化情况和参数要求等因素，通过多方面的比较来选择，这样就可在满足使用要求的前提下，尽量使一次投资费用低、系统运行经济、减少能耗。

2. 典型建筑空调系统的选取

宾馆式建筑和多功能综合大楼的中央空调系统，一般都设有中央机房，集中放置冷、热源及附属设备。其楼中的餐厅、商场、舞厅、展览厅、大会议室等多采用集中式系统，并且多为单风管、低速、一次回风与新风混合、无再热的定风量系统；客房、办公室、中小型会

议室和贵宾房等则常用风机盘管加独立新风系统或集中冷却的分散型机组系统。

【典型实例1】按照不同的分类方法确定空调系统的类型。

空调系统有多种不同的分类方法，但同一空调系统在不同的分类方式下的名称不同。

例如，一次回风空调系统，按负担热湿负荷所用的介质分属于全空气系统，按空气处理设备的设置情况分属于集中式空调系统，按集中系统处理的空气来源分属于混合式系统，按风管中的风速分一般属于低速空调系统。

再如，风机盘管加独立新风系统按负担热湿负荷所用的介质分属于空气—水系统，按空气处理设备的设置情况分属于半集中式空调系统。

【典型实例2】按照不同的分类方式识别中央空调系统的类型。

分别按照空气处理设备的设置情况和负担热湿负荷所用的介质两种分类方式制作直流式空调系统、一次回风空调系统、二次回风空调系统、风机盘管空调系统所属类别标签，悬挂在实训中心相应的空调系统上。

课题二　普通集中式空调系统

普通集中式空调系统属于全空气系统，是出现最早的一种空调方式，具有服务面积大、处理空气量多、技术容易实现的特点。目前恒温恒湿、洁净室等工艺性空调和大型商场、会议室、场馆、舞厅等的舒适性空调大多选用普通集中式空调系统。常用的普通集中式空调系统有直流式空调系统、一次回风空调系统、二次回风空调系统和末端再热（或再冷）空调系统四种基本形式。

一、普通集中式空调系统的组成

集中式空调系统是一种典型的空调方式，虽然有几种不同的形式，但基本组成类似，如图5-6所示。集中式空调系统把所有的空气处理设备都集中在一个专用的空调机房内，一般

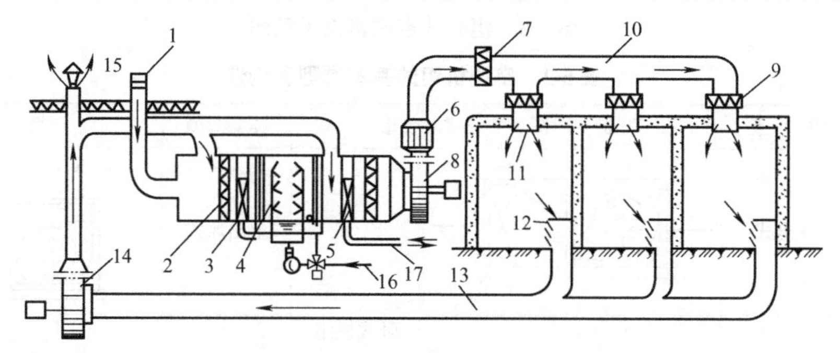

图5-6　集中式空调系统的组成

1—新风入口　2—初效过滤器　3—一次加热器　4—喷水室　5—二次加热器　6—消声器　7—中效过滤器　8—送风机　9—高效过滤器　10—送风道　11—送风口　12—回风口　13—回风道　14—回风机　15—排风口　16—冷冻水管　17—热水或蒸汽管

由空气热湿处理部分（包括加热、冷却、加湿、减湿设备等）、空气净化部分（如空气过滤器）、系统的消声与减振部分（如消声器、减振器等）、空气输配部分（包括送回风机、风道调节阀、送风口和回风口等）组成。

1. 集中式空调系统的空气处理设备

通常将集中式空调系统的热湿处理部分和空气净化部分称为集中式空调系统的空气处理设备，主要有组合式空调机组（见图5-7和图5-8）、空调机组（也称柜式风机盘管）、独立式空调机（也称单元式空调机）几种形式，但最常用的空气处理设备就是空调机组，其基本类型和构造见表5-2。由于它的外形颇像一个柜子，故有人称其为“风柜”。

图5-7　组合式空调机组外形

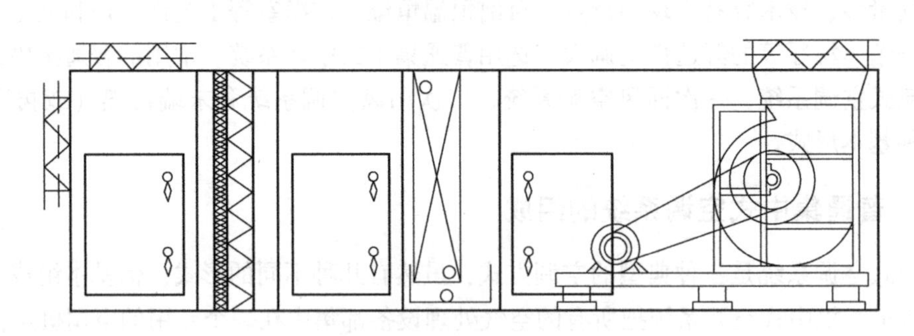

图5-8　组合式空调机组示意图

表5-2　空调机组的基本类型和构造

形　式	类　型	简　图	形　式	类　型	简　图
卧式机组	压出式		卧式机组	上出风式	
	水平出风式			中出风式	

（续）

形式	类型	简图	形式	类型	简图
吊顶式机组	普通型 超薄型		立式机组	明装立式	
立式机组	水平出风式		大风量立式机组	水平出风式	
	上出风式			上出风式	

组合式空调机组是根据需要组合而成的空气热湿处理设备。它通常采用的功能段包括空气混合段、过滤段、表面式冷却器段、送风机段、回风机段等基本功能段，如图 5-9 所示。组合式空调机组的最大优点是能够根据需要任意开、停各功能段，组合若干个功能段进行工作。当送回风距离较长时，需设置送回风两台风机；当对空气净化要求比较高、处理风量又比较大时，其优点尤为突出，因此适用范围更加广泛。

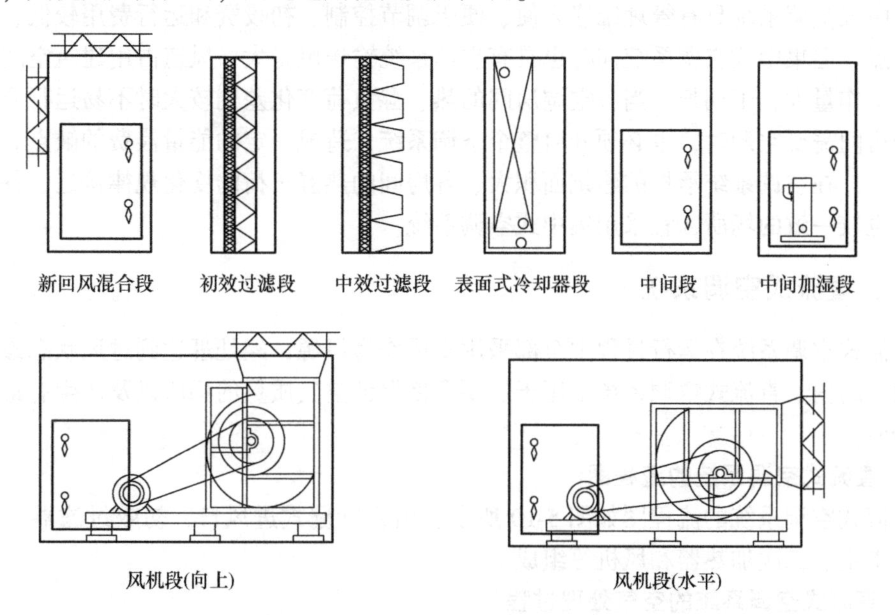

图 5-9 组合式空调机组常见的功能段

2. 系统的消声与减振部分

不同用途的房间有不同的噪声标准，风机通过风道向空调房间送风时会产生噪声，风道的噪声主要由风机噪声和气流噪声两大部分构成。为了降低噪声，将管式消声器、消声弯头、消声静压箱等消声降噪装置装设在风道中，即可起到降低噪声的作用。

集中式空调系统中需配备风机等运转设备，运转设备旋转运动时将产生振动，常选用弹簧减振器、橡胶减振器、空气弹簧等减振器安装在运转设备中，起减振作用。

3. 空气输配部分

空气输配部分包括送回风机、风道调节阀、送风口、回风口等设备，按其功能不同可分为送风设施、回风设施、排风设施和采集新风设施。

（1）送风设施　集中式系统用送风干管和支管将空调机出风口与空调房间的各种空气分布器（如侧送风口、散流器等）相连，向空调房间送风。风机出口处宜设消声静压箱，各风管应设风量调节阀。用风管向多个房间送风时，风管在穿过房间的间墙处应设防火阀。

（2）回风设施　对单个采用集中式系统的空调房间，若机房相邻或间隔在房间内部时，可在空调房间与机房间墙上开设百叶式回风口，利用机房的负压回风。若集中式系统向多个房间送风，或不便直接利用机房间墙上回风口回风时，应在各空调房间内设置回风口，通过回风管与机房相连采集回风。必要时可在回风管道中串接管道风机保证回风（需注意防治噪声），多个房间共同使用的回风管穿过间墙处应设防火调节阀。

（3）排风设施　空调房间一般保持不大于50Pa的正压。若门窗密封性较差，或开门次数多，门上又不设风幕机时，可利用门窗缝隙渗漏排风。空调房间的门窗一般要求具有较好的密封性，需要在房间外墙上部设带有活动百叶的挂墙式排风扇排风；或者开设排风口连接排风管，用管道风机向室外集中排风。

（4）采集新风设施　有外墙的空调机房，可在外墙上开设双层可调百叶式新风口，利用机房负压采集新风。若机房无外墙，则需敷设新风管串接管道风机从室外采集新风。

集中式空调系统具有管理维修方便、便于调节控制、初投资和运行费用较低、使用寿命长等优点。但集中式空调系统同时也具有空调系统输送风量大、风道占用建筑空间较多、施工安装工作量大、工期长，当各空调房间的热、湿负荷变化差别较大时不易运行调节和当只有部分房间需要空调时，也必须开启整个空调系统，造成一定的能量浪费的缺点。

所以，在空调系统承担的建筑面积大、各房间的热湿负荷的变化规律接近、各房间的使用时间也较一致的场所，宜采用集中式空调系统。

二、直流式空调系统

直流式空调系统在运行过程中全部采用新风作为风源，经处理达到送风状态参数后再送入空调房间内。直流式空调系统多用于需要严格保证空气质量的场所以及产生有毒或有害气体的场所。

1. 直流式空调系统的流程图

直流式空调系统的流程图如图5-10所示，由百叶栅式进风口、初效过滤器、一次加热器、喷水室、二次加热器和风机等组成。

2. 直流式空调系统的空气处理过程

直流式空调系统全部使用室外新风，空气从百叶栅进入，经处理后达到送风状态送入房间，消除房间余热余湿后排到室外。

（1）夏季空气处理过程及计算　假定室内要求的空气状态为$N(h_N, d_N)$，夏季室外新

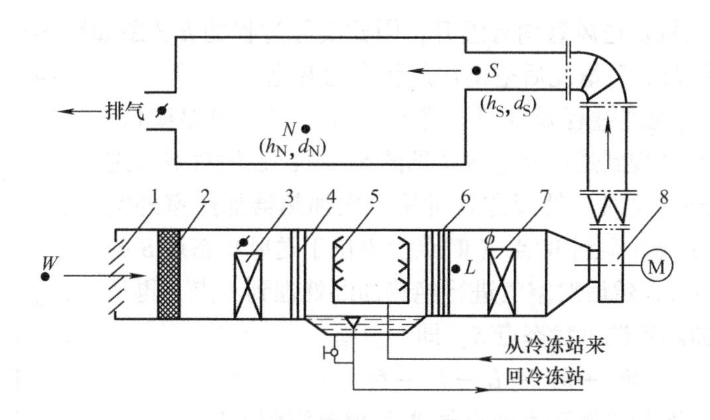

图 5-10 直流式空调系统的流程图

1—百叶栅 2—初效过滤器 3——次加热器 4—前挡水板

5—喷水排管及喷嘴 6—后挡水板 7—二次加热器 8—风机

风状态为 $W(h_W、d_W)$，送风状态为 $S(h_S, d_S)$，处理空气量为 G(kg/s)。在 h-d 图上（见图5-11）标出室内空气状态 N 点，根据计算的房间热、湿负荷，求出夏季室内热湿比 ε_N。过 N 点作热湿比线 ε_N，根据空调控制精度按表 2-11 选取送风温差 Δt_S，求出夏季送风温度 t_S，作 t_S 的等温线与热湿比线交于点 S，则 S 点即为夏季送风状态点。

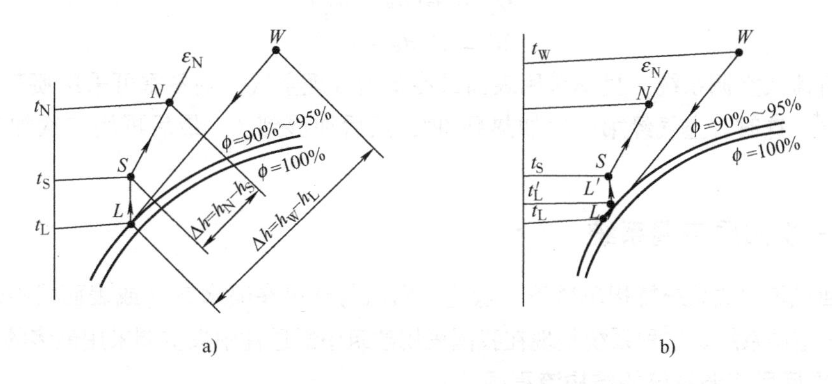

图 5-11 直流式空调系统夏季处理工况 h-d 图

根据送风量的计算公式，求出送风量 G(kg/s)。

过送风状态点 S 作等 h 线，交 $\phi = 90\% \sim 95\%$ 于 L 点（机器露点），连接 W、L 两点，则直流式空调系统夏季处理方案确定，即 $W \to L \to S \to N$。

其中 $W \to L$ 降温、减湿过程达到机器露点，$L \to S$ 加热到送风温度，$S \to N$ 消除余热余湿达到室内要求状态。如果不考虑损失，所需要的耗冷量为

$$Q = G(h_W - h_L) \tag{5-1}$$

处理到 L 点，并非空气处理任务已经完成，因为尚未达到送风状态点 S。所以再经二次加热，将处理后的空气干式加热到进风状态点 S，即 $S \to N$。这一过程的加热量为

$$Q_H = G(h_S - h_L) \tag{5-2}$$

由于 S 点位于热湿比 ε_N 线上，显然只要供给房间符合送风状态点 S 的风量 G(kg/s)，那么送风在吸收房间余热和余湿的过程中必然会达到 N 点。

上述夏季处理工况的 h-d 图是在不考虑后挡水板的过水、不计风机和管道温升的情况下

讨论的，实际上风机及送风管均有温升，因此实际过程的 h-d 图如图 5-11b 所示，图中 $L \to L'$ 即考虑到过水量及温升情况后空调送风状态的变化。

(2) 冬季空气处理过程及计算　冬季室外空气一般温度低、含湿量小，要将其处理到送风状态 S（见图 5-12），必须对空气进行加热和加湿处理。这时，处理方案可用一次加热器加热室外空气，使其沿着等 d 线升温到 W' 点（W' 点应当位于送风状态点 S 的露点 L 的等焓线上），然后对空气进行绝热加湿处理到 L 点，再从 L 点经过第二次加热到送风状态点 S，即

$$W \to W' \to L \to S \to N$$

$W \to W'$ 使用一次加热器对室外空气 W 等湿升温到 W'；

$W' \to L$ 等焓加湿到 L；

$L \to S$ 经第二次加热到送风状态点 S；

$S \to N$ 消除室内余热、余湿，达到要求状态。

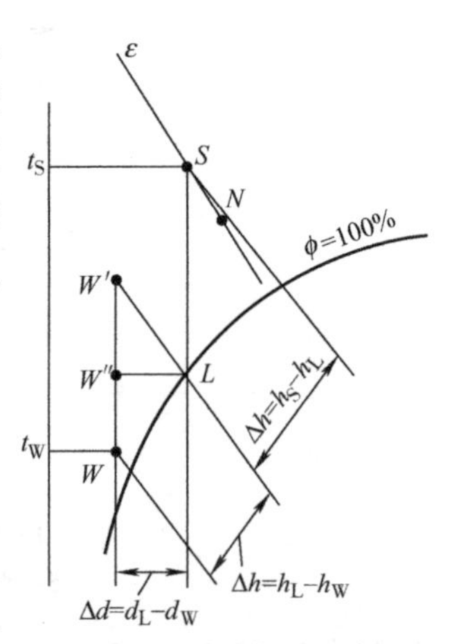

图 5-12　直流式空调系统冬季工况 h-d 图

冬季处理过程是比较简单的，如果送风量为 G(kg/s)，则一次加热量 Q_1、二次加热量 Q_2 和等焓加湿量 W 分别为

$$Q_1 = G(h_W - h_{W'}) \tag{5-3}$$

$$Q_2 = G(h_S - h_L) \tag{5-4}$$

$$W = G(d_S - d_W) \tag{5-5}$$

对于直流式空调系统，夏季采用表面式冷却器处理空气，则冬季可采用喷蒸汽或电加湿器加湿空气。这时，空气经第一次加热到 W''，然后加湿到 L，最后再用二次加热器加热到 S 点。

三、一次回风空调系统

一次回风集中式系统特指单风管、低速、回风与新风在喷水室（或表面式冷却器）前混合的集中式空调系统。这种系统是现在我国民用建筑中舒适性中央空调采用最多的系统之一。

1. 一次回风空调系统的结构流程图

一次回风空调系统有喷水室和表面式冷却器两种形式。图 5-13 所示为表面式冷却器一

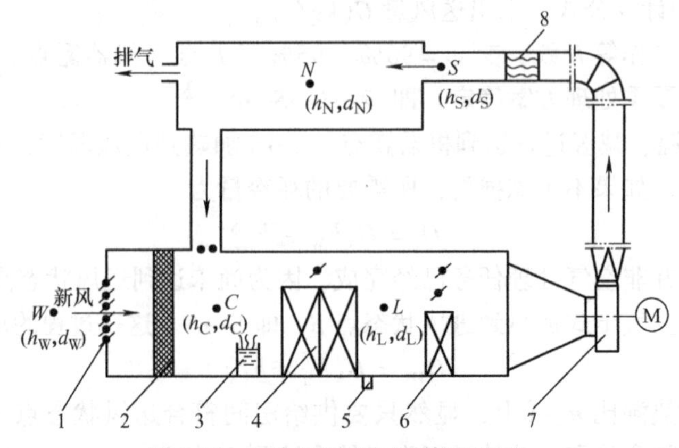

图 5-13　一次回风空调系统流程图

1—新风口　2—过滤器　3—电极加湿器　4—表面式换热器　5—排水口　6—二次加热器　7—风机　8—精加热器

次回风空调系统空气处理装置流程图，它与直流式空调系统相比，增加了回风道和回风机。

2. 一次回风空调系统的处理方案

室外新风通过进风口经过滤净化后，与室内的循环空气（回风）混合，再经热湿处理设备处理达到送风状态，由送风机将达到送风状态的空气送入空调房间，吸收房间空气中的余热和余湿后，一部分直接排放到室外，另一部分作为一次回风回到空气处理系统进行再循环。

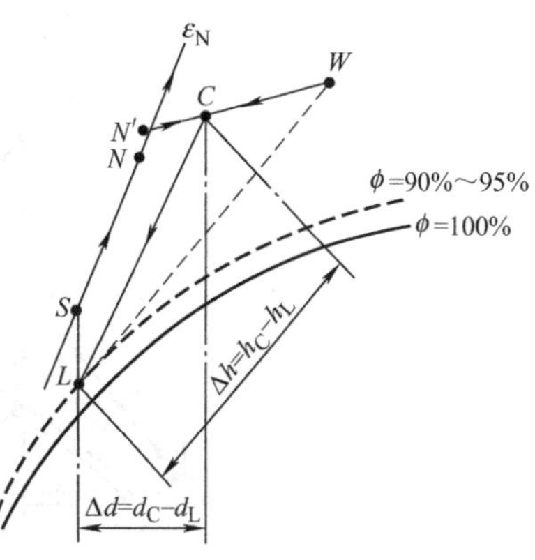

图 5-14　一次回风空调系统夏季处理方案

(1) 一次回风空调系统夏季处理过程及计算　室外新风状态 W 与室内一次回风状态 N'（由于考虑回风温升 $N \to N'$）混合，混合点为 C（C 点的确定和新风比有关）。

一次回风空调系统夏季处理方案如图 5-14 所示，根据室内状态点 N、ε_N、Δt_S，可确定 S 点及 L 点。一次回风空调系统夏季处理过程为

$$\left.\begin{matrix} W \\ N \to N' \end{matrix}\right\rangle \to C \to L \to S \to N$$

$C \to L$ 是用表面式换热器（或喷水室）的一个减湿冷却过程。

$L \to S$ 是干式加热过程，即用二次加热器来完成的达到送风状态的等湿加热过程（若用机器露点送风，则不需要消耗此热量）。如果考虑风机和送风管道温升，其加热量可以减少；对送风温差无严格限制的空调系统，可用“机器送风露点”送风，则不需要消耗再热量，可获得节能效果，这是应该在设计时考虑的。

$S \to N$ 消除余热、余湿，达到室内要求状态。

与直流式系统比较（图 5-14 中虚线），在其他条件相同的情况下，处理空气所需冷量分别为

直流式　$$Q_{直} = G(h_W - h_L) \tag{5-6}$$

一次回风式　$$Q_{回} = G(h_C - h_L) \tag{5-7}$$

两式相减　$$Q = Q_{直} - Q_{回} = G(h_W - h_C) = bG(h_W - h_{N'}) \tag{5-8}$$

这说明，一次回风式系统比直流式系统节约能量，因为焓值 h_C 小于 h_W，而且节能多少与一次回风比 b 的大小成正比（回风比 b 等于回风量除以送风量）。空调系统在夏季运行过程中利用回风，可节省系统的制冷量，节省制冷量的多少与一次回风量的多少成正比。但过多地采用回风量，难以保证空调房间内的空气卫生条件，所以回风量必须有上限。一般设计时系统的新风量控制在 10% ~15% 比较合适。

(2) 一次回风空调系统冬季处理过程及计算　在冬季，确定一次回风空调系统的混合点 C 与夏季相同，只是新风随地区气温的差异，有时可将室外新风先加热后混合（如北方地区）或者先混合后加热，甚至在南方地区先混合后取消一次加热。

图 5-15a 所示是南方地区一次回风系统冬季处理过程方案，它是将室外新风 W 与室内一次回风混合后达到 C，然后将混合空气等温加湿到 L'（用蒸汽或电加湿），然后等湿加热到送风状态点 S，即

$$\left.\begin{matrix} W \\ N \end{matrix}\right\rangle \rightarrow C \rightarrow L' \rightarrow S \rightarrow N$$

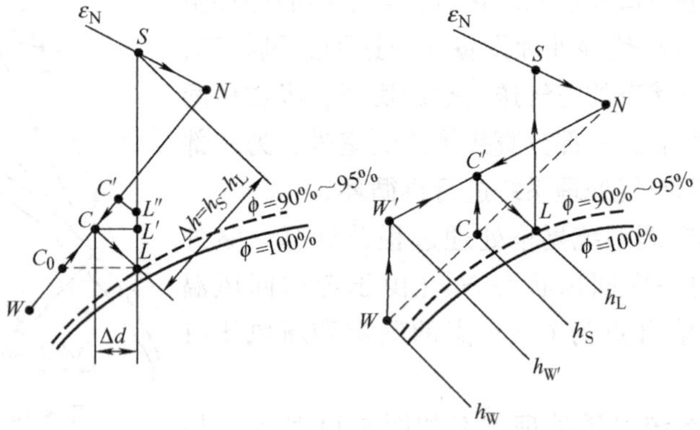

图 5-15　一次回风空调系统冬季处理方案

如果夏季不是采用表面式冷却器，而是采用喷水室处理空气，应尽可能用改变新风比（新风量与送风量之比）的办法，使混合点落在 h_L 线上，这样可以省去一次加热，然后绝热加湿到 L，最后再等湿加热到送风状态点 S，即

$$\left.\begin{matrix} W \\ N \end{matrix}\right\rangle \rightarrow C \rightarrow L \rightarrow S \rightarrow N$$

随着室外新风的温度和焓值的升高，混合后的 C 点将会发生变化，如果还是加湿到饱和状态，则 L 点位置必然变动。为使加湿后的空气仍在 d_L 这条线上，可采取降低水压或在喷水室旁通一部分空气，使加湿的终点保持在 d_L 线上，如图 5-15a 中 $C' \rightarrow L''$ 也是可行的。

在北方寒冷地区，如图 5-15b 所示，室外焓值很低，必须先将室外新风 W 先等湿加热到 W' 后再与室内一次回风 N 混合后到达 C'；将混合空气 C' 等焓加湿到 L；然后等湿加温到送风状态点 S。其流程为

$$\left.\begin{matrix} W \rightarrow W' \\ N \end{matrix}\right\rangle \rightarrow C' \rightarrow L \rightarrow S \rightarrow N$$

图 5-15b 中虚线部分说明，一次回风空调系统在冬季焓值较低的情况下可以采用先混合、后加热、再绝热加湿到 L 点的方案，即

$$\left.\begin{matrix} W \\ N \end{matrix}\right\rangle \rightarrow C \rightarrow C' \rightarrow L \rightarrow S \rightarrow N$$

四、二次回风空调系统

在空气调节过程中，为了提高空调装置运行的经济性，往往采用二次回风空调系统。二次回风空调系统与一次回风空调系统相比，在新风百分比相同的情况下，两者的回风量是相同的。在前面分析一次回风空调系统夏季处理方案时发现这样一种情况：一方面要将混合后的空气冷却减湿到机器露点状态，另一方面又要用二次加热器将处于机器露点温度状态的空气升温到送风状态，才能向空调房间送风。这样“一冷一热”的处理方法造成了能源的很

大浪费。

二次回风系统显然比一次回风系统复杂，调节也麻烦，同时增加了一根回风管道。但二次回风空调系统采用二次回风代替再热装置，克服了一次回风空调系统的缺点，节约了系统的能耗。

1. 二次回风空调系统的流程

二次回风空调系统与一次回风空调系统相比，在新风比相同的情况下，两者的回风量也是相同的。不过二次回风系统是将总的回风分成两部分，即一部分与新风混合，另一部分和经过喷水室处理（也可以是表面式冷却器处理）后的空气混合。图 5-16 所示为二次回风空调系统的流程图。

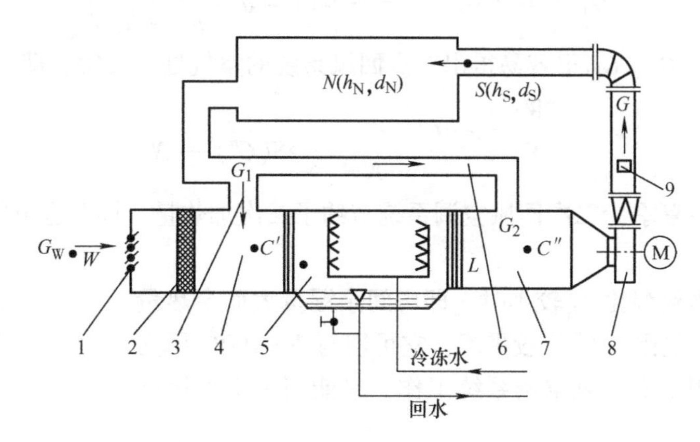

图 5-16　二次回风空调系统的流程图

1—新风口　2—过滤器　3—一次回风管　4—一次混合室　5—喷雾室
6—二次回风管　7—二次混合室　8—风机　9—电加热器

二次回风的总送风量 G 为

$$G = G_W + G_1 + G_2 \tag{5-9}$$

通过喷水室的风量 G_L 为

$$G_L = G_W + G_1 \tag{5-10}$$

式中　G_W、G_1、G_2——新风量、第一次回风量、第二次回风量。

2. 二次回风空调系统的空气处理方案

（1）二次回风空调系统的夏季空气处理方案及计算　图 5-17 中的虚线表示一次回风空调系统方案，它一方面要用冷冻水喷雾把空气处理到露点 L，另一方面又要用再热器把 L 状态的空气升温到 S 点，这样一冷一热造成了能量抵消，很不经济。

为了解决这一矛盾，采取使室内空气与一定的露点状态空气混合的方法，可直接得到 S 点，而不必在夏季起动再热器。

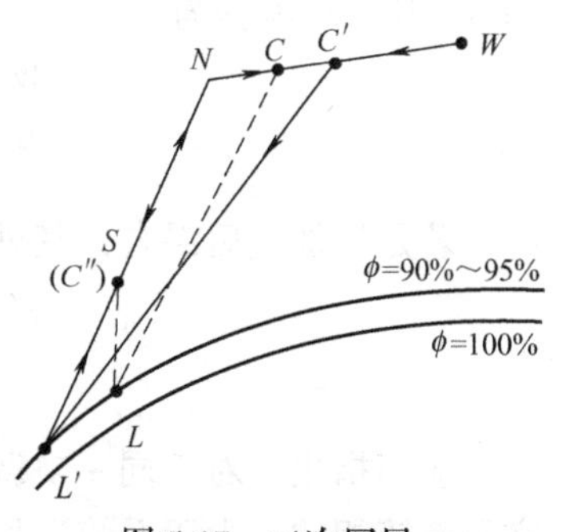

图 5-17　二次回风系统夏季工况图

如图 5-17 所示的实线所示，过室内温度状态点 N 作等热湿比线交 $\phi = 90\% \sim 95\%$ 于 L' 点，（L' 点就是二次回风的露点）。在 NL' 线上按两种空气的混合关系确定送风状态 S（S 点既是送风状态点，又是二次混

合点 C''）。显然，这种混合不需要二次加热（再热）。

根据 N、S 和 L'点，可以计算出一、二次回风量 G_1、G_2和过喷水室的风量 $G_{L'}$。因为

$$\frac{G_2}{G}=\frac{h_S-h_{L'}}{h_N-h_{L'}}$$

从而

$$G_2=G\frac{h_S-h_{L'}}{h_N-h_{L'}}$$

而

$$G_{L'}=G-G_2=G_W+G_1$$

$$G_W=G$$

所以

$$G_1=G-G_2-G_W=G\left(1-a-\frac{h_S-h_{L'}}{h_N-h_{L'}}\right)$$

由求得的风量 G_1、G_2、$G_{L'}$很容易得出二次回风系统的空气处理方案，即

$$\left.\begin{matrix}W\\N\end{matrix}\right\rangle\rightarrow C'\rightarrow\left.\begin{matrix}L'\\N\end{matrix}\right\rangle\rightarrow S(C'')\rightarrow N$$

由此可知，在夏季，二次回风空调系统节约了二次加热量，同时也节约了因抵消加热所消耗的冷量。

应当指出，当热湿比 ε_N较小时，即房间余湿量大而余热量小，在 h-d 图上热湿比 ε_N线比较平坦，它可能与 $\phi=100\%$ 无交点，这时不能采用二次回风空调系统工作，只能用一次回风空调系统。

（2）二次回风空调系统的冬季处理方案　一般情况下，冬季和夏季送风量相同，一、二次回风量也不变，其空气处理流程如图 5-18 所示。

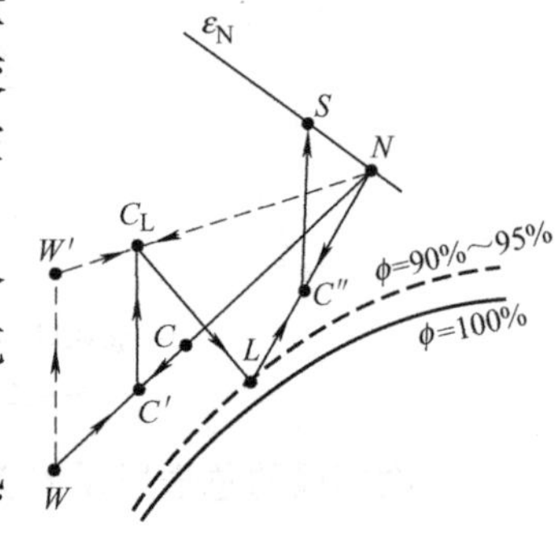

图 5-18　二次回风空调系统冬季工况图

室外空气状态 W 与室内一次回风混合到 C'点（或者先加热后混合，如图 5-18 中虚线所示），由于参与第一次混合的回风量少于一次回风空调系统的回风量，所以 $h_{C'}$值必然低于一次回风空调系统的混合点 C 的焓值 h_C。将 C'状态空气等湿加热到 h_L线上，然后绝热加湿到冬季露点，与二次回风混合到 C''，再由二次加热器加热到送风状态 S，其处理流程为

$$\left.\begin{matrix}W\\N\end{matrix}\right\rangle\rightarrow C'\rightarrow C_L\rightarrow\left.\begin{matrix}L\\N\end{matrix}\right\rangle\rightarrow C''\rightarrow S\rightarrow N$$

若是先加热后混合，其处理流程为

$$\left.\begin{matrix}W\rightarrow W'\\N\end{matrix}\right\rangle\rightarrow C_L\rightarrow\left.\begin{matrix}L\\N\end{matrix}\right\rangle\rightarrow C''\rightarrow S\rightarrow N$$

应当指出，对于同一空调工程，在冬季工况中，采用二次回风空调系统与采用一次回风空调系统相比，由于系统选用的新风量是一样的，所以它们的耗热量是相同的。

五、末端再热（或再冷）空调系统

这种类型的空调系统，在各个房间的送风支管上装有热交换器（可以是加热器也可以

是冷却器，也可以既有冷却器又串联或并联加热器的组合方式），以便根据房间的不同要求处理出不同的送风参数。

1. 末端再热（或再冷）空调系统流程图

如图5-19a所示，甲、乙两个房间的室内要求 N 相同，但热湿比 ε_1、ε_2不同。为了满足两个房间的要求，在通往两个房间的送风支管上安装了调节加热器。

2. 末端再热（或再冷）式空调系统的空气处理方案

末端再热（或再冷）式空调系统夏季运行时，由集中式空调器送出露点为 L、状态为 O_0的送风，由调节加热器给出不同的加热量，使甲、乙两房间分别得到 O_1和 O_2的送风，满足两房间不同的热湿比 ε_1、ε_2的要求，如图5-19b实线部分所示。此外，当某空调房间余热变化时（表现为 ε_1、ε_2也变化），也可由调节加热器相应改变加热量以抵消余热量变化的影响，仍能保持室内 N 点要求不变。

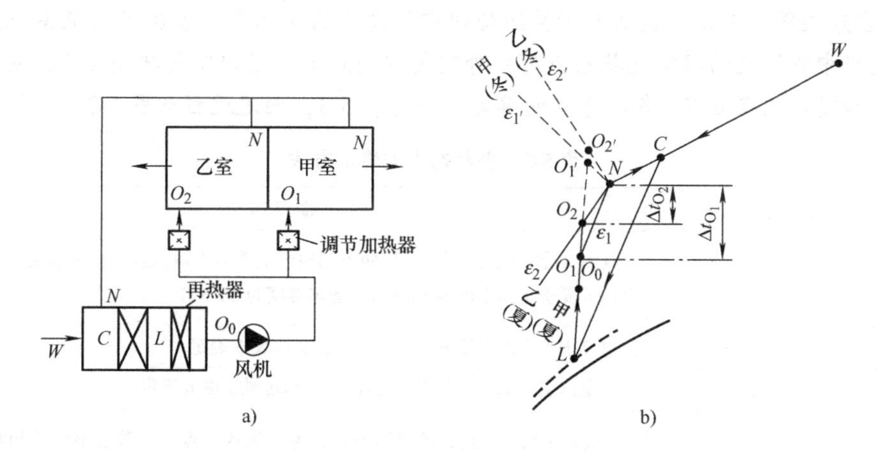

图5-19　用分室加热方法满足两个房间的送风要求

末端再热（或再冷）式空调系统在冬季运行时，由集中式空调系统送出为各房间需要的最低温度的热风，然后由调节加热器进行各房间温度的调节，使送风分别达到 $O_{1'}$和 $O_{2'}$，如图5-19b中虚线部分所示。这类空调系统的夏季流程为

$$\left.\begin{matrix}W\\N\end{matrix}\right\rangle \to C\to L\to O_0 \left\langle\begin{matrix}\to O_1\to N \\ \text{甲室}\\ \text{乙室} \\ \to O_2\to N\end{matrix}\right.$$

末端再热方案的优点是系统结构简单、工作可靠、操作方便，缺点是由于系统里增加了再热器和调节加热器，运行时多耗冷量和热量，经济性较差。

一般小型加热器用电加热器较多，大型的加热器用热水加热器较宜。

【典型实例1】 直流式空调系统、一次回风空调系统和二次回风空调系统的性能。

1）二次回风空调系统与一次回风空调系统相比，在新风比相同的情况下，两者的回风量也是相同的。

2）二次回风系统是将总的回风分成两部分，即一部分与新风混合，另一部分和经喷水室处理后的空气混合。

3）二次回风系统显然比一次回风系统复杂，调节也麻烦，同时增加了一根回风管道。

4）采取室内空气与一定的露点状态空气混合的方法，可直接得到 S 点，而不必在夏季起动再热器。

5）在夏季，二次回风空调系统节约了二次加热量，同时也节约了因抵消加热所消耗的冷量。

6）对于同一空调工程，在冬季工况中，采用二次回风空调系统与采用一次回风空调系统相比，由于系统选用的新风量是一样的，所以它们的耗热量是相同的。

【典型实例 2】在焓湿图上绘制集中式空调系统空气处理过程的方法步骤。

在焓湿图上绘制集中式空调系统空气处理过程的关键是在对系统空气处理过程进行分析的基础上确定湿空气状态点，状态点确定后用箭头按照系统的空气处理过程依次连接即可。下面以直流式空调系统为例加以说明。

1）在焓湿图上确定直流式空调系统处理空气过程的状态点。直流式空调系统夏季处理空气的过程中所涉及的湿空气状态点有室外空气状态点 W、室内空气状态点 N、室内空气机器露点 L 和送风状态点 S，各状态点的确定方法见表 5-3，确定过程如图 5-20 所示。

表 5-3　各状态点的确定方法

序　号	状态点名称	确定方法
1	W	查阅《空调设计手册》，按照不同地区夏季的干球温度和湿球温度确定，例如北京地区夏季干球温度为 33.8℃，湿球温度为 26.5℃
2	N	由要求的室内温度基数 t 和相对湿度基数 ϕ 确定
3	S	由室内空气状态点的等热湿比线 ε_N 和送风温度 t_S 确定
4	L	L 点为送风状态点 S 的机器露点，为送风状态点 S 的等含湿量线和相对湿度为 90% ~95% 的等相对湿度线的交点

2）按照系统的空气处理过程用箭头依次连接各状态点。直流式空调系统夏季处理空气的过程中所涉及的湿空气状态点 W、N、L、S 确定之后，用箭头按照其夏季处理方案 $W \rightarrow L \rightarrow S \rightarrow N$ 顺次连接 W、L、N、S 各点，如图 5-21 所示。

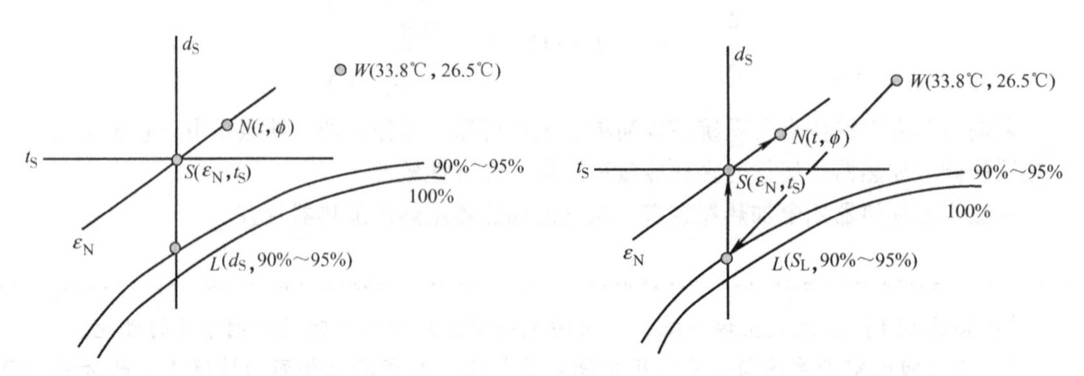

图 5-20　在焓湿图上确定直流式空调系统处理空气过程的状态点

图 5-21　用箭头依次连接各状态点

课题三 风机盘管加独立新风系统

风机盘管空调系统在国内外均得到了广泛的应用，例如宾馆、医院病房及高层办公楼等绝大部分都采用风机盘管加新风系统。风机盘管加新风系统属于半集中式空调系统，该系统既设有集中机房集中处理新风，又设有分散在各空调房间的末端装置——风机盘管机组。与集中空调系统不同，风机盘管机组一般采用在空调房间内就地处理回风的方式。这样经集中处理的新风送入空调房间，与被就地处理的回风相结合，以实现空调房间的温、湿度控制。

一、风机盘管加独立新风系统的组成

风机盘管加独立新风系统由空气处理设备、回风设施、排风设施、冷热源设施、冷热水输送设施、排放冷凝水设施和控制系统组成。

1. 空气处理设备

风机盘管加独立新风系统的空气处理设备为风机盘管和新风机组，均属于非独立式空调器，所起的作用是实现房间空气与载冷剂的换热。其主要由风机、肋片管式水—空气换热器和接水盘等组成。新风机还设有空气初效过滤器。

风机盘管是风机盘管空调机组的简称。普通风机盘管的构造如图5-22所示。

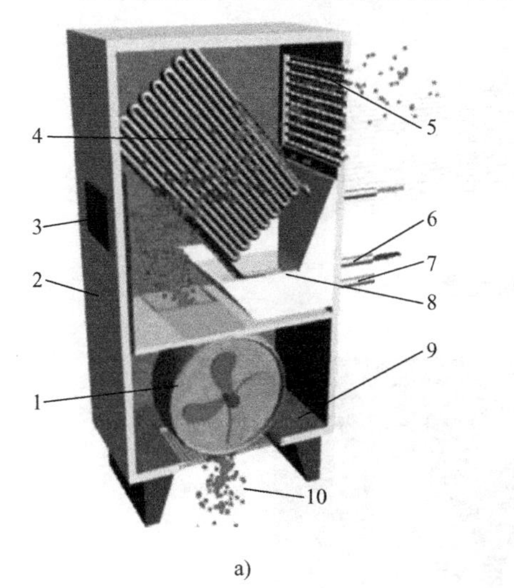

a)

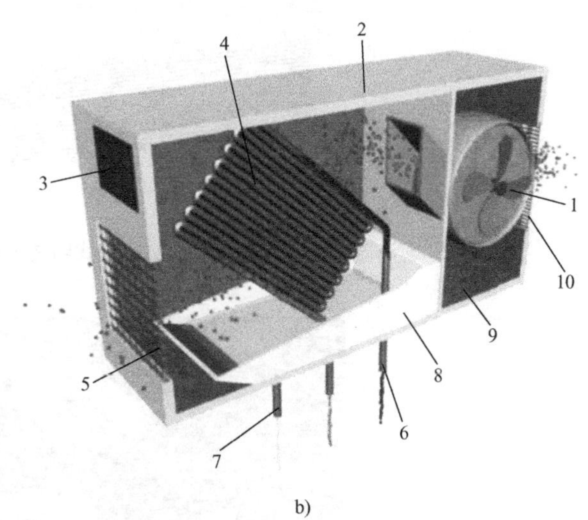

b)

图5-22 风机盘管的构造

a）立式风机盘管 b）卧式风机盘管

1—风机 2—箱体 3—控制器 4—盘管 5—出风格栅 6—冷媒 7—排水管 8—凝水盘 9—吸声材料 10—循环风进口及过滤器

风机盘管内部的电动机多为单相电容调速电动机，可以通过调节电动机输入电压使风量分为高、中、低三档，因而可以相应地调节风机盘管的供冷（热）量。

从结构形式看，风机盘管有立式（见图5-23和图5-24）、卧式（见图5-25和图5-26）、嵌入式（见图5-27）和壁挂式（见图5-28）等；从外表形状看，可分为明装（见图5-23、

图 5-25 和图 5-27）和暗装（见图 5-24 和图 5-26）两大类。随着技术的进步和人们对空调要求的提高，风机盘管的形式仍在不断发展，功能也不断丰富，如兼有净化与消毒功能的风机盘管，自身能产生负离子的风机盘管等。

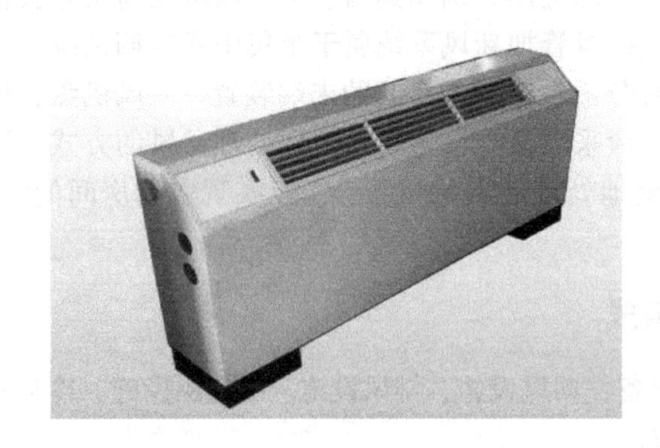

图 5-23　立式明装风机盘管

图 5-24　立式暗装风机盘管

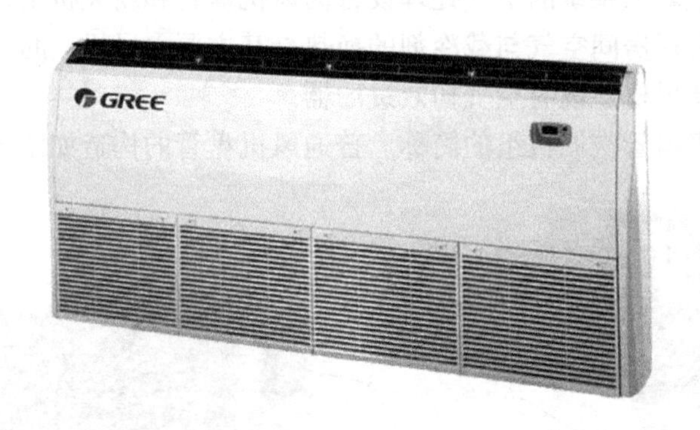

图 5-25　卧式明装风机盘管

图 5-26　卧式暗装风机盘管

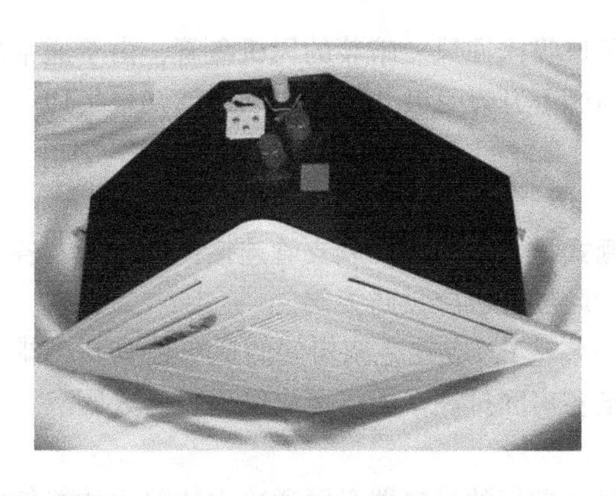

图 5-27　嵌入式风机盘管

图 5-28　壁挂式风机盘管

新风机一般是相对集中设置的，专门用于处理并向各房间输送新风。经新风机处理后的新风，通常设计为相对湿度为90% ~95%和与室内空气设计状态焓相等的状态。新风是经管道送到各空调房间去的，因此要求新风机具有较高的压头。当系统规模较大时，为了调节控制、管道布置和安装及管理维修的方便，可将整个系统分区处理。例如按楼层水平分区或按朝向垂直分区等。有分区时，新风机宜分区设置。系统规模较小不分区时，可整个系统共用一台或几台新风机。

新风机有落地式和吊装式两种，宜设置在专用的新风机房内。为节省占用的建筑空间，有时不设专用的新风机房，而是将新风机吊装在便于采集新风和安装维修的地方（如走廊尽头顶棚的上方等）。

房间新风的供给方式有两种。一种是通过新风送风干管和支管将经新风机处理后的新风直接送入空调房间内，风机盘管只处理和送出回风，让两种风在空调房间内混合，并吸收室内余热、余湿，达到要求的室内状态，这种方式称为新风直入式。该方式将新风送风口和风机盘管出风口并列，上罩一整体格栅。该形式管路简单，占地少，卫生条件好，易于装饰物结合，应用较多，如图5-29a所示，也有将新风口设在离风机盘管出口较远处，新风口为独立的单个喷口的送风方式。另一种是新风支管将新风送入风机盘管尾箱，让经新风机处理后的新风在尾箱中先与回风混合，再经风机盘管处理后送入房间，如图5-29b所示，这种方式称为新风串接式。该方式具有新、回风混合好，当部分房间不需要空调时节省处理新风费用的优点，但盘管的负荷会增加。

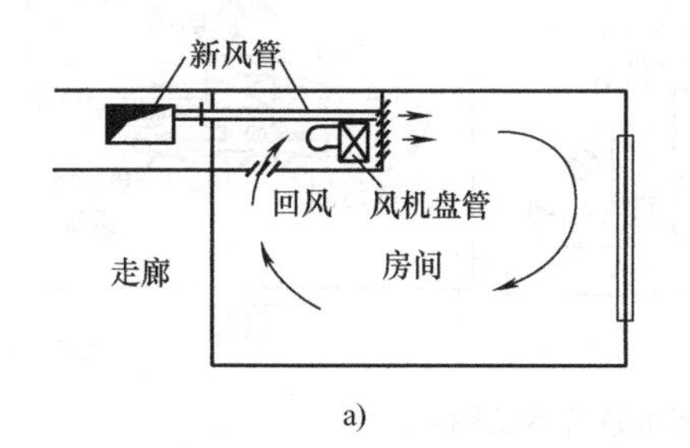

a)

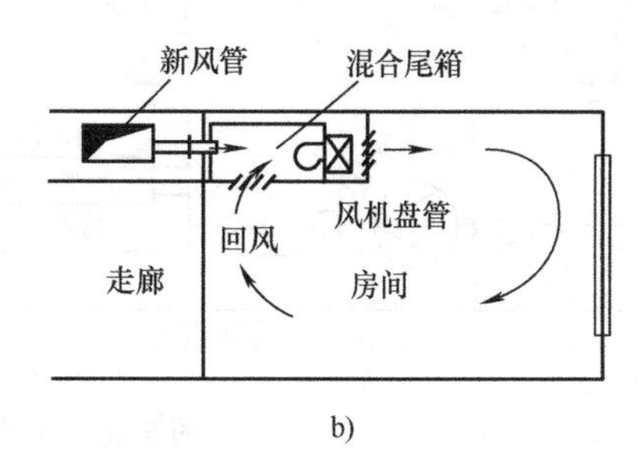

b)

图 5-29　新风直入式与串接式

a) 直入式　b) 串接式

2. 回风设施

明装的风机盘管可直接从机组自身的回风口吸入回风。暗装的风机盘管，由于通常吊装在房间顶棚上方，所以应在风机盘管背部的顶棚上开设百叶式回风口加过滤网采集回风，如图 5-29 所示。

3. 排风设施

客房大多设有卫生间，可在卫生间装顶棚式排风扇，用排风支管连接排风干管，各房间排风汇集于排风干管后用排风机排至室外。排风支管也应设防火阀。

对不设卫生间的空调房间（如普通小间办公室），应在空调房间的适当位置开设排风口并与排风管连通，用排风机向室外排风。连接各房间排风口的排风支管应设防火阀。

4. 冷热源设施

风机盘管和新风机都是非独立式的空调器，它们的换热器必须通冷水或热水才能使空气冷却去湿或加热升温。因此，风机盘管加新风系统必须有生产冷水和热水的设备：冷水机组和蒸汽—水式热水器或电热水器。现在已推广采用中央热水机组生产热水。

冷热源设备通常设置在专用的中央机房内。对有地下室的高层建筑，中央机房一般位于地下层内；若无地下层时，中央机房可设在建筑物内首层或与建筑物邻近的适当位置。

冷水机组的冷凝器，若采用风冷式时必须设置在室外；若采用水冷式时，则应将冷凝器的冷却水管与冷却水泵、冷却塔用管道串接成冷却水循环系统。冷却水泵置于中央机房内的水泵间，冷却塔置于室外的合适地方并应尽可能邻近中央机房。中央空调水系统如图 5-30 所示。

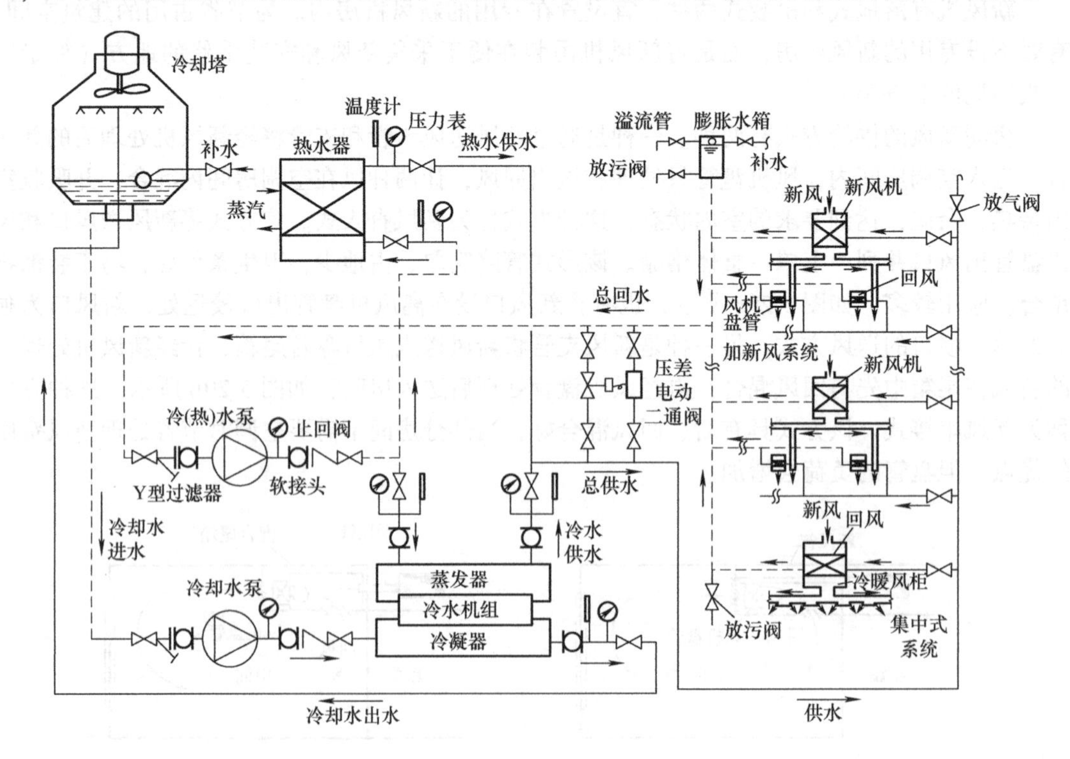

图 5-30　中央空调水系统示意图

采用蒸汽—水式热水器时，所需蒸汽由设在锅炉房中的锅炉产生，锅炉和热水器的换热管应用管路连接组成闭式循环系统。

5. 冷热水输送设施

冷水机组的壳管式蒸发器中生产的冷水和热水器生产的热水，必须经冷（热）水泵加压后，由供水管送至风机盘管和新风机（若建筑物内同时设有集中式系统时，还应送至非独立式风柜）。流经各种非独立式空调机换热盘管的冷（热）水，在使空气冷却去湿（或加热升温）后，水温将升高（或降低），应再经回水管流回冷水机组的蒸发器被重新冷却降温至所需的冷水供水温度（或流回热水器被重新加热升温至所需的热水供水温度），以使冷（热）水可循环使用，并减少能耗。因此，冷水机组蒸发器水箱（即蒸发器筒壳）或热水器水箱，需用供、回水管和冷（热）水泵、非独立式空调器的换热器盘管串接组成闭式的冷（热）水循环系统。对夏季只使用冷水、冬季只使用热水的空调系统，水泵及供、回水管是通过季节切换交替使用的，即双水管系统，是目前广泛应用的空调水循环系统。

对于既有集中式系统又有风机盘管加新风系统，且做分区处理的大型中央空调系统，常在中央机房中设置冷（热）水分水缸（器）和回水缸（又称集水器）。冷水机组生产的冷水或热水器生产的热水，先流至分水缸，再经与分水缸相连的各子系统或各区的供水干管送出；空调机回水则经各子系统或各区的回水干管先流回回水缸，再送入冷水机组蒸发器或热水器的水箱，这样更便于控制和管理。

为适应因水温变化引起的水体积变化的需要，应在系统的最高处设置膨胀水箱并与冷（热）水闭式循环系统相连通，这样也便于向系统充水。

为便于清洗和充水，空调循环水系统还应在适当位置设放污阀和放空气阀。冷（热）水泵置于中央机房内的水泵间。空调循环水系统的组成如图 5-30 所示。

6. 排放冷凝水设施

风机盘管和新风机通常都在湿工况下工作，它们的接水盘都应连接坡向朝下水管的冷凝水管，以便将表面式冷却器上凝结的水及时排放至下水管中。

7. 控制系统

各类设备的电动机都应设现场开关，以便测试检修时进行控制。

中央机房内应分隔出专用的控制室，在控制室内设配电屏及总控制台，以对各种电动设备进行遥测和遥控。总控制台上应设有各设备开关的灯光显示。

空调制冷系统通常由冷水机组、冷水泵、冷却水泵和冷却塔组成两套以上的既可独立运行又可相互切换的系统。各设备都应既能手动控制又能自动整套投入运行。任一设备发生故障，整套运行应能连锁，并可通过手动切换组合成新的系统。

新风机回水管路上设电动二通阀（比例调节），由新风机感温器根据新风温度变化自动控制阀的开度，调节流经新风机换热器盘管的水量。

风机盘管控制器设在各空调房间内，包括控制风机转速的三档开关和感温器。风机盘回水管上设电动二通阀（双位调节），由室温变化自动控制阀的开闭。

由于各非独立式空调器都设有电动二通阀，进行局部水量控制，因此空调冷负荷减小时，部分电动二通阀关闭，将回水量减小。进入冷水机组或热水器的水量低于额定水量较多时，冷水机组将因冷水温度过低而停车或热水器的出水温度太高而超过允许值。为保证回到冷水机组或热水器的水量不发生太大的变化，通常在冷（热）水的总供水管和总回水管（或分水缸与回水缸之间）设一旁通管，旁通管上装有压差电动二通阀，如图 5-30 所示。空调负荷减小时，压差电动二通阀将在总供水管与总回水管间压差的作用下开启，使部分供水经旁通管流回冷水机组或热水器。

此外，各子系统或各分区的供、回水干管上都应设手动调节截止阀，以便控制或检修。

二、风机盘管空调系统新风的获取方式

如图5-31所示，风机盘管空调系统新风的获取方式主要有渗入新风和排风、墙洞引入新风、由内部区域空调系统兼供周边区新风、独立新风系统四种方式。

1. 渗入新风和排风

图5-31a所示为渗入新风和排风方式，该方式初投资、建筑空间和运行费用省，新风量无法控制，新风洁净度无法保证，室内卫生要求难以保证。该方式适用于要求不高，旧建筑加装空调，或因地位限制无法布置机房和风道的建筑物等。

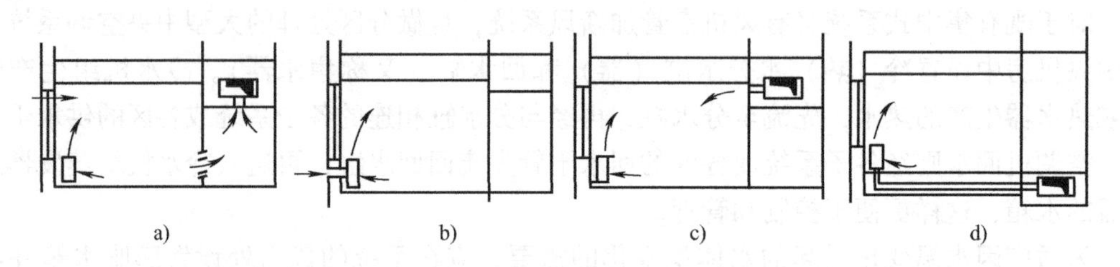

图5-31　风机盘管空调系统新风的获取方式

2. 墙洞引入新风

图5-31b所示为墙洞引入新风方式，该方式初投资费用低，节约建筑空间；噪声、雨水、污物容易进入室内，机组易腐蚀；室内空气量平衡易受破坏，温湿度不易保证，有风压的影响，高层建筑有烟囱效应的影响，室内新风不理想。该方式只适用于低层部分，或相邻楼房、墙壁构成的避风建筑或改造的旧建筑。

3. 由内部区域空调系统兼供周边区新风

如图5-31c所示，该系统省去了单独的周边新风系统，通风效果好，可适当去湿，初投资、运行费用、占用空间等均比单独设立新风系统节省。

4. 独立新风系统

图5-31d所示为独立新风系统，该方式初投资费用较大，通风效果好，风机盘管的冷量可充分发挥。该系统可用于旅馆客房、公寓和医院病房等，同时可与变风量系统配合使用在大型建筑物外区等。

三、风机盘管空调系统夏季处理空气的过程

新风的处理状态有新风处理到室内焓值和新风处理到低于室内焓值两种情况。新风的状态和新风的供给方式决定风机盘管系统空气的处理过程。

1. 新风直入式风机盘管空调系统的空气处理过程

（1）新风处理到室内焓值　图5-32所示为新风处理到室内焓值时，新风直入式风机盘管空调系统的空气处理过程。新风处理到室内等焓线与$\phi=90\%$的交点L，过室内状态点作ε线与$\phi=90\%$交于O点，O点为送风状态点，连接OL点并延长至M，使M点具备以下关系式

$$\frac{\overline{OM}}{\overline{LO}}=\frac{G_W}{G_F}$$

新风机组承担冷量为　　　　$Q_W = G_W(h_W - h_L)$

风机盘管承担冷量为　　　　$Q_F = G_F(h_N - h_M)$

风量为　　　　$G_F = G - G_W = \dfrac{\sum Q}{h_N - h_O} - G_W$

新风处理到室内焓值具有不承担空气负荷、新风不进入风机盘管、噪声和风机盘管型号均小、风机盘管处于湿工况运行、卫生条件差的特点。

（2）新风处理后的焓值低于室内焓值　新风不进入风机盘管，新风处理后的焓值低于室内焓值时的处理过程如图 5-33 所示，确定室内外状态点 N、W，过 N 点作 ε 线，与 $\phi = 90\%$ 相交点为送风状态点 O；作 ON 的延长线至 P 点，并满足

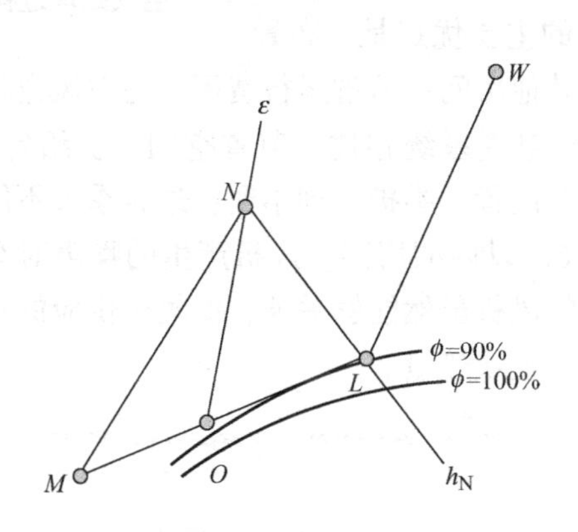

图 5-32　新风直入式新风处理到室内焓值时的夏季空气处理过程

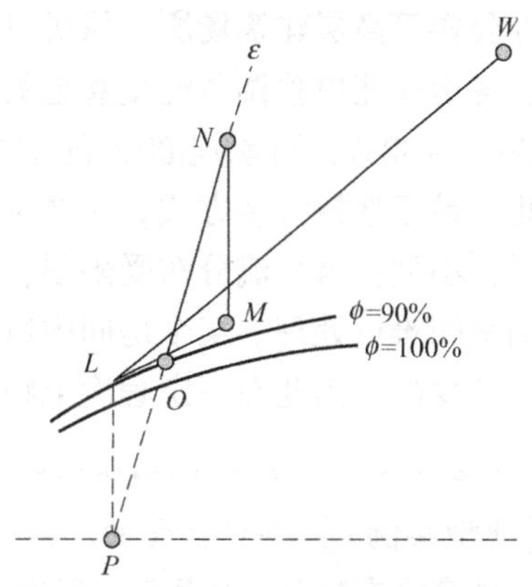

图 5-33　新风直入式新风处理后的焓值低于室内焓值时的处理过程

$$\frac{\overline{NO}}{\overline{OP}} = \frac{G_W}{G_F}$$

由 d_p 线与机器露点相交于 L，连接 LO 并延长与 d_n 相交于 M 点，M 点即为风机盘管出口状态点。

总风量　　　　$G = \dfrac{\sum Q}{h_N - h_O}$

风机盘管风量　　　　$G_F = G - G_W$

盘管承担冷量　　　　$Q_F = G_F(h_N - h_M)$

新风机组承担冷量　　　　$Q_W = G_W(h_W - h_L)$

由于新风处理后的焓值低于室内焓值，所以新风承担部分室内冷负荷和全部湿负荷；风机盘管噪声、负荷及风机盘管型号均小，风机盘管处于干工况运行，卫生条件较好。

2. 新风串接式风机盘管空调系统的空气处理过程

新风串接式风机盘管的空气处理过程，通常选择把新风处理到室内焓值，如图 5-34 所示。新风处理到室内等焓线与 $\phi = 90\%$ 的交点 L，过室内状态点作 ε 线与 $\phi = 90\%$ 交于 O 点，O 点为送风状态点，连接 LN，使 C 点具备以下关系式

$$\frac{\overline{NC}}{\overline{CL}} = \frac{G_W}{G_F}$$

新风机组承担冷量为　　　　$Q_W = G_W(h_W - h_L)$

风机盘管承担冷量为 $Q_F = G_F(h_C - h_O)$

风量为 $G_F = G = \dfrac{\sum Q}{h_N - h_O}$

在这种情况下，新风处理到室内焓值不承担空气负荷，但新风进入风机盘管，噪声、负荷及风机盘管型号均大；风机盘管处于湿工况运行，卫生条件差。

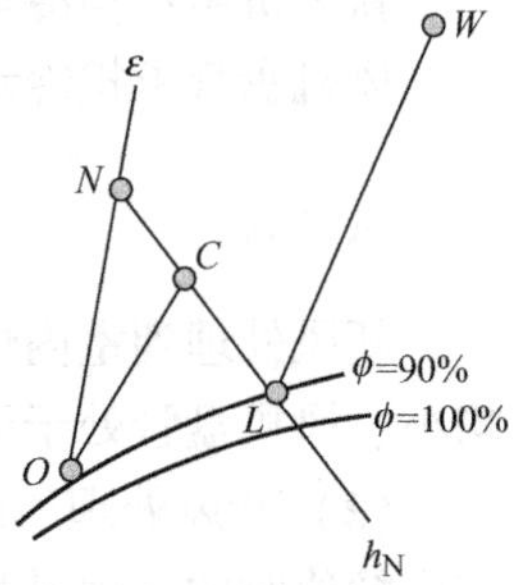

ε
W
N
C
φ=90%
φ=100%
L
O
h_N

图5-34 新风串接式空气处理过程

四、风机盘管空调系统的特性

风机盘管具有变负荷特性，通常适用于宾馆、公寓、饭店、医院、办公楼等高层建筑场所。风机盘管空调系统的主要优点是：布置灵活，各房间能单独调节温度甚至关闭，不影响其他房间；节省运行费用，与单风道相比可降低20%～30%；可承担80%的室内负荷；与全空气系统相比，节省空间；机组定型化，规格化，易于选择安装方式。其缺点是：机组分散设置，维护管理不便；过渡季节不能使用全新风；小型机组气流分布受限制，适用于进深6m以内的房间。风机产生的噪声对有较高要求的房间难以处理。某个房间内风机盘管机组的风机虽然能够关掉，但集中供应的冷热媒是不能减少的，因此在一定程度上将会继续消耗冷量或热量。

【典型实例1】 风机盘管的选择。

风机盘管有两个主要参数：制冷（热）量和送风量，故风机盘管的选择有如下两种方法：

（1）根据房间循环风量选择　房间面积、层高（吊顶后）和房间换气次数三者的乘积即为房间的循环风量。利用循环风量对应风机盘管高速风量，即可确定风机盘管型号。

（2）根据房间所需的冷负荷选择　根据单位面积负荷和房间面积，可得到房间所需的冷负荷值。利用房间冷负荷对应风机盘管的高速风量时的制冷量，即可确定风机盘管型号。

确定型号以后，还需确定风机盘管的安装方式（明装或安装）、送回风方式（底送底回，侧送底回等）以及水管连接位置（左或右）等条件。明装的多选择立式，暗装的多选择卧式，便于和建筑结构配合。暗装的风机盘管通常吊装在房间顶棚上方。风机盘管机组的风机压头一般很小，通常出风口不接风管。若由于布置安装上的需要必须接风管时，也只能接一段短管，或选用加压型的风机盘管。风机盘管侧送风的水平射程一般小于6m。顶棚式风机盘管可通过水平设置的散流器送风口送风。

风机盘管分散设置在各空调房间中，对于一般的住宅和办公建筑：房间面积在20m^{2}以下，可选用FP-3.5，房间面积在25m^{2}左右的选用FP-5.0，房间面积在30m^{2}左右的选用FP-6.3，房间面积在35m^{2}左右的选用FP-7.1。房间面积较大时，应考虑使用多个风机盘管；当房间单位面积负荷较大、对噪声要求不高时，可考虑使用风量和制冷量较大的风机盘管。

【典型实例2】 北京市电气工程学校实训楼风机盘管空调系统。

该实训楼共分为5层，每层面积为560m^2，不同楼层分割成大小不定的实训室，每个实训室安装不同数量、不同类型的风机盘管，该风机盘管的冷源设备采用活塞式冷水机组，其流程图如图5-35所示。

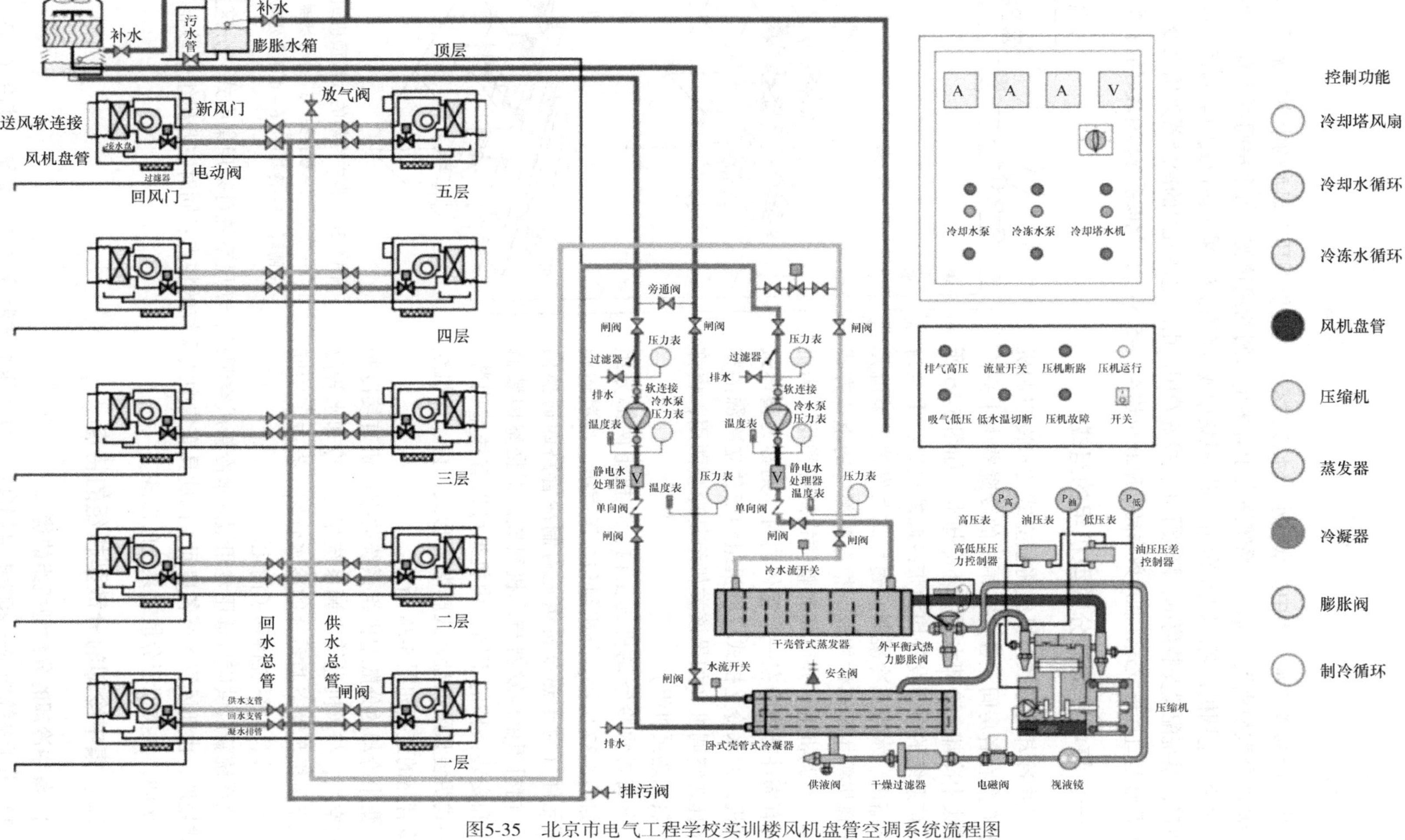

图5-35　北京市电气工程学校实训楼风机盘管空调系统流程图

课题四 集中冷却的分散型机组系统

中央冷却塔和水泵集中向众多小型水冷式空调机提供循环冷却水的中央空调系统称为集中冷却的分散型机组系统。该系统适合于有多个房间的建筑物，每个房间可配置一台或多台小型水冷式空调机，新风则由单独的新风机集中或分区供应。采用该形式的空调系统可免去中央机房，系统配置安装简单，降低了工程投资费用。由于空调机组的冷凝器采用水冷，处理空气的盘管是直接蒸发式，制冷效率高（EER 可达4.5~5.5），因此该系统具有较好的节能效果。

一、集中冷却的分散型机组的组成

集中冷却的分散型机组将独立式的水冷空调机分散布置在各房间，各台空调机的冷凝器由中央冷却塔集中冷却，冷却水泵循环冷却水，如图5-36所示。该系统的空调设备均为带冷源的机组，由全封闭压缩机、水冷式冷凝器、翅片式蒸发器、节流元件及风机等主要部件构成。根据各部件的组合方式不同，空调机组有分离式和整体式两种类型。当机组所有部件都集中在一个箱体内时，则称为整体式空调机，如水冷立柜式空调机组和带独立冷源的整体吊挂式空调机（如果该类机组是冷暖两用，也称为水热源热泵机组）。

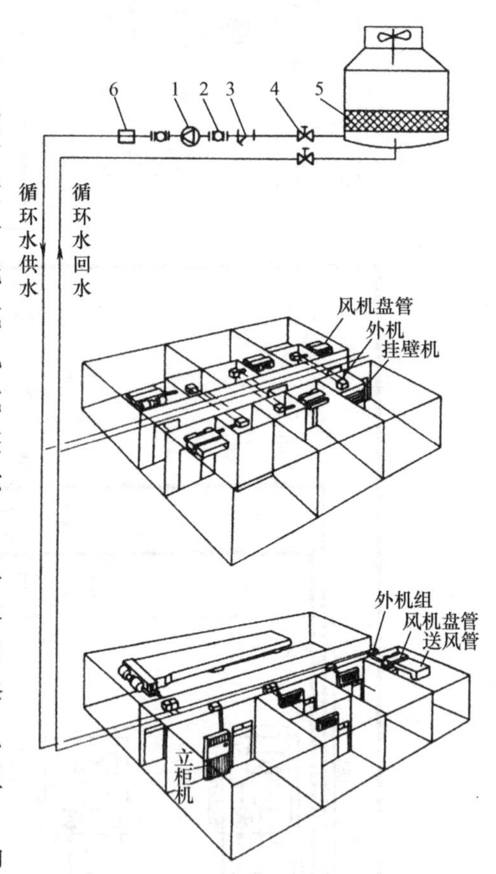

图5-36 集中冷却的分散型机组
1—水泵 2—软接头 3—水过滤器
4—闸阀 5—冷却塔 6—电子水处理仪

分离式水冷空调机则由内、外机组两部分组成，如图5-37所示。外机组包含压缩机、冷凝器及节流元件（对于热泵机组还有制冷管路四通换向阀）；内机组由蒸发器与风机组成，根据室内装修要求和安装条件的不同，内机组可以有挂壁明装、立柜式明装和风机盘管式暗装等形式。内、外机组制冷管路的连接如图5-38所示。

集中冷却的分散型机组系统的空调机直接冷却室内空气，与风机盘管空调系统相比，冷却水管路类似于风机盘管空调系统的冷水管路，省去了中间冷冻水环节，水系统得到了简化。

该系统新风供应可选用专用型的水冷新风空调机，新风系统可采用集中式、分区式或分层式处理，由新风管送至各房间，因此具有集中式系统的特点；同时空调机组分散布置于各空调房间，又类似于分散式系统的形式。

二、集中冷却的分散型机组的特点

1. 集中冷却的分散型机组的优点

1）由于系统的每一末端机组都自带独立的压缩式制冷（热）系统，其冷（热）量非集

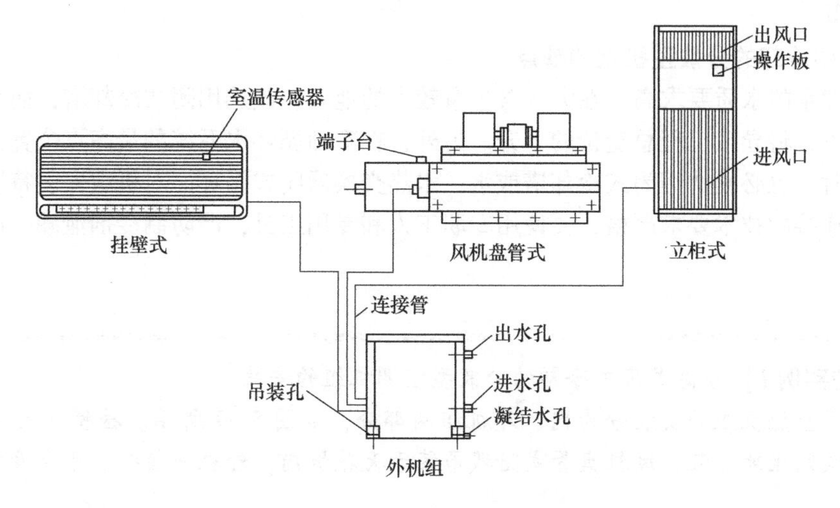

图 5-37 分离式水冷空调机的组成

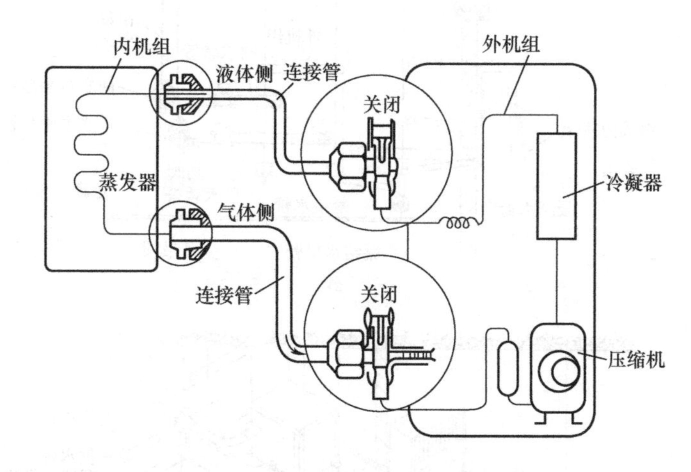

图 5-38 内、外机组制冷管路的连接

中供应，故不需设置中央机房，能节省空调占地面积。对于无地下室的建筑或没有预留中央机房的加建工程，很适合采用这种方式。

2）能实现各末端机组的单独控制，在系统使用率不高的情况下，节能效果显著。

3）各末端机组能独立设置电度表，可以解决中央主机式系统一直颇为棘手的各单元空调费用计算问题。

4）冷却水系统安装完毕后，末端机组可以根据工程进度逐步安装，即装即用，系统的总投资可以根据使用情况分期分批投入，以提高工程建设的经济效益。

5）室内安装的冷却水管无须保温，暗装在天花板内无滴冷凝水之忧，绝无一般中央主机式冷水管由于保温层破坏（多为年久老化剥离、鼠害等原因）漏冷、局部冷凝水滴穿天花板的现象发生。

6）该系统具有家用分体式空调的诸多优点，但无室外机悬挂于外墙，不破坏建筑物的外观装饰。

7）在使用同档次设备的条件下，集中冷却的分散型机组系统比一般中央主机式系统工程造价要低。

2. 集中冷却的分散型机组的缺点

对冷却水的水质要求高，在大气含尘量较大的地方应该选用闭式冷却塔，而闭式冷却塔的价格昂贵，将导致工程总造价的上升。另外，在冷却循环水系统的最高点位置无法安置开式冷却塔时，也必须选用闭式冷却塔或水—水热交换器闭式循环。对机组安装特别是内、外机组管路连接的技术要求严格，要使用专职工人和专用工具，严防制冷剂泄漏。设备之间不可切换。

【典型实例1】 分离式集中冷却的分散型空调机组的安装。

分离式空调机组的安装分为内、外机组两部分，如图 5-39 所示。挂壁式内机组挂墙安装，立柜式则坐地安装，风机盘管式暗藏吊装于天花板内，外机一般安装于走廊或卫生间天

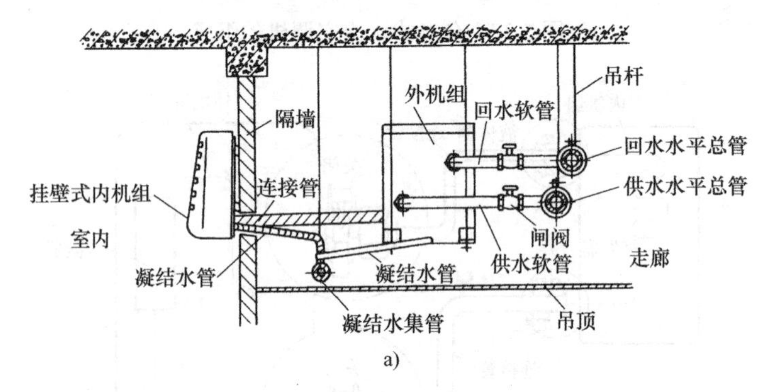

a)

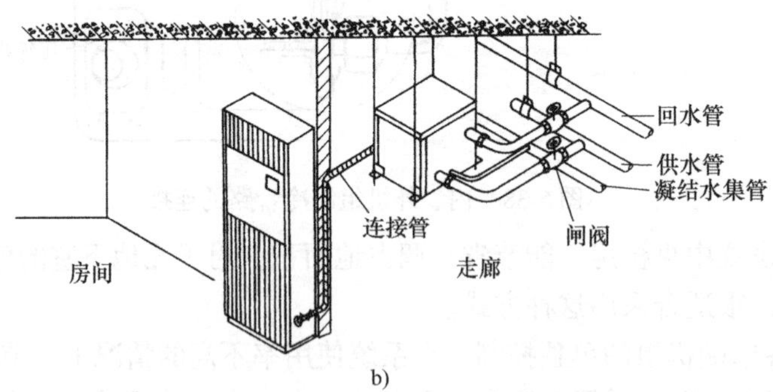

b)

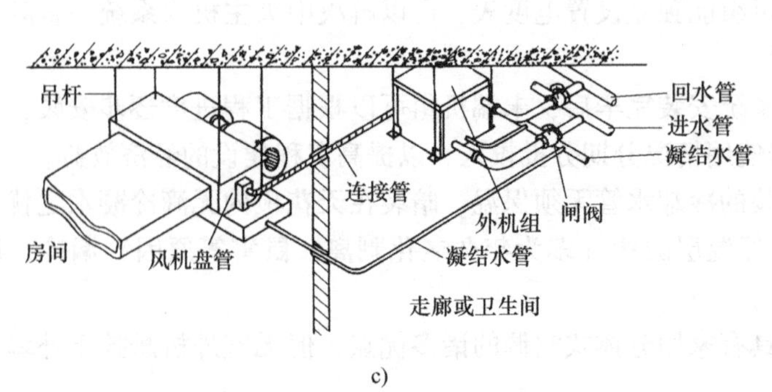

c)

图 5-39 分离式空调机组的安装

a）挂壁式机组 b）立柜式机组 c）风机盘管式机组

花板内。

【典型实例2】 整体式集中冷却的分散型空调机组的安装。

整体式空调机组的安装如图5-40所示，其与非独立式空调机（风柜）的安装相似，只不过其连接管是冷却水管而非冷水管。当用作新风机时，回风管接至室外。

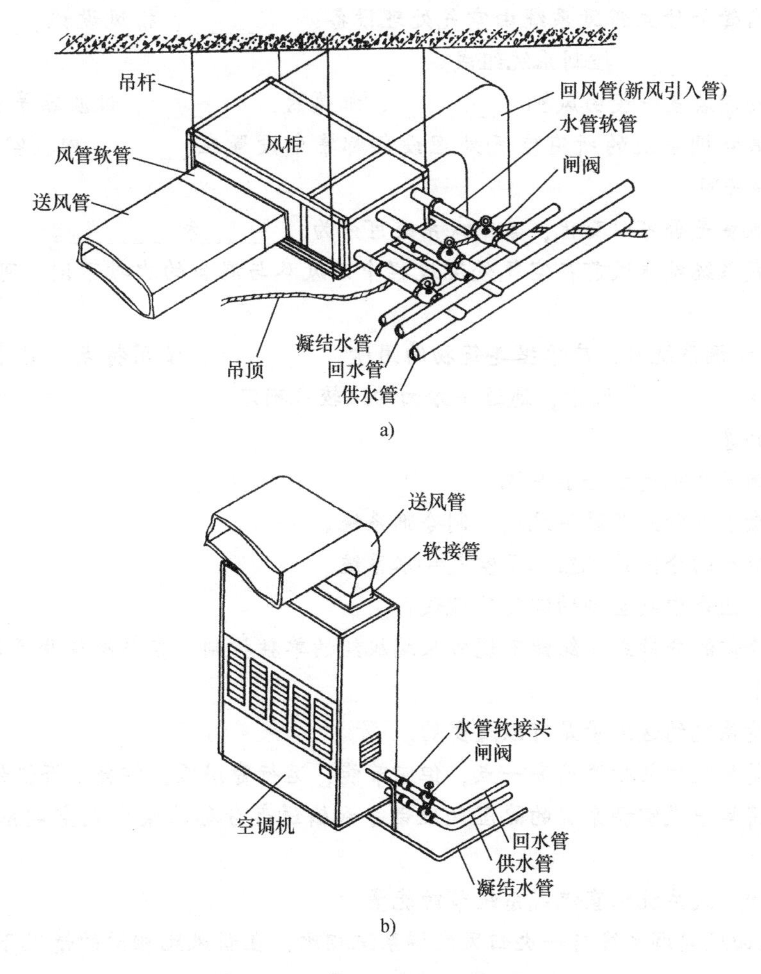

图5-40　整体式空调机组的安装

a）水冷整体吊挂式空调机（新风机）　b）水冷整体立柜式空调机

习　题

一、填空题

1. 按空气处理设备的设置情况不同，空调系统可分为________、________、分散式空调系统。

2. 按负担热、湿负荷所用的介质种类不同，空调系统可分为________、全水系统、________、制冷剂系统。

3. 按集中系统处理的空气来源不同，空调系统可分为________、直流式系统、________。

4. 一次回风系统由________、送风设施、________、排风设施、________、调节控制装置组成。

5. 风机盘管加独立新风系统由空气处理设备、________、排风设施、________、冷热水输送设施、________、控制系统组成。

6. 空气处理装置一般由风机、________、加热器、________、过滤器等组成。

7. 集中式空调系统的所有空气处理设备都集中设置在________内，空气经处理后由____送入空调房间。

8. 按送风量是否可以变化，集中式系统可分为________和________。

9. 混合式系统按送风前在空气处理过程中回风参与混合的次数不同，可分为________和________。

10. 选择空调系统时，应根据建筑物的用途、________、使用特点，室外________、负荷变化情况和________等因素，通过多方面的比较来确定。

二、判断题

1. 一次回风系统属于全水系统。 (　　)

2. 风机盘管加独立新风系统属于制冷剂系统。 (　　)

3. 集中冷却的分散式机组属于空气—水系统。 (　　)

4. 冷水机组是中央空调的空气处理设备。 (　　)

5. 集中冷却的分散式机组能实现各末端机组的单独控制，在系统使用率不高的情况下，节能效果显著。 (　　)

6. 定风量系统的送风量是可以改变的。 (　　)

7. 变风量系统的初投资虽高一点，但它节能，运行费用低，综合经济性好。 (　　)

8. 通常将集中式空调系统的热湿处理部分和输送部分称为集中式空调系统的空气处理设备。 (　　)

9. 一次回风式系统比直流式系统节约能量。 (　　)

10. 二次回风空调系统与一次回风空调系统相比，在新风比相同的情况下，两者的回风量也是相同的。 (　　)

三、简答题

1. 简述中央空调常用的分类方法和类别。

2. 简述风机盘管的类型和结构。

3. 画出表面式冷却器一次回风空调系统的流程图，并叙述其夏季空气处理过程。

单元六

空调风系统及设备

内容构架

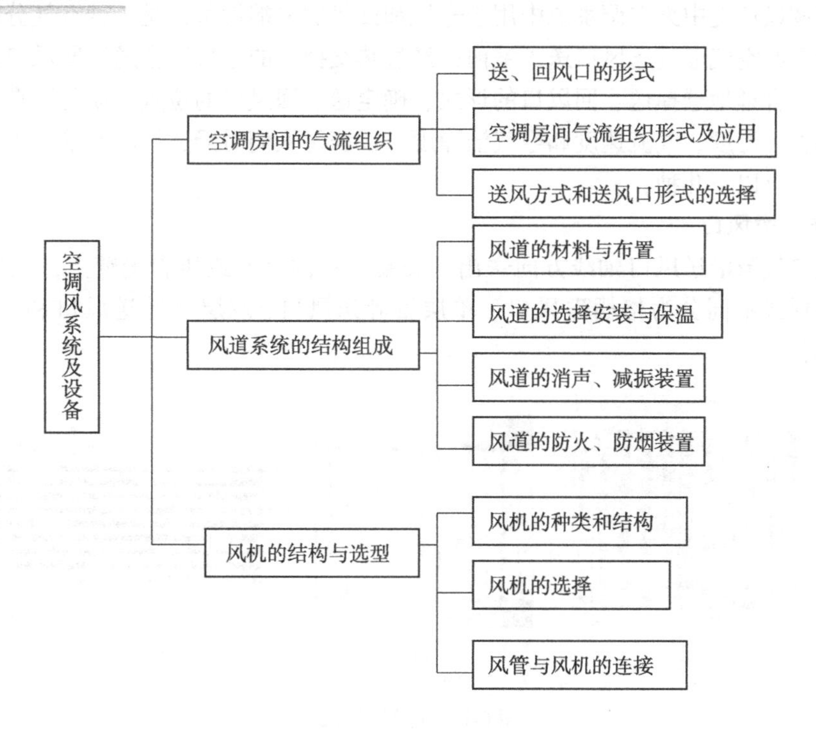

学习引导

目的与要求

- 知道空调通风系统的气流组织、风道系统的组成及风机的种类。
- 能说明不同的空调房间所采用的送风口类型。
- 会选择通风管道的安装形式及其安装方法。

重点与难点

- 学习难点：通风管道的选择及安装。
- 学习重点：空调通风系统的气流组织、风道系统的组成、风机的种类及空调房间所采用的送风口类型。

课题一 空调房间的气流组织

相关知识

所谓气流组织，就是在空调房间内合理地布置送风口和回风口，使得经过净化和热湿处理的空气由送风口送入室内后，在扩散与混合的过程中均匀地消除室内余热和余湿，从而使工作区形成比较均匀而稳定的温度、湿度、气流速度和结净度，以满足生产工艺和人体舒适度要求。

一、送、回风口的形式

中央空调风口是中央空调系统中用于送风和回风的末端设备，是一种空气分配设备。经过热、湿处理的空气通过送风口送入室内，经过热交换后的空气还会通过回风口回到空调系统进行处理。合理地选择送、回风口的形式，确定送、回风口的位置，就可以在整个房间形成均匀的温度、湿度、气流速度和空气洁净度，以满足人们对舒适性的要求。工程中常采用的送风口形式有以下几种：

1. 侧送风类风口

该类风口气流沿送风口轴线方向送出，安装于室内侧墙或风管侧壁上，适用于宾馆客房，按风口形式不同分为格栅送风口、单层百叶送风口、双层百叶送风口和条缝送风口，如图 6-1 所示。

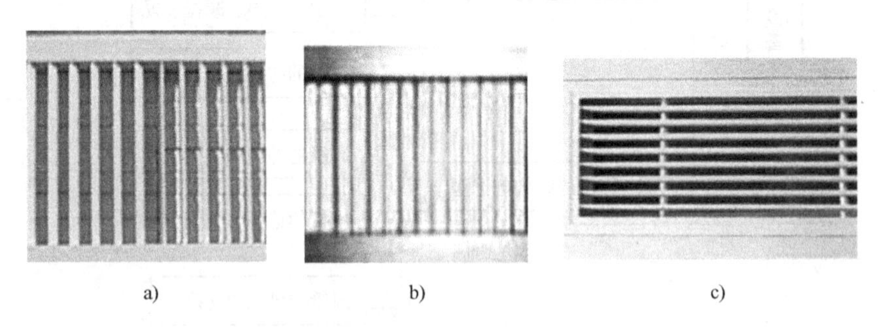

a)　　b)　　c)

图 6-1　侧送风类风口

a）双层百叶　b）单层百叶　c）侧壁格栅

1）侧壁格栅送风口。可用于回风口和新风口，风口后可加铝板网。

2）双层百叶送风口。也可直接与风机盘管配套使用，广泛用于集中空调系统的末端。此种送风口叶片角度可在 0～90°范围内任意调节，不同角度可得到不同的送风距离和不同的扩散角，并可配对开多叶调节阀，以控制风量。

3）单层百叶送风口。可调上下风向，回风口可与风口过滤网合用，叶片角度可以调节，叶片间有 ABS 塑料固定支架。在清洗固定式过滤网时可由滑道上取出过滤网，清洗后再从滑道推入后继续使用。

4）固定条缝送风口。用在供热及供冷的空调系统中，可安装在侧墙上或天花板上。

2. 散流器

散流器是空调系统中常用的送风口，具有均匀散流特性及简洁美观的外形，可根据使用要求制成正方形、长方形或圆形等，能配合任何天花板的装饰要求。散流器的内芯部分可从外框拆离，方便安装与清洗，后面可配风口调节阀，以控制风量。

散流器气流为辐射状向四周扩散，为贴附（平送）型，适用于吊顶送风系统。它通常装于房间天花板上，空气下送，能以较小风量供给较大的地面面积。

（1）方形散流器　它是空调系统中常用风口，气流属贴附（平送）型，具有均匀的散流特性及简洁美观的外形，可满足天花板的装饰要求。方形散流器的内芯可从外框分离，做回风时可配套过滤网，方便安装与清洗，后面可配调节阀，以控制风量的大小。

（2）圆形散流器　其结构为多层锥面形，吹出气流呈贴附（平送）型，且减速较快，相对任意大小面积来说可提供较大的风量。圆形散流器中间为活芯，方便装卸，同时也便于调整配套的圆形对开调节阀。

散流器的种类较多，但其结构基本相同。除了常用的方形散流器和圆形散流器之外，还有矩形散流器、圆环形散流器、圆形斜片散流器、圆盘散流器、条形活叶散流器、阶梯式旋流散流器和三面吹风散流器等，如图 6-2 所示。

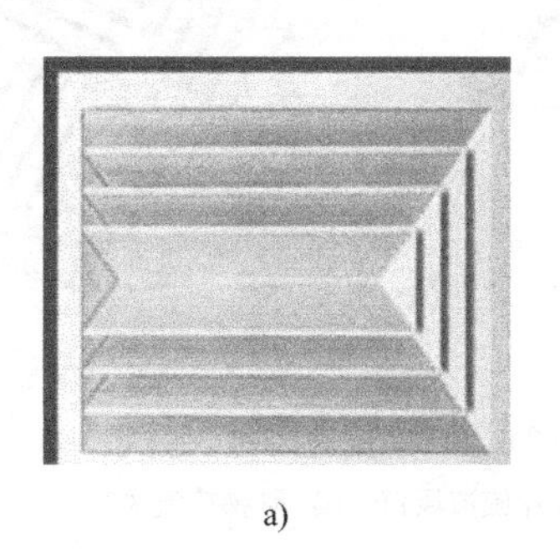

a)

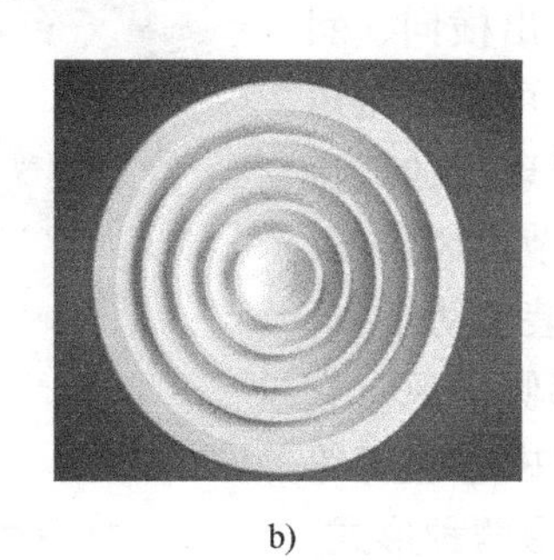

b)

c)

图 6-2　散流器

a）三面吹风散流器　b）圆形散流器　c）方形散流器

3. 喷射式风口

喷口送风是依靠喷口吹出的高速射流实现送风的方式。其特点是送风速度快，射程远，射流带动室内空气进行强烈混合，使射流流量成倍增加，射流断面不断扩大，速度逐渐衰减，并在室内形成大的回旋气流，从而确保工作区获得均匀的温度场和速度场。

球形可调风口是一种喷口型送风口，高速气流经过阀体喷口对指定方向送风，气流喷射方向可在顶角为 35°的圆锥形空间内方便地进行前、后、左、右调节，气体流量也可通过阀门开合程度来调节。其送风噪声低而射程长，适用于高大层顶高速送风或局部供冷的场合，如机场候机大厅、室内体育场和宾馆厨房等场合，如图 6-3 所示为其工程图。

图 6-3　球形可调风口工程图

4. 孔板送风口

空气经过开有若干圆形或条缝形小孔的孔板进入房间，这种风口形式称为孔板送风口。其特点是射流的扩散和混合较好，射流的混合过程很短，温差和风速衰减快，因而工作区温度和速度分布均匀。孔板送风时，风速均匀且较小，区域温差也很小。因此，对于区域温差和工作区风速要求严格、单位面积送风量比较大、室温允许波动范围较小的有恒温及净化要求的空调房间，宜采用孔板送风的方式。

5. 旋流送风口

旋流送风口是依靠起旋器或旋流叶片等部件，使轴向气流起旋，形成旋转射流，由于旋转射流的中心处于负压区，能诱导周围的大量空气与之混合，然后送至工作区。旋流送风口送出旋转射流，具有诱导比大、风速衰减快的特点，在通风空调系统中可做大风量、大温差送风，以减少风口数量。旋流送风口安装在天花板或顶棚上，可用于3m以内低空间，也可用于大高度、大面积送风，高度甚至可达10m以上。旋流送风口有可调叶片旋流风口和阶梯旋流风口两种形式，如图6-4所示。

可调叶片旋流风口适用于大空间，顶送风。它由固定叶片、可调叶片和散流圈组成，叶片在不同的位置可送出横向、斜面或垂直方向的气流。其叶片可调，送风温差在10~15℃范围内可获得理想的气流状态，原理为根据送风温差调节出风角度，叶片可通过手动、电动或气动装置动作。

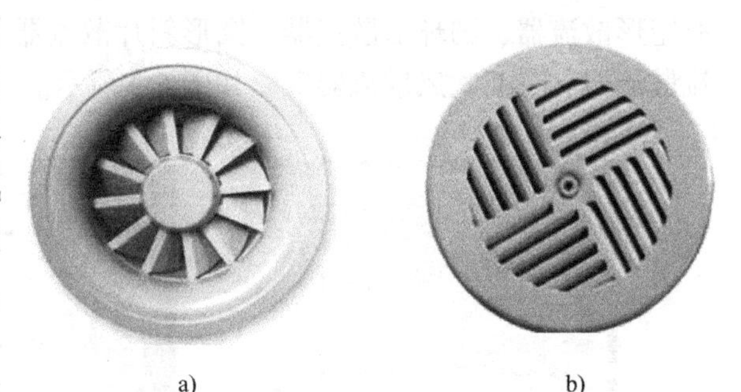

a)　　b)

图6-4　旋流送风口

a）可调叶片旋流风口　b）阶梯旋流风口

阶梯旋流风口适用于下部侧送风。它由钢板制成，由面板、支架和中心螺钉等几部分组成，面板分圆形和方形两种形式。其出风面板有四个出风断面，互成90°，以产生旋转气流。

6. 回（排）风口

由于回（排）风口的汇流场对房间气流组织影响较小，因而它的形式也比较简单，有的只在孔口加一金属网格，也有装格栅和百叶的，通常要与建筑装饰相协调。

回（排）风口的形状和位置根据气流组织要求而定。若设在房间下部时，为避免灰尘和杂物被吸入，风口下缘离地面至少为0.15m，风速也应取得低些。回风口可以采取简单形式，但一般要求应有调节风量的装置。

二、空调房间气流组织形式及应用

建筑物内空调效果的好坏及其经济性，不仅取决于风温、风量，还与空调房间的气流组织有关。空调房间内气流分布与送风口的形式、数量和位置，回（排）风口的位置，送风参数（送风温差、送风口速度），风口尺寸，空间的几何尺寸及污染源的位置和性质等有关。房间内合理的气流组织主要取决于送风口的形式和位置。目前，常见的气流组织形式有侧送侧回式、上送下回式、上送上回式、下送上回式和中送风式。

1. 侧送侧回式

目前用得最多的送风方式就是侧送侧回式。它是指依靠侧面风口吹出的射流实现送风的

方式。送风口（如百叶风口等）布置在房间上部的侧墙处，回风口布置在房间下部或房间上部的侧墙处，使整个空调区处在回流之中，从而获得比较均匀而稳定的温度场和速度场。侧送贴附射流必须要有足够的贴附长度，侧送风口安装得离顶棚越近，越有利于贴附射流，送风口上缘离顶棚距离较大时，送风口处设置向上倾斜10°～20°的导流片，如图6-5所示。其特点是送风均匀，且可以有较大的送风温差。它采用的送风口的形式有格栅送风口、喷射送风口、单层和双层百叶送风口等。

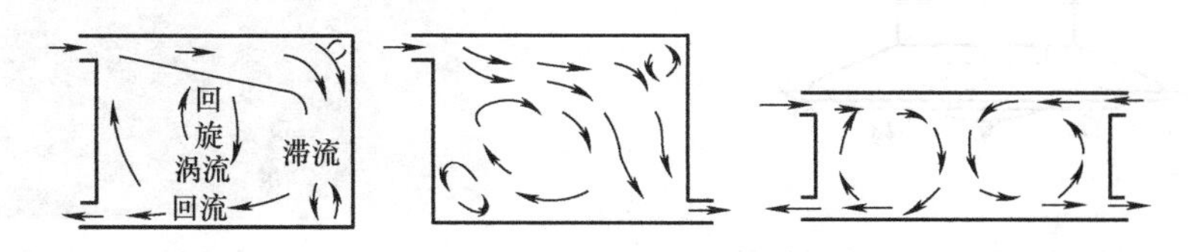

图6-5　侧送侧回风

侧送方式具有布置简单、施工方便、投资节省的优点，能满足房间对射流扩散、温度和速度衰减的要求，广泛地用于一般舒适性空调房间的送风，其中侧送贴附送风方式具有射程长、射流衰减充分等优点，用于高精度的恒温空调工程。

2. 上送下回式

上送下回式送风口位于房间上部，回风口则置于房间的下部。其基本形式如图6-6所示，此种方式的送风气流在进入工作区前就已经与室内空气充分混合，易于形成均匀的温度场和速度场，且能有较大的送风温差，从而降低送风量，是最基本的气流组织形式。

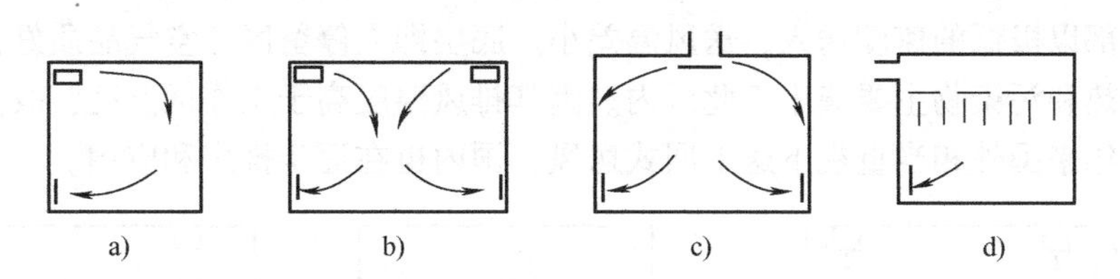

图6-6　上送下回风

3. 上送上回式

图6-7所示为三种上送上回气流组织形式。这种气流分布形式主要适用于以夏季降温为主、且房间层高较低的舒适性空调系统。其特点是可将送回风管道集中布置在上部，且可设置吊顶，使管道暗装。

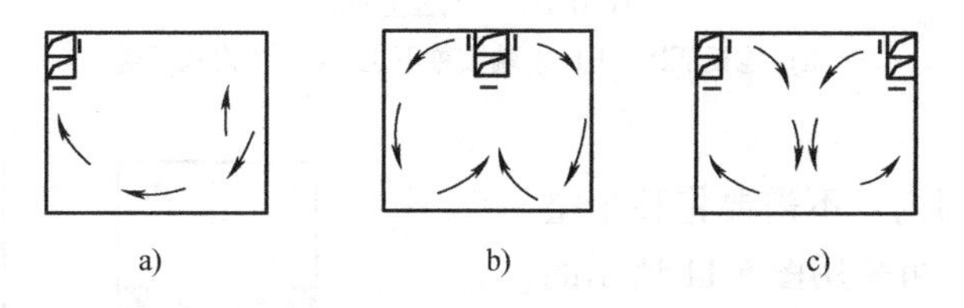

图6-7　上送上回风

a）单侧上送上回　b）贴附散流器上送上回　c）异侧上送上回

其中送回（吸）两用型散流器的结构如图6-8所示，旋流风口上送风工程如图6-9所示。

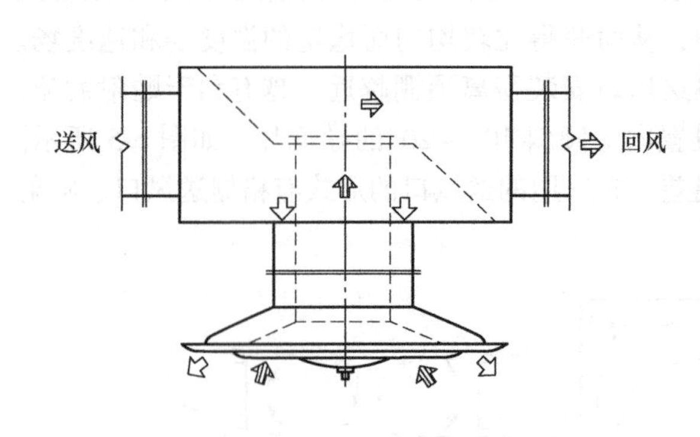

图 6-8　送回（吸）两用型散流器

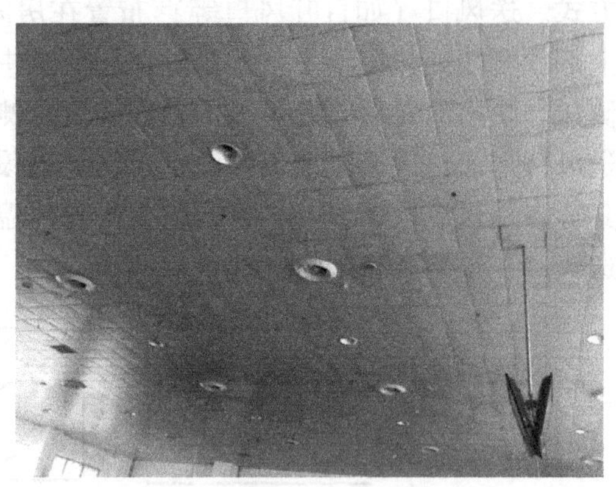

图 6-9　旋流风口上送风工程

4. 下送上回式

下送风的气流由地面或侧墙下部位置处送出，在向上流动过程中仅吸收扩散在工作区的热（湿）量，经混合后再通过空调气流，将工作区发生的热（湿）量在上部混合后排出房间，室内空气品质好，能耗是传统空调系统能耗的 34%，并且地板送风系统仅需处理整个空调房间显热得热的 64%。因此，空调下送风系统作为一种较好的空调节能方式得到了迅速的发展。

下送上回式送风适用于室内余热大，且靠近顶棚的空间。如图 6-10 所示的三种气流组织形式中，除末端装置下送方式外，送风直接进入工作区，在置换通风系统中，新鲜的冷空气由房间底部以极低的速度送入，送风温差小。底层即人停留区，空气品质好；顶层为高温空气区，余热和污染物主要集中于此区内。因其排风温度高于工作区温度，故具有一定的节能效果。近年来国外相当重视下送上回式送风，国内也在逐步推广和应用。

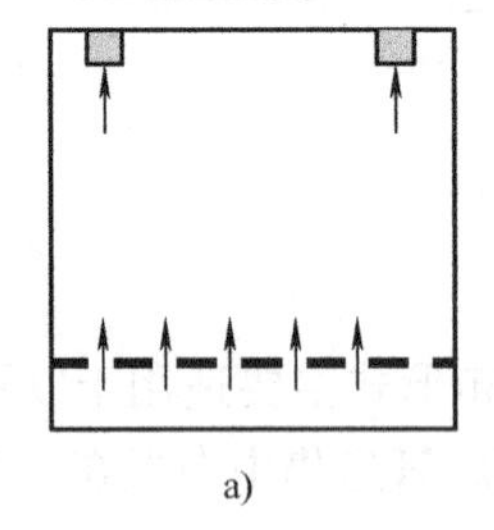
a)

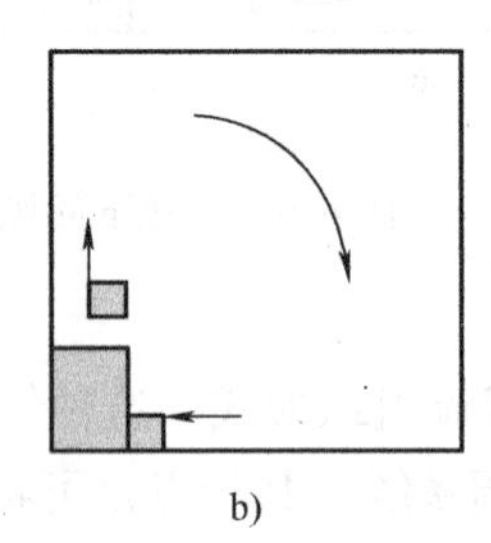
b)

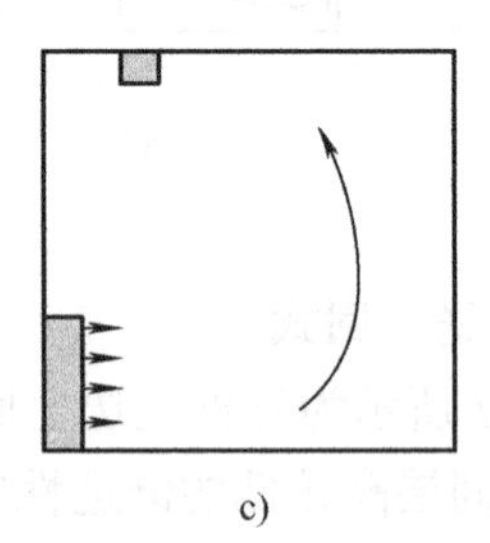
c)

图 6-10　下送上回式
a）地板下送　b）末端装置下送　c）置换式下送

5. 中送风式

在某些高大空间内，不需要将整个空间作为主调控制区，可采用图 6-11 所示的中送风式，以节省能量。但是，该种方式会造成空间温度分布不均，存在温度“分层”现象。

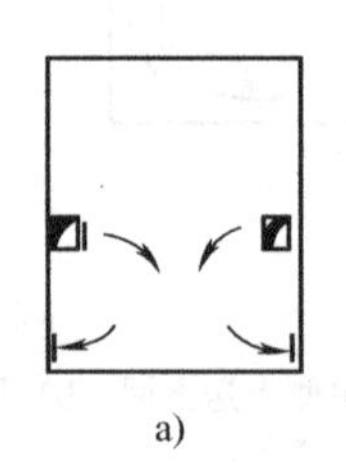
a)

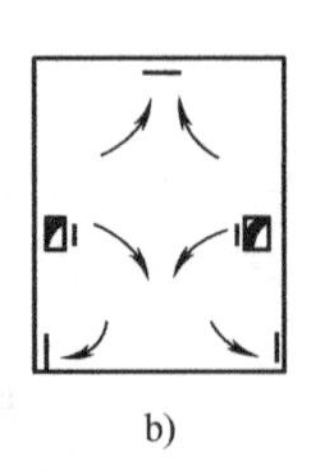
b)

图 6-11　中送风式

三、送风方式和送风口形式的选择

中央空调的空调房间送风方式和送风口形式的选择，应遵循以下原则：

1）当室内对温度、湿度的区域偏差无严格要求时，宜采用百叶风口或条缝型风口进行侧送；当室温允许波动范围≥±1℃时，侧送气流宜贴附；当室温允许波动范围≤0.5℃时，侧送气流应贴附。

2）当空调房间内的工艺设备对侧送气流有一定阻挡或单位面积送风量过大、致使工作区的风速超出要求范围时，不应采用侧送方式。

3）当建筑物层高较低、单位面积送风量较大，且有吊平顶可供利用时，宜采用圆形、方形或条缝形散流器进行下送，或采用孔板下送。

4）当单位面积送风量很大，而工作区又需要保持较低风速或对区域温差有严格要求时，应采用孔板送风。

5）对室温允许波动范围等于或大于1℃的高大厂房或层高很高的公共建筑，宜采用喷口送风。喷口送风时的送风温差宜取8～12℃，送风口高度宜保持6～10m。

6）当送风量很大，无法安排过多的送风口，或需要直接向工作区送风时，宜采用旋流风口送风。

7）当室内的散热量较大，且产热设备的上部带排热装置时，宜采用地板下送风。

8）侧送风口的设置，宜沿房间平面中的短边分布；当房间的进深很长时，宜采用双侧对送，或沿长边布置风口。

9）设计贴附侧送流型时，应采用水平与垂直两个方向均能进行调节的双层百叶风口。双层百叶仅供调节气流流型用，不能用以调节送风量。因此，在风口之前（顺气流方向）应装设对开式风量调节阀。

【典型实例1】科技馆空调的设计。

由于使用要求各异，系统划分复杂，空调设计中应充分考虑其功能、使用时间、工程实际情况等因素，使空调系统达到使用灵活、管理方便、费用节省的目的。在空调设计中，考虑展厅的通用性，风口布置高度为6m，采用可调型圆形散流器上送风、侧上回风（回风口高度在4m）的空调气流组织。

共享空间由于建筑布置各层为跌落式平台，每层平台高度为10m，共享空间高度为40m。此区域空调气流组织采取分区空调方式，在各层上设置空调送风喷口，侧送风、下回风的空调气流组织，喷口喷射距离为10～25m，覆盖下部空调区域，位于空调上部的区域则采取排风形式将室内的余热排出，有楼层部分空调区域采取可调型圆形散流器顶送风。空调负荷和空调气流组织按分区空调进行计算，同时在近一层周边玻璃幕墙地面处设置置换通风，解决幕墙空调负荷问题，确保空调区域的空调效果。

【典型实例2】医院空调的设计。

医院洁净手术室空调系统主要用以控制手术室内温度、湿度、气流、细菌以及有害气体，起到保护手术部位，防止发生术后感染的作用。对于某些手术，如矫形手术、器官移植手术等，空气净化程度对于降低术后感染具有显著的效果。单纯依靠化学消毒与药物控制术后感染的方法已经不符合时代的要求，空气洁净技术作为过程控制保障体系的重要环节已逐步为外科手术抗感染控制所接受。增大送风口面积，增加回风口数量既可以扩大主流区的单向流区域面积，同时可以减少室内旋涡与手术区速度场的乱流度。夏季设计工况下采用二次回风系统可以达到降低能耗的目的，同时符合“湿度优先控制”的理念。

【典型实例 3】 某商场空调风系统的设计。

在空调的送风系统中，办公室的送风形式采用风机盘管 + 新风对室内进行空气调节，购物广场内采用吊顶式空气处理机 + 新风的形式对室内进行空气处理。各空调区域的送风口形式结合现场天花板装修情况采用方形散流器风口下送风及双层百叶风口侧送风，送风口风量均匀，风口平均风速为 2. 8m/s；回风形式采用百叶回风口上回，风机盘管回风口风速为 0. 8m/s，吊顶式空气处理机回风口风速为 3. 6m/s。在吊顶式空气处理机连接的送风系统中，由于风量较大，风机风压及产生的噪声也相对较高。为了降低系统风压及噪声对室内环境产生的影响，风机的出风口处接消声静压箱，回风口处接消声回风箱。

课题二　风道系统的结构组成

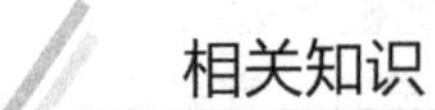

相关知识

一、风道的材料与布置

1. 风道的材料

风管在通风系统中起着容纳、分配、控制空气流动的作用。工程中常见的风管形状一般为圆形或矩形。圆形风管的强度大，耗材少，但加工工艺复杂，占用空间大，与风口的连接较困难，一般多用于排风系统和室外风干管，如图 6-12 所示。矩形风管加工简单，易与建筑物结构吻合，占用建筑高度小，与风口及支管的连接也比较方便。因此，空调送风管和回风管均采用矩形风管，如图 6-13 所示。按空调风管的制作材料分，目前常见的风管主要有以下四种：

图 6-12　空调圆形风管

图 6-13　空调矩形风管

(1) 镀锌薄钢板风管　它是最早使用的风管之一，采用镀锌薄钢板制作，适合含湿量小的一般性气体的输送，具有容易生锈、须加设保温材料和消声功能、制作安装周期长的特点。

(2) 无机玻璃钢风管　它是较新的风管类型，采用玻璃纤维增强无机材料制作，遇火不燃，耐腐蚀，分量重，硬度大但较脆，受自重影响易变形酥裂，无保温和消声性能，制作安装周期长。

(3) 复合玻纤板风管　近年的风管类型，以离心玻纤板为基材，内敷玻璃丝布，外敷防潮铝箔布（进口板材为内涂热敏黑色丙烯酸聚合物，外层为稀纹布/铝箔/牛皮纸），用防火黏结剂复合干燥后，再经切割、开槽、黏结加固等工艺而制成，根据风管断面尺寸、风压大小再采用适当的加固措施。

(4) 纤维织物风管　又常被称为布袋风管、布风管、纤维织物空气分布器，是目前最新的风管类型，是由特殊纤维制成的柔性空气分布系统，是替代传统送风管、风阀、散流器、绝热材料等的一种送出风末端系统。它主要靠纤维渗透和喷孔射流的独特出风模式均匀送风，具有以下优点：面式出风，风量大，无吹风感；整体送风分布均匀；防凝露；易清洁维护，健康环保；美观高档、色彩多样，个性化突出；质量轻，屋顶负重可忽略不计；系统运行宁静，改善环境品质；安装简单，缩短工程周期；安装灵活，可重复使用；全面节省系统成本，性价比高等。

空调通风系统中的送风管、回风管等需加设保温结构，常用的保温结构由防腐层、保温层、防潮层和保护层组成。防腐层一般为1~2道防腐漆。保温层目前为阻燃性聚苯乙烯或玻璃纤维板，以及较新型的高倍率独立气泡聚乙烯泡沫塑料板，其具体厚度请参考有关设计手册。保温层和防潮层都要用钢丝或箍带捆扎后，再敷设保护层。保护层可由水泥、玻璃纤维布、木板或胶合板包裹后捆扎。设置风管及制作保温层时，应注意其外表的美观和光滑，尽量避免露天敷设和太阳直晒。

2. 空调风道的布置原则

1) 在布置空调系统的风道时应考虑使用的灵活性。当系统服务于多个房间时，可根据房间的用途分组，设置各个支风道，以便于调节。

2) 风道的布置应根据工艺和气流组织的要求，采用架空明敷设，也可以暗敷设于地板下、内墙或顶棚中。

3) 风道的布置应力求顺直，避免复杂的局部管件。弯头、三通等管件应安排得当，管件与风管的连接、支管与干管的连接要合理，以减小气流阻力和噪声。

4) 风管上应设置必要的调节和测量装置（如阀门、压力表、温度计、风量测定孔、采样孔等）或预留安装测量装置的接口。调节和测量装置应设在便于操作和观察的地方。

5) 风道布置应最大程度地满足工艺需要，并且不妨碍生产操作。

6) 风道布置应在满足气流组织要求的基础上，达到美观、实用的原则。

二、风道的选择安装与保温

1. 风道的选择安装

为便于与建筑结构、室内装修配合，风道的安装大多采用矩形风道，尽可能按照全国通用风道规格采用矩形风管的两边及厚度。矩形风管断面的宽高比尽量小于3.5，不应大于8。

1）尽量缩短风管管线，减少分支管线，避免复杂的局部构件。

2）要便于施工和检修，恰当处理好与空调水、消防水管系统及其他管道系统在布置上可能遇到的矛盾。

3）当一个风道系统服务多个房间时，可根据房间用途分为几组分支风道，以便于调节和控制。

4）根据房间建筑面积、结构、形状、装修要求和气流组织形式，选择合适的送、回风口形式，确定风口布置方案及个数。

5）支吊架的形式应根据风管截面的大小及工程的具体情况选择，必须符合国家标准图的要求。

6）支吊架的间距：不保温时，大边长小于400mm时水平安装不超过4m，大边长大于400mm时水平安装不超过3m；垂直安装不超过4m，并设置不少于两个固定件；保温风管支吊架间距一般不大于2.5m。

7）矩形保温风管的支吊、托架宜设在保温层外部，并且在保温风管与支吊托架间隔以木垫，木垫厚度与保温层相同，木垫应预做防腐处理。

8）支吊托架的预埋件或膨胀螺栓的位置应正确，埋入时必须保证结合牢固。

2. 风道保温

根据目前常用的保温材料不同，风道保温多采用粘贴法及钉贴法。

（1）粘贴法　主要是当采用聚苯乙烯泡沫塑料板做保温材料时，可将保温板直接粘贴在风管外壁上，胶粘剂可采用乳胶、101胶、酚醛树脂等，然后包扎玻璃丝布，布面刷调和漆（或防火涂料或包塑料布）。粘贴保温板时，应接缝严密，贴实粘牢，保温板切割整齐。采用聚氨酯泡沫塑料硬板也可进行粘贴。

（2）钉贴法　钉贴法是目前经常采用的一种保温方法，首先将保温钉粘在风道外壁上，然后再将保温板紧压在风道上，露出钉尖（见图6-14）。保温钉形式较多，有金属、尼龙或在现场用镀锌钢板自制的。一般要求保温钉在矩形风道底面上的间距约为200mm，侧面约为300mm，顶面以300~400mm为宜。板缝应整齐严密，板材或卷材要与管壁压实、压平，不得留有缝隙。保温钉穿透保温板后，套好垫片，然后将钉尖扳倒压平即可。

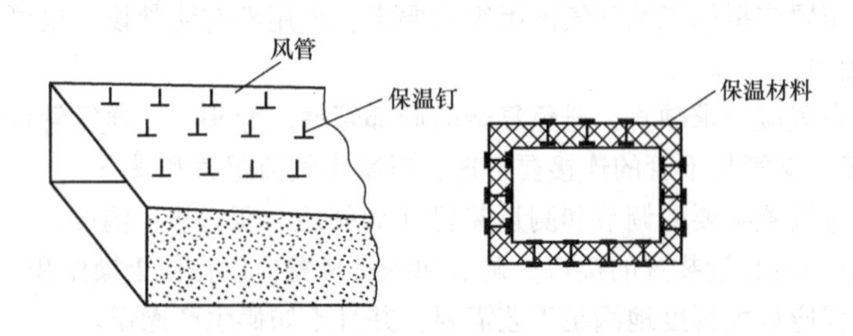

图6-14　贴保温钉的方法

粘钉时，宜每排错开1/2间距，在施工中常会出现矩形风道的顶面少粘钉或不粘钉的现象，这样会使顶面的保温层不能很好地与风道贴实，而造成保温（保冷）效果降低。当保温板带有铝箔防潮层时，保温完毕，应在板缝处补贴铝箔胶带。当保温板不带铝箔时，可外包扎玻璃丝布，再做面层。

三、风道的消声、减振装置

1. 通风系统的消声

无论是空调送风管道还是新风系统送风管道，无论是空调机组还是新风机组，均应采用消声弯头、消声风管和消声器，使室内噪声级符合规定要求。

空调系统工程的主要噪声源是通风机和独立式空调机组等。当气流流过风道、阀门、弯管、变径管、三通和风口时，也能引起再生噪声。当室内噪声高于允许的标准时，就要采取措施加以降低，一般是安装消声器或其他消声构件。空调系统中常用的消声器有以下几种。

（1）管式消声器　管式消声器是在风道内壁贴泡沫塑料等吸声材料，是最基本的阻性消声器，如图6-15所示。

（2）片式消声器　如图6-16所示，将管道分隔成若干部分，相当于缩小了每一个通道的截面积，即成为片式或蜂窝式消声器。

图6-15　管式消声器

图6-16　片式消声器

（3）室式消声器　将风道扩大成小室，进风口与出风口错开位置，在室内表面贴上吸声材料，即成为室式消声器。

（4）消声弯头　在风道弯头内贴吸声材料即成为消声弯头。

（5）送回风口消声静压箱　在送风口前加设消声静压箱，可以使空气进口与出口间的气流方向转变90°，若静压箱内贴消声材料，一般有较大的消声量，特别是便于在顶棚内安装。

（6）微穿孔消声器　一般是用厚度小于1mm的纯金属薄板制作，在薄板上用孔径小于1mm的钻头穿孔，穿孔率为1%～3%。选择不同的穿孔率和板厚不同的腔深，就可以控制消声器的频谱性能，使其在需要的频率范围内获得良好的消声效果。

（7）静压箱　静压箱是送风系统减少动压、增加静压、稳定气流和减少气流振动的一种必要的配件，它可使送风效果更加理想。静压箱可以把部分动压变为静压，使风吹得更远；可以降低噪声；可使风量均匀分配；还具有万能接头的作用。把静压箱很好地应用到通风系统中，可提高通风系统的综合性能。

选择消声设备时，应根据系统所需消声量、噪声源频率特性和消声设备的声学性能及空气动力特性等因素，经技术经济比较确定。消声设备的布置应考虑风管内气流对消声能力的影响。消声设备与机房隔墙间的风管应具有隔声能力。管道穿过机房围护结构处四周的缝隙，应使用具备隔声能力的弹性材料填充密实。

2. 通风与空调系统的减振

通风与空调系统的减振应包括设备和管道两方面的减振。设备包括制冷机组、空调机组、水泵、风机以及其他可能产生较大振动的设备。管道减振主要是防止设备的振动通过管道进行传播。对本身不带有隔振装置的设备，当其转速小于或等于1500r/min时，宜选用弹簧隔振器；转速大于1500r/min时，根据环境需求和设备振动的大小，也可选用橡胶等弹性材料的隔振垫块或橡胶隔振器。设计中对消声和减振的具体措施可具体归纳如下：

1）在空调系统中，除了对风机、水泵等产生振动的设备设置弹性减振支座外，还应在风机与管路之间采用软管连接。软管宜采用人造材料或帆布材料制作。

2）水泵、冷水机组、风机盘管、空调机组等设备与水管之间用软管连接，不使振动传递给管路。软管有两类：橡胶软接管和不锈钢波纹管。橡胶软接管隔振减噪的效果很好，缺点是不能耐高温和高压，耐蚀性也差。在空调与采暖的水系统中多用橡胶接管。不锈钢波纹管能耐高温、高压和耐腐蚀，但价格较贵，一般用于制冷剂管路的隔振。

3）在管路的支吊架、穿墙处使用非燃软性材料填充，进行减振处理。

4）空调机组可直接采用橡胶隔振垫隔振。

5）吊装振动较大的设备（如风机）时，采用减振吊钩。

6）选用高效、低噪声水泵、风机，并使水泵、风机在最高效率点附近运行。

7）按噪声标准控制风管和风口风速，以满足房间的降噪要求。

8）空调机房内壁表面贴附吸声材料及吸声孔板，机房门采用消声密闭门，使墙体有吸声能力等。

四、风道的防火、防烟装置

1）有下列情况之一的通风、空气调节系统的送、回风管应设防火阀。

① 送、回风总管穿过机房的隔墙和楼板处。

② 通过贵重设备或火灾危险性大的房间隔墙和楼板处的送、回风管道。

③ 多层建筑和高层工业建筑的每层送、回风水平风管与垂直总管交接处的水平管段上。多层建筑和高层工业建筑各层的每个防火分区，当其通风和空调系统均是独立设置时，则被保护防火分区内的送、回风水平风管与总管的交接处可不设防火阀。

2）防火阀的易熔片或其他感温、感烟等控制设备一经作用，应能顺气流方向自行严密关闭，并应设有单独支吊架等防止风管变形而影响关闭的措施。

易熔片及其他感温元件应装在容易感温的部位，其作用温度应较通风系统在正常工作时的最高温度约高25℃，一般可采用72℃。图6-17所示为方形防火阀，图6-18所示为圆形防火阀。

图6-17　70℃方形防火阀

图6-18　圆形防火阀

3）通风、空调系统的风管应采用不燃烧材料制作，但接触腐蚀性介质的风管和柔性接头，可采用难燃烧材料制作。

4）风管和设备的保温材料、消声材料及其黏结剂，应采用不燃烧材料或难燃烧材料。风管内设有电加热器时，电加热器的开关与通风机开关连锁控制，电加热器前后各80cm范围内的风管和穿过设有火源等容易起火的房间的风管，均应采用不燃烧保温材料。

5）通风管道不宜穿过防火墙和不燃烧体楼板等防火分隔物。如必须穿过时，应在穿过处设防火阀。穿过防火墙两侧各2m范围内的风管保温材料应采用不燃烧材料，穿过处的空隙应用不燃烧材料填塞。

【典型实例1】 空调通风系统防火阀、防烟阀的设置。

防火阀与防烟阀不同，不能将这两种不同功能的阀门混合使用。防火阀一般设在通风空调管路穿越防火分区或变形缝处，平时为开启状态。遇火灾时，当烟气温度达到70℃时，阀体内的易熔片熔断，从而切断烟、火沿通风管道向其他防火分区蔓延。高层建筑防火规范中规定，风管应在穿过防火墙处设防火阀；穿过变形缝时，应在两侧设防火阀。然而，有的设计在风管穿防火墙处未设防火阀，有的风管穿过变形缝时仅在一侧设有防火阀，而另一侧则未设。另外，有些工程防火阀的位置设置不当。按要求防火阀应紧靠防火墙位置，且连接防火阀的穿墙风道厚度$\delta \geq 1.6$mm，防火墙两侧各2m范围内的风道应采用不燃烧保温材料。但有些工程通风空调风管上的防火阀随意设置，远离防火墙，其间的风管既未加厚，也未采取任何保护措施。而防烟阀设在专用排烟风道或兼用风道上，排烟阀体上加装280℃熔断的温度熔断器，当排烟温度高达280℃时，温度熔断器动作，阀门关闭，停止排烟。

【典型实例2】 风管的制作与安装。

随着高档写字间、办公环境的不断改善，空调系统也越来越广泛地深入到日常生活中。为使所选用的空调系统起到最佳效果，除了设计的合理性，空调通风工程的施工也是一项重要的影响因素。风管作为空调通风工程中的重要环节，其施工质量的好坏直接影响着系统的安装质量及运行效果。在众多空调通风工程中，由于风管制作安装质量存在问题而造成送风量不足、漏风量超过规范要求，致使能源浪费、热源不足和空调通风工程运行不稳定等现象，均影响空调的正常运行。

空调变风量全空气空调系统采用低温送风方式，服务于商业区、会议中心、展览厅等区域。这些系统通过室风变风量末端，常年向室内送冷，可以解决商业区、会议中心、展览厅等区域的常年冷负荷。而楼梯前室及地下室设备用房、个别办公室等处空调采用风机盘管方式。风管自身的组装采用复合式的连接方式，管段间的连接采用无法兰和有法兰两种连接方式。由于风管无法兰连接具有连接接头严密、质量好、接头质量轻、省材料、施工工序简单、节省工时、易于实现全机械化和自动化施工、施工成本低等众多优点，因而得到了广泛的应用。目前风管无法兰连接形式有几十种，而且新的形式还在不断出现，按其结构原理不同可分为承插、插条、咬合、铁皮法兰和混合式连接五种。无法兰连接主要用于边长较小的风管，有C形插条连接和S形插条连接。提高风管无法兰连接施工质量的基本措施如下：

1）按照规范要求，严格控制每种无法兰接头的使用范围，如S形、C形插条使用范围是矩形风管长边不大于630mm，立咬口不大于100mm，立咬口90°贴角宽度要和立咬口高度相一致，90°应准确，接口合口连接翻边时顺序逐件敲合，并在背后垫以方铁，使翻边立面平整，90°线平直。

2）严格遵照风管尺寸公差的要求。如对口错位明显将使插条插偏；小口陷入大口内造成无法扣紧或接头歪斜、扭曲。插条不能明显偏斜，开口缝应在中间，不管插条还是管端咬口，翻边应准确、压紧，以后连接接头才会整齐、贴紧。

3）翻边四面管端要平齐在一个面上，小管可以一次用折方机折出，翻边在整个延长线上应等宽。这也是安装对接时风管接口平直所必需的。

4）除铁皮法兰弹簧夹（包括铁皮法兰插条）在安装对接面加密封垫外，其他多在连接完后在接缝外涂抹密封胶，涂胶前缝口要清理干净。密封胶不能用腻子、石灰膏等代替，应用风管专用胶封袋。

5）风管安装用支吊架按规范要求设置。风管连接完后，应按规范等级要求进行风管漏风量测试。

课题三　风机的结构与选型

相关知识

一、风机的种类和结构

通风机是利用电能带动叶片转动，对空气产生推动力的设备。它能使空气增压，以便将处理后的空气送入空调房间。

1. 离心式通风机

离心式通风机一般是作为送风机使用在中央空调系统中的，主要由叶轮、机壳、进风口、出风口及电动机等组成。叶轮上有一定数量的叶片，叶片可以根据气流出口的角度不同分为向前弯的叶片、向后弯的叶片和径向的叶片。叶轮固定在轴上，由电动机带动旋转。

离心式通风机的机壳为一个对数螺旋线形涡壳，如图6-19所示。工作时空气流向垂直于主轴，气体经过进气口轴向吸入，然后约折转90°流经叶轮叶片构成的流道间，而涡壳将被叶轮甩出的气体集中导流，从通风机出口或出口扩压器排出。当叶轮旋转时，气体在离心风机中先为轴向运动，后转变为垂直于风机轴的径向运动。当气体通过旋转叶轮的叶片间时，由于叶片的作用，气体随叶轮旋转而获得离心力。在离心力作用下，气体不断地流过叶片，叶片将外力传递给气体而做功，气体则获得动能和压力能。

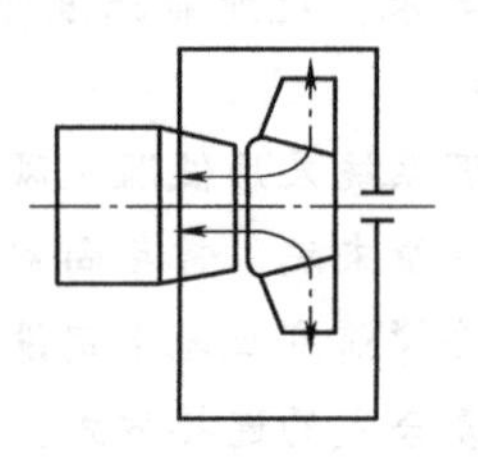
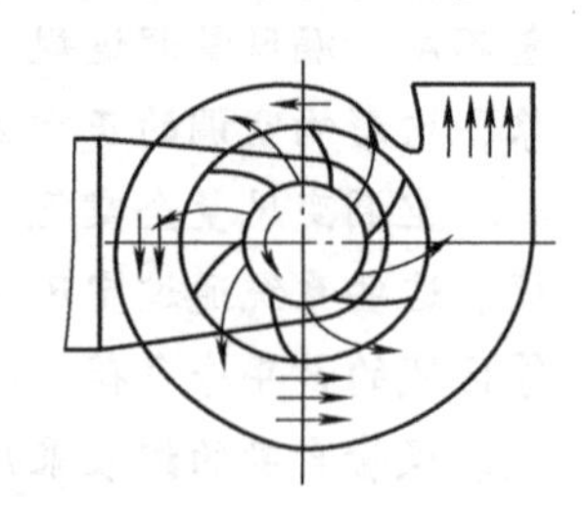

图6-19　离心式通风机

2. 轴流式通风机

轴流式通风机在工作时，空气流向平行于主轴。它主要由叶片、圆筒形出风口、钟罩形进风口和电动机组成，如图6-20所示。叶片安装在主轴上，随电动机高速转动，将空气从进风口吸入，沿圆筒形出风口排出。

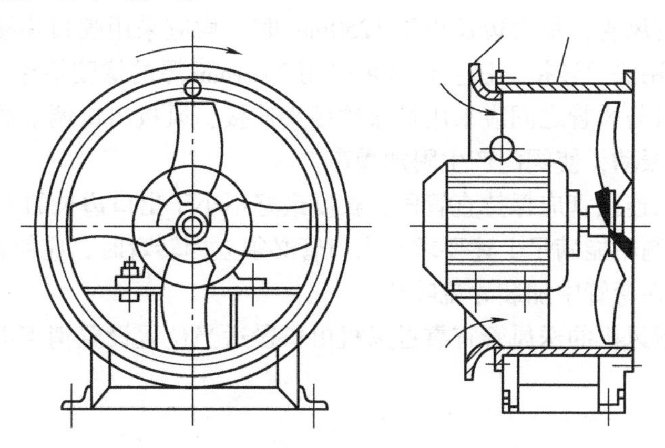

图 6-20 轴流式通风机

二、风机的选择

离心式通风机的特点是风压高，风量可调，相对噪声较低，可将空气进行远距离输送，适用于要求低噪声、高风压的中央空调送风系统中。

轴流式通风机的特点是风压较低、风量较大、噪声相对较大、耗电少、占地面积小、便于维修，适用于要求低风压、大风量的中央空调排风系统中。

风机的选用包括选定风机的种类或型式及决定它们的大小，其选用的原则和方法如下：

1）仔细了解需选用的风机的用途，被输送流体的状况，管路布置及安装的条件与要求。

2）根据工程要求，合理确定所需的最大流量与最大压头。

3）根据用途选用适当的风机类型。

4）根据已确定的流量、压头，利用产品样本或设备手册所提供的产品性能及性能曲线，选择风机的大小。

5）根据具体情况，考虑是否需要采用机组并联或串联的工作方式。但一般应尽量避免并联或串联工作。

6）确定风机的型号时，要同时确定它的转速、配用电动机型号、功率、传动方式及带轮大小等。风机的进出口方向应与管路系统相配合，其噪声不应超过工程所允许的值。

7）进行初投资、运行管理费用的综合经济和技术比较，力求选择最合理的风机。

三、风管与风机的连接

1）弯管部分应尽量采用较大的曲率半径 R，通常取 R 为风管宽度 B 的 1.5 ~ 2.0 倍。当 $R/B<1.0$ 时，应在弯头内加装导流叶片，以减小阻力。

2）风道断面扩大时的渐扩管，其扩张角应尽量小于 20°；风道断面缩小时的渐缩管，其收缩角应尽量小于 45°。

3）每个风口均应能够进行风量调节，若风口上无调节装置，应在支风管上设风量阀。

4）若同一风道服务多个房间，为防止火灾时各房间相互串烟，每一房间的送、回、排风及新风支管上都应设防火阀或防火调节阀。

5）凡直管段的风管，最大边长小于1250mm时，均应采用咬口连接；调节阀门或防火调节阀与风管间采用法兰连接，法兰垫片可采用3~4mm厚的橡胶垫片。

6）风机出风口与风管之间应采用帆布软接头连接，风机出口调节阀门应装在帆布软接头之后，以免风机振动，使阀门产生附加噪声。

7）风机出口的连接管应保持直管段，长度最好不小于出口边长的1.5~2.5倍，以减少涡流。如受空间限制不能满足上述要求，出口管必须立即转弯时，应使转弯方向顺着风机叶轮转动的方向，并在弯管中加装导流叶片。

8）空调机和新风机的送风管宜靠近风机出口段适当位置设置消声器，消声器与风管间采用法兰连接。

【典型实例1】 风机软连接。

风机软连接帆布材质用于普通风机，如商场、超市、写字楼、民房等空气流通风机的连接处。这种风机一般安装在室内，主要用于空气流动和疏导，没有高温、腐蚀和老化限制，是最早、最基本的风机软连接，近年来由于消防的要求，这种风机软连接已逐渐淡出市场。因为帆布的防火效果是达不到要求的，即使是三防布，也并不能在280℃温度下坚持使用30min。硅钛防火软连接解决了这一问题，已成为防火软连接的重要分支。风机软连接橡胶材质则用于高压、耐腐蚀、耐老化，及室外的场所和空气中有水分的场所。这种风机软连接耐压效果好，还有一种一体橡胶硫化的风机软连接，防水性能超强，弥补了软连接室外使用的缺陷。织物风机软连接主要用于高温场所，温度高达1300℃的状态下仍然可以使用。风机软连接如采用法兰连接，则使用参数首先要保证法兰孔距和孔径，其次是耐压等级。软连接压力有低压100kPa以下的设计，也有高压25MPa的设计。

【典型实例2】 中央空调风口的安装。

回风口：家庭中央空调通常将回风口与检修口安装在一起，风口尺寸必须与内机回风口吻合，不能出现错位情况，这样才可以达到最佳回风量，并保证有足够的维修空间。

出风口：出风口一定不能装在灯带附近。如果出风口前有灯带，会造成空调在制热时遮挡出风，而热空气是往上的，使得热空气滞留房间的上部，从而整个活动空间感觉热量不足，需很长时间才能有热的感觉。

习　题

一、填空题

1. 风口的形式有________、________、________、________、________等。

2. 常见的空调房间气流组织形式有________、________、________、________、________等。

3. 风道的材质有________、________、________、________等。

4. 中央空调采用的风机主要是________、________等。

5. 散流器送风口气流为________状向四周扩散。

二、选择题

1. 通风、空调系统的风管应采用（　　）制作。

A. 易燃材料　　B. 不燃材料　　C. 材料无特殊要求　　D. 全部为难燃材料

2. 上送上回气流组织形式适用于（　　）。

A. 高大空间送风

B. 冬季供热为主的空调系统

C. 高精度的恒温空调工程

D. 以夏季降温为主且房间层高较低的舒适性空调系统

3. 侧送侧回式气流组织应使用（　　）风口。

A. 散流器　　B. 旋流送风口　　C. 格栅送风口　　D. 孔板送风口

4. 风管弯管部分应尽量采用较大的曲率半径R，通常取R为风管宽度B的（　　）倍。

A. 1~1.5　　B. 1.5~2　　C. 2~2.5　　D. 2.5~3

5. 夏季室温降不下来的主要原因可能是（　　）。

A. 送风量不足　　B. 送风量过大

C. 送风温度偏低　　D. 室内负荷小于设计

6. 有些出风口出风量过小的原因是（　　）。

A. 管道阻力过小　　B. 风机功率过大

C. 支风管阀门开度过小　　D. 出风口阀门开度过大

7. 送风口结露时，应采取（　　）措施。

A. 提高出风口温度　B. 降低出风口温度　C. 减小送风量　　D. 增大送风量

三、简答题

1. 选用风机的原则和方法是什么？

2. 布置空调风道的原则是什么？

单元七

空调水系统及设备

内容构架

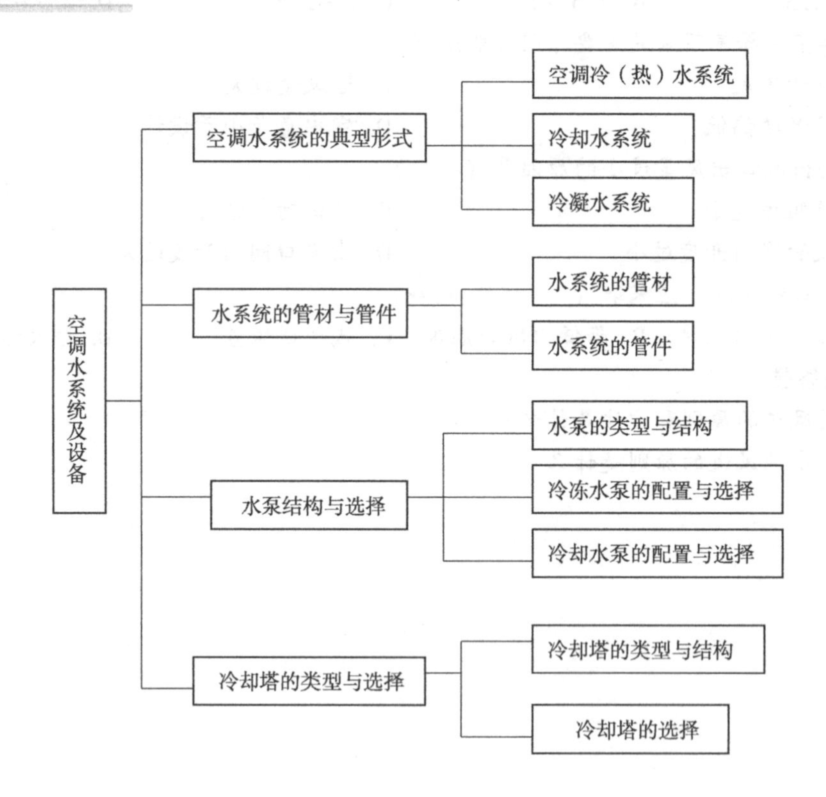

学习引导

目的与要求

➲ 知道空调冷水系统、冷冻水系统、冷凝水系统的形式和特点，能根据需求正确选择合适的类型。

➲ 知道空调常用的水泵、冷却塔的结构及选用方法，能正确选择水泵和冷却塔。

➲ 知道水系统常用的管材，能正确连接不同管材的水管。

重点与难点

学习难点：水管的常用管材及其连接方法。

学习重点：水系统的形式和常用水泵和冷却塔的结构特点及选用。

课题一　空调水系统的典型形式

相关知识

中央空调的水系统一般包括冷（热）水系统、冷却水系统和冷凝水排放系统。水系统能将冷、热媒水按空调房间冷、热负荷的要求，准确地送至空气处理设备，处理房间内的空气。

一、空调冷（热）水系统

冷冻水系统是指夏季由冷水机组产生冷冻水（冷量）并通过冷冻水泵向风机盘管机组、新风机组或组合式空调机组的表面式冷却器（或喷水室）供给供水 7℃、回水 12℃的冷媒水；在冬季由换热站向风机盘管机组和新风机组等供给供水 60℃、回水 50℃的热媒水。

1. 按照冷媒水的循环方式分为开式系统和闭式系统

（1）开式系统　它的末端管路与大气相通，冷媒回水集中进入建筑物的回水箱或蓄冷水池内，再由循环泵将回水打入冷水机组的蒸发器内，经重新冷却后的冷媒供水被输送至整个系统。典型的开式系统有组合式空调机组采用喷水室处理空气的冷媒水系统和具有蓄冷水池的冷媒水系统等，如图 7-1a 所示。

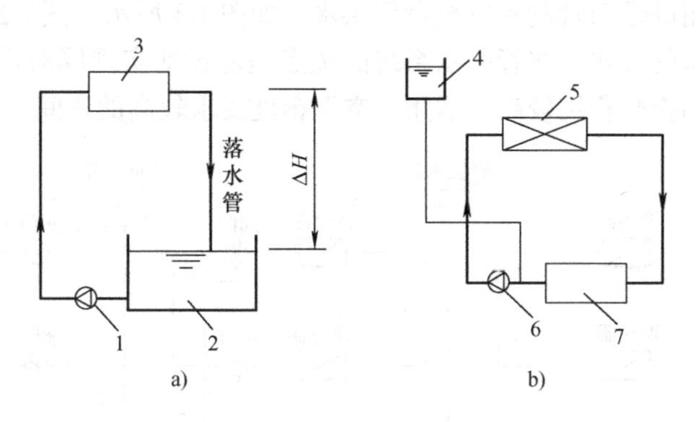

图 7-1　开式系统和闭式系统

a）开式系统　b）闭式系统

1、6—循环泵　2—蓄水池　3—空调机组　4—膨胀水箱　5—表面式冷却器　7—冷冻机组

（2）闭式系统　冷媒水在系统内进行密闭循环，不与大气相接触，为了容纳系统中水体积的膨胀，在系统的最高点设膨胀水箱。典型的闭式循环系统有组合式空调机组采用表面式冷却器处理空气以及风机盘管机组和新风机组的冷媒水系统等，如图 7-1b 所示。

由于开式系统的管路与大气相通，所以循环水中氧含量高，容易腐蚀管路和设备，而且空气中的污染物（如烟尘、杂物、细菌、可溶性气体等）易进入水循环，使微生物大量繁殖，形成生物污泥，所以管路容易堵塞并产生水锤现象。与闭式系统相比，开式系统中的水泵压头比较高，它不但要克服管路沿程的摩擦阻力损失和局部压头损失，还必须有一个把水提升高度 ΔH 所需的压头，因此水泵的能耗大。所以，近年来在空调工程领域，特别是冷冻水环路中，已经很少采用开式系统。

与开式系统相比，闭式系统不需克服静水压力，水泵压力和功率均低，水泵能耗小。由于水处于封闭管路内循环，不与大气接触，所以管路和设备的腐蚀可能性小，水处理费用低。但由于向系统内补给水以及系统内的水在温度变化时有体积膨胀的余地等原因，所以闭式系统需设膨胀水箱。

2. 按照冷热水的供应方式分为两管制、三管制和四管制

（1）两管制（见图 7-2a） 系统中只有一根供水管和一根回水管的系统。冷水系统和热水系统采用相同的供水管和回水管，冬季与夏季需经过阀门的转换，是中央空调水系统最简单、应用最广泛的一种形式。

两管制水系统的特点是结构简单、投资少，但系统供冷水、供热水的转换比较麻烦，尤其是在过渡季节，不能同时满足朝阳的房间需要制冷而背阳的房间需要供暖的要求。但两管制水系统可按建筑物房间朝向进行分区控制，通过区域热交换器调节，向不同区域提供不同温度的水，分别满足各区域对温度的需求。现代工程中大多采用的是双水管系统。

（2）三管制（见图 7-2b） 水系统中分别设置供冷水管路、供热水管路、换热设备回水管路三根水管，其冷水与热水的回水管共用。这种系统能同时满足不同房间在同一时间内供冷、供热的要求；管路比四管制简单，但有冷、热混合损失；投资高于两管制；管路布置复杂，在工程中较少使用。

（3）四管制（见图 7-2c） 是采用冷水一根供水管，一根回水管，热水一根供水管、一根回水管的水路系统。其特征是，供冷、供热的供、回水管均分开设置，具有冷、热两套独立的系统。它采用的是四管制的风机盘管供水，如图 7-3 所示。图 7-2c 是利用三通阀向两管风机盘管转换供水的形式。四管制水系统的优点是能灵活实现同时供冷和供热，没有冷、热混合损失。但其初投资费用较高，适用于空调精度要求较高的房间。

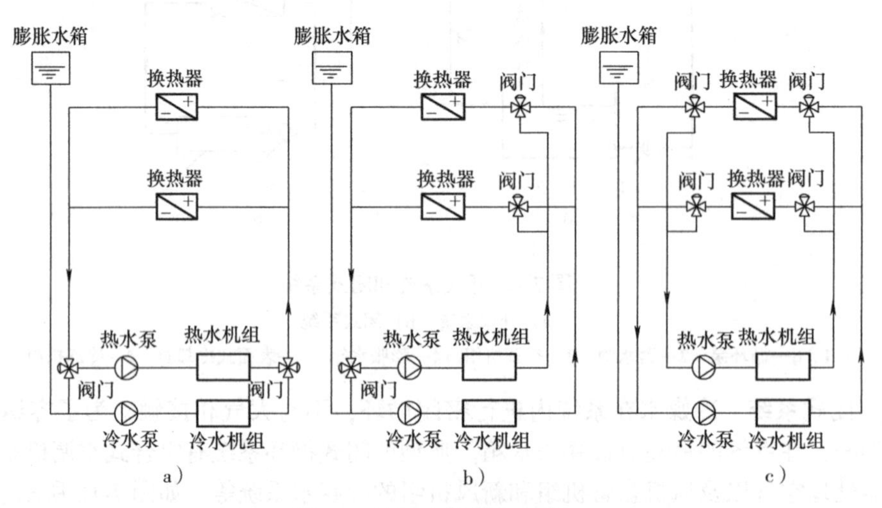

图 7-2 冷热水的供应方式

a）两管制管路 b）三管制管路 c）四管制管路

3. 按空调水系统的回水管布置方式分为同程式回水方式和异程式回水方式

（1）同程式回水方式（见图7-4a） 其供、回水干管中的水流方向相同，经过每一环路的管路长度相等。由于经过每一并联环路的管长基本相等，如果通过1m长管路的阻力损失接近相等，则管网的阻力不需调节即可保持平衡，所以系统的水力稳定性好，流量分配均匀。

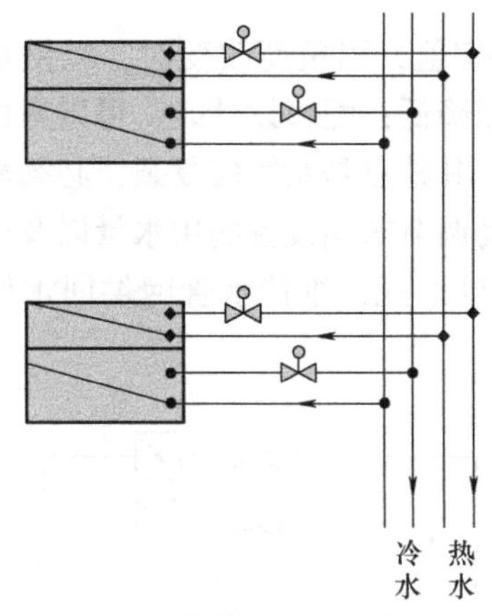

图7-3 四管制风机盘管供水

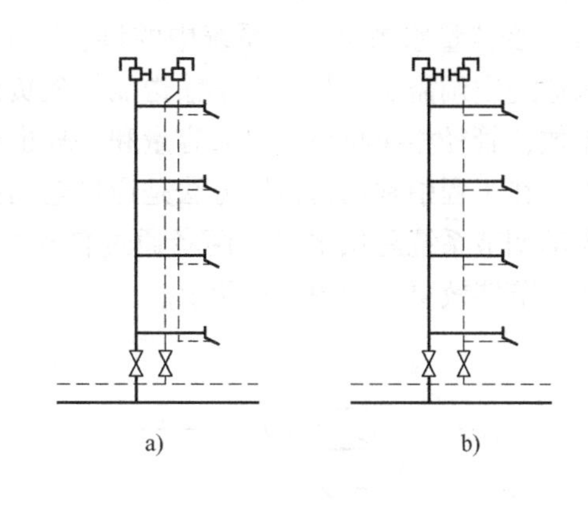

图7-4 同程式回水方式与异程式回水方式
a）同程式回水方式 b）异程式回水方式

（2）异程式回水方式（见图7-4b） 其供、回水干管中的水流方向相反，每一环路的管路长度不等。该方式的优点是管路配置简单，不需回程管，节省管材，但是由于各并联环路的管路总长度不相等，存在着各环路间阻力不平衡的现象，从而导致了流量分配不均。但如果在各并联支管上安装流量调节装置，增大并联支管的阻力，那么异程式回水方式也可以达到较好的水力平衡。

同程式回水方式与异程式回水方式的比较：同程式布置方式水量分配和调节都比较方便，容易达到水力平衡，但需要设回程管，其管路长，初投资费用稍高，要占用一定的建筑空间。异程式布置方式水量分配和调节都比较麻烦，不容易达到水力平衡，需要安装平衡阀，无需回程管，管道长度较短。

同程式回水方式和异程式回水方式的适用条件：①支管环路的压力降（阻力）较小，而主干管路的压力降起主导作用的，宜采用同程式；②支管环路上末端设备的压力降（阻力）很大，而支管环路的压力降（阻力）起主导作用的，或者说支管环路阻力占负荷侧干管环路阻力的2/3～4/5时，宜采用异程式。所以，对于由风机盘管机组（或新风机组）组成的供、回水系统，因支管环路的阻力不大且比较接近，而干管环路较长，阻力占的比例较大，故采用同程式布置；对于向若干台组合式空调机组的表面式冷却器供水的系统，因支管环路的阻力较主干管路的阻力大得多，故采用异程式布置。

4. 定流量与变流量水系统

所谓定流量和变流量均指负荷侧环路即末端用冷设备而言的。

（1）定流量水系统 系统中的循环水量保持定值。当负荷变化时，通过改变供水或回水温度来匹配。当末端负荷减少时，水系统供、回水温差减小，此时系统输送给负荷的冷量也要减少，以满足负荷减少的要求，但水系统的输送能耗并未减少，因此水的运送效率低。

定流量水系统的优点是系统简单、操作方便，不需要复杂的自控设备；其缺点是配管设计时，不能考虑同时使用系数，输送能耗始终处于设计的最大值。

定流量系统的原理是在定流量系统的各个空调末端装置安装电动三通阀进行调节。当室温未达到设定值时，三通阀的直通管开启，旁通管关闭，供水全部流经末端装置；当室温达到或超过设定值时，直通管关闭，旁通管开启，供水全部经旁通管流入回水管。因此，其负荷侧水流量是不变的，如图 7-5 所示。

（2）变流量水系统　该系统中的供、回水温度保持定值，当负荷改变时，以供水量的变化来适应空调需要。其优点是输送能耗随负荷的减少而降低；配管设计时，可以考虑同时使用系数，管径相应减小；水泵容量和电耗也相应减少。其缺点是系统较复杂，必须配备自控设备。在工程中常用的控制方法是通过电动调节阀自动调节末端设备的用水量以及通过变频泵自动调节系统总供水量，两者通过自动控制装置达到匹配，维持水管网供回水压差稳定，达到节能效果，如图 7-6 所示。

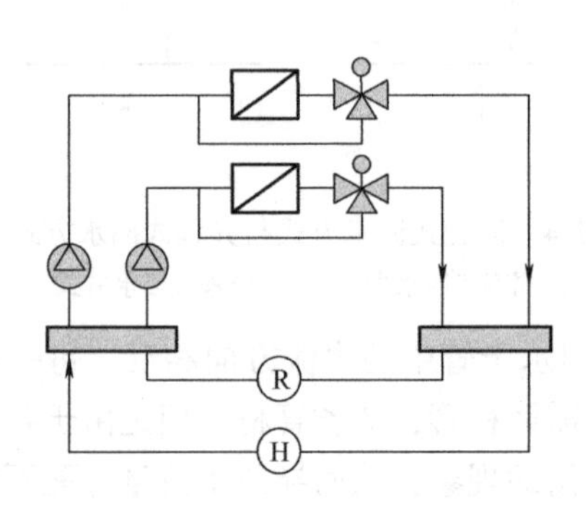

图 7-5　二管分区定流量系统

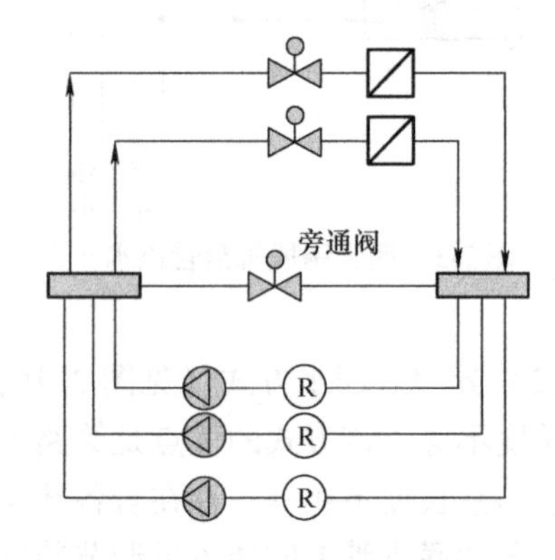

图 7-6　二管变流量水系统

变流量系统的原理是在变流量系统的各个空调末端装置采用电动二通阀调节，并受温度控制器的控制，如图 7-7 所示。当室温未达到设定值时，二通阀全开或开度增大，流经末端装置的供水量增大；当室温达到或超过设定值时，二通阀关闭或开度减小，流经末端装置的供水量减少。因此，负荷侧水流量是变化的。

变流量系统整个负荷侧水系统的流量是变化的，这就意味着可以停开或起动某一台循环泵，以适应水流量变化的情况，达到节能的目的。为保持冷水机组工作稳定和保证冷水机组蒸发器的传热效率及避免蒸发器因缺水而冻裂，冷源侧应保持定流量运行。为了保证冷源侧始终是定流量，必须在分水器和集水器之间设置压差控制器及旁通阀。

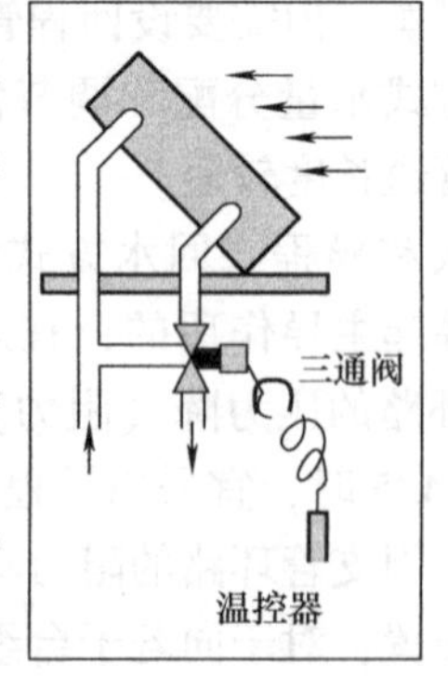

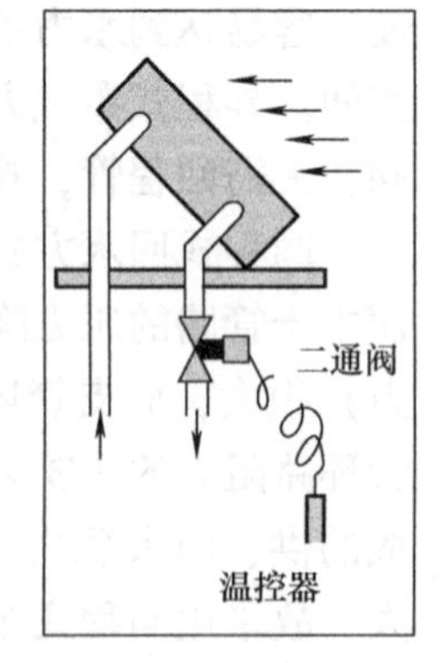

图 7-7　三通阀与二通阀调节示意图

5. 单式泵与复式泵系统

（1）单式泵系统　单式泵系统又称一次泵系统，即冷、热源侧与负荷侧合用一组循环水泵，如图 7-8 所示。

一次泵系统的原理是利用一根旁通管来保持冷源侧的定流量，而让负荷侧处于变流量运行。在冷冻水供、回水总管间设有压差旁路装置。当空调负荷减少时，负荷侧管路阻力将增大，压差控制装置会自动加大旁通阀的开启度，负荷侧减少的部分水流量从旁通管返回回水总管，流回冷水机组，因而冷水机组蒸发器的水流量始终保持恒定不变（即定流量）。其优点是系统比较简单，控制元件少，运行管理方便；缺点是水流量调节受冷水机组最小流量的限制，不能适应供水半径及供水分区扬程相差悬殊的情况，因此只能用于中小型空调系统。

（2）复式泵系统　复式泵系统又称二次泵系统，即冷、热源侧与负荷侧分别配备循环水泵。设在冷源侧的水泵常称为一次泵，设在负荷侧的水泵常称为二次泵。在二次泵系统中水循环由两个环路组成，一次回路由回水总管—一次泵—冷水机组—供水总管组成，一次回路负责冷冻水的制备。二次回路由供水总管—二次泵—末端设备—回水总管组成。二次回路负责冷冻水的输送与分配，如图 7-9 所示。

二次泵系统的优点是能适应各个分区负荷变化规律不一样，各个分区回路扬程相差悬殊，或各个分区供水作用半径相差较大的情况，可实现二次泵变流量，节省输送能耗；缺点是系统较复杂，控制设备要求较高，机房占地面积较大，初投资费用较大。

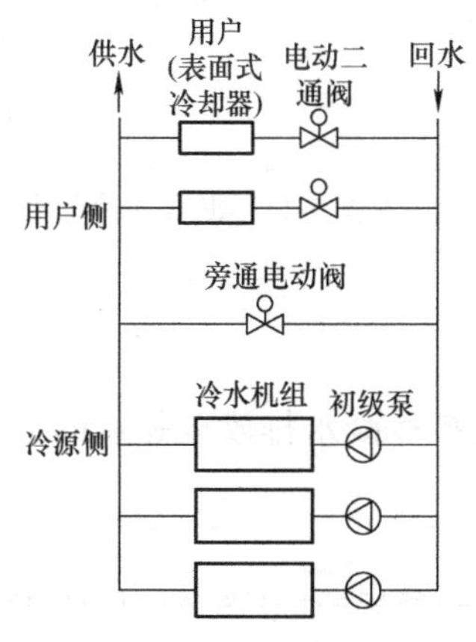

图 7-8　一次泵（单式泵）系统

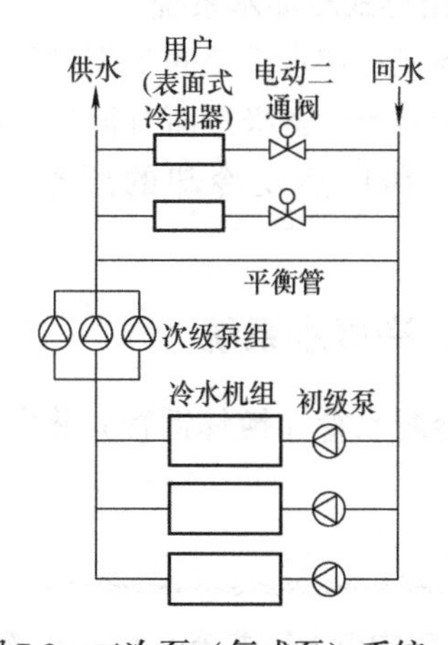

图 7-9　二次泵（复式泵）系统

（3）一次泵与二次泵混合式系统　在冷冻水的输配环路中，管路较短、压力损失小的环路由一次泵直接供水，而压力损失大的环路则由二次泵供水，这样就构成了一次泵和二次泵混合式系统，如图 7-10 所示。

工程中一般常用的是双管制闭式水系统。开式系统由于水泵能耗大，一般不采用。三管制和四管制水系统投资较高，系统比较复杂，一般很少采用，只有在有特殊要求时，如要求同时又供冷、又供热时才采用。同程式和异程式，及定流量和变流量系统的选择，应根据建筑特征、系统大小、能源利用及投资等工程具体条件确定。

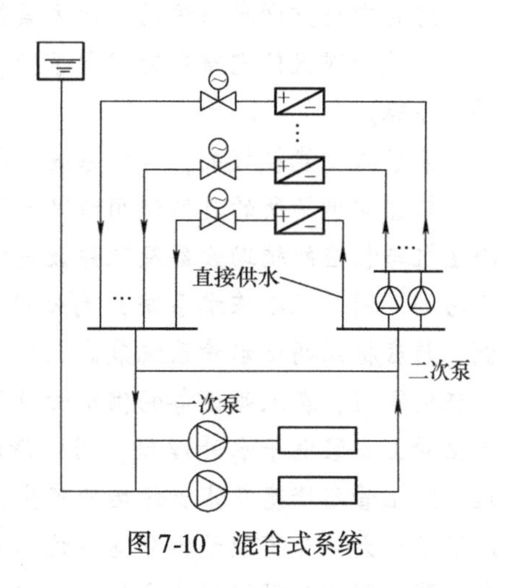

图 7-10　混合式系统

二、冷却水系统

中央空调的冷却水系统是指从制冷压缩机的冷凝器出来的冷却水经水泵送至冷却塔，冷却后的水从冷却塔依靠位差在重力作用下自流至冷凝器的循环水系统。

冷却水系统常用的水源有地面水、地下水、海水和自来水等。

冷却水系统的供水方式一般可分为直流式、混合式和循环式三种。

1. 直流式冷却水系统

在直流式冷却水系统中，冷却水经冷凝器等用水设备后，直接就近排入下水道或用于农田灌溉，不再重复使用。这种系统的耗水量很大，适宜用在有充足水源的地方。

2. 混合式冷却水系统

混合式冷却水系统如图7-11所示，其工作过程是：从冷凝器中排出的冷却水分成两部分：一部分直接排掉，另一部分与供水混合后循环使用。混合式冷却水系统一般适用于使用地下水等冷却水温度较低的场所。

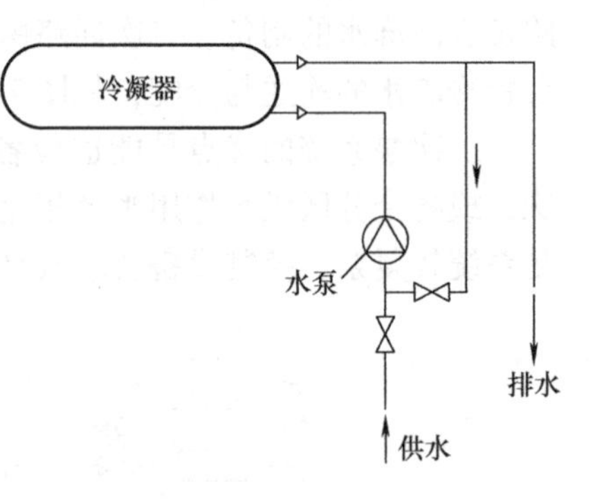

图7-11　混合式冷却水系统

3. 循环式冷却水系统

循环式冷却水系统的工作过程是：冷却水经过制冷机组冷凝器等设备吸热而升温后，将其输送到喷水池和冷却塔，利用蒸发冷却的原理，对冷却水进行降温散热。

三、冷凝水系统

用冷凝水管（镀锌钢管）将空调末端设备接水盘所接冷凝水排放至邻近的下水管中或地沟内。

【典型实例1】 某商场空调水系统的设计。

好的中央空调水系统的设计方案能将产品性能发挥到极致，一方面将空调完全融入室内装修，赋予现代住宅唯美的视觉享受，另一方面最大程度地降低产品的能耗，让功能和美观并驾齐驱。

为了减少能耗损失，降低系统运行成本，工程冷冻水系统采用变流量设计。在工程设计中，根据空调场所的具体使用情况不同，空调冷冻水系统分成两个独立的部分，在系统中制冷主机与相应的辅助设备及配件数量均一致。系统最高点处设置自动排气阀，最低点处设置排污阀，同时在冷冻水系统最高处设置膨胀水箱，且膨胀水箱连接在冷冻水循环泵的吸入侧，箱底标高高出水管系统最高点2m，箱体与系统的连接管从箱底垂直接入，膨胀管上不设任何阀门；在末端设备的供水管及循环水泵的吸入管上安装Y型水过滤器，主机设备回水主管上安装电子水处理仪，用以清除和过滤水中的杂质，并对空调水进行清洁和软化处理，防止管路堵塞及减少污垢的产生，保证各类设备及阀件的正常使用。由于各层空调冷冻水流量较大，为了便于各分支系统水流量调节及分配均衡，在供、回水干管上连接集水器与分水器；同时为保证制冷主机在正常水流量情况下安全运行，在每台制冷主机冷冻水、冷却水出水管道上安装水流开关，与机组连锁使用。

【典型实例2】 某高层办公楼中央空调水系统设计分区方案。

该高层办公楼共98层，最高点高度439m，集办公和酒店于一体。其中，73层以下为办公区，73层以上为酒店。根据建筑专业疏散要求，分别于18、19、37、38、55、56、73、74、91、92层设置避难（机电）层。

由于使用功能不同，办公和酒店分别设有独立的集中空调冷（热）源系统：办公区采用蓄冷空调系统，主机房位于地下四层（-18.500m）；酒店采用风冷热泵（带热回收）系统，机组设于73层。办公部分末端设备的最高点位于72层（316m），因此定压膨胀水箱箱底高度不应低于317.5m，办公空调水系统最大可能的静水压力为336.0m H_2O，约3.36MPa。

在办公部分的中间设备层（37层）处设置一组水—水板式换热器，整个系统仅分为高低两个区，37层（含）以下为低区，39层（含）以上为高区。低区水由分水器直接供水，末端设备的供、回水温度为5℃、13℃；高区水经37层处的水-水板式换热器换热后间接供水，末端设备的供、回水温度为6℃、14℃。

一次水系统的膨胀水箱设于38层，总定压点位于集水器出水总管处，一次水泵采用打入式，则主机房内冷水机组、一次水泵及分水器等部件的最高承压约为2.1MPa（即为直接供水的用户最高点至主机房的静水高度与一次水泵扬程之和）。高区和低区的末端设备承压随着所在楼层高度的增加而递减，承压要求为1.0~2.1MPa。

课题二 水系统的管材与管件

相关知识

一、水系统的管材

空调水系统常用管材有镀锌钢管（白铁管）和无缝钢管。

镀锌钢管的材质为易焊接的碳素钢，它的管壁纵向有一条焊缝，并且经镀锌处理。按管壁厚度不同分为普通管和加厚管，管长一般为4~9m，并带有一个管接头（管箍）。其规格用公称直径DN表示，最大规格为DN150。管径小于DN80的用螺纹联接，管径大于DN80的用电焊连接。镀锌钢管可分为热镀锌和冷镀锌两种，对水管的防腐能力要求较高时，可采用耐腐能力强的热镀锌钢管，但长期使用易生锈，正逐步被淘汰。

无缝钢管由10号、20号、35号、45号低碳钢用热轧法或冷拔法制成。冷拔管的最大直径为200mm，热轧管的最大直径为600mm。外径小于57mm时常用冷拔管，大于57mm时常用热轧管。冷拔管的长度为1.5~7m，热轧管的长度为4~12.5m。无缝钢管一般用电焊连接，无缝钢管的规格用“D外径×壁厚”表示。

空调水系统当管径小于DN125时可采用镀锌钢管，当管径大于DN125时采用无缝钢管。高层建筑的冷（热）水管，宜采用无缝钢管。

二、水系统的管件

1. 管道螺纹联接配件

管道连接方法有螺纹联接、法兰连接和焊接三种，应按所选管材和最大工作压力选定。用于螺纹联接的管子配件，按用途可分为以下几种。

1）管路延长连接用配件：管箍、外螺纹（内接头）。

2）管路分支连接用配件：三通（丁字管）、四通（十字管）。

3）管路转弯用配件：90°弯头、45°弯头。

4）管子变径用配件：补心（内、外螺纹）、异径管箍（大、小头）。

5）管子堵口用配件：丝堵、管堵头。

2. 阀门

（1）闸阀　阀体长度适中，采用转盘式调节杆，调节性能好，在较大管径管道中被广泛使用。

（2）截止阀　阀体长，采用转盘式调节杆，调节性能良好，适用于场地宽敞、小管径的场合（一般 DN 小于或等于 150mm）。

（3）蝶阀　阀体短，采用手柄式调节杆，调节性能稍差，价格较高，但调节操作容易，适用于场地小、大管径的场合（一般 DN 大于 150mm）。

3. 水过滤器

为防止水管系统堵塞和保证各类设备和阀件的正常使用，在管路中应安装水过滤器，用以清除和过滤水中的杂物及水垢。一般情况下，水过滤器安装在水泵的吸入管段和热交换器的进水管上。

水过滤器的型号较多，但都是按连接管管径选定的。连接管的管径应该与干管的管径相同。工程上目前比较常用的是 Y 型过滤器，它具有外形尺寸小、拆装清洗方便等特点。

在选用水过滤器时应重视它的耐压要求和安装检修的场地要求，安装时必须注意水流方向。

4. 电子水处理仪

电子水处理仪又称高频电子除垢仪、电子阻垢仪。电子水处理仪起到除垢、防垢、防氧化、防腐蚀的作用，主要由主机和辅机组成。主机由高频水处理信号发生器组成；辅机由电极和辅机管组成，电极为阳极，辅机管为阴极。

电子水处理仪主要是通过主机高频信号发生器对流经辅机管内的水施加一高频电磁场，使水的物理结构及性质发生变化，来达到防垢、除垢、防腐蚀的功能。水在高频电磁场的作用下，原来链状大分子可断裂成单个水分子，使其活性增强。而含在水中的碳酸盐类、非碳酸盐类的离子（正离子和负离子）被单个分子包围，运动速度降低，有效碰撞次数减少，无法生成水垢成分，使其水的分子结构发生变化，从而改变其垢分子的成分而达到防垢的目的。

电子水处理仪可用于热水采暖系统和循环系统中，多安装在锅炉出水总管附近。因经过水处理仪的水有效作用时间不长，所以当采用间歇供暖时，循环水泵不宜停运，以避免系统中的水放置时间较长时，其电子水处理仪的作用逐渐减弱。

电子水处理仪具有以下优点。

1）不改变水的化学性质，对人体无任何副作用。

2）除垢效果明显。该设备安装在水循环系统，对原有垢厚在2mm以下的，一般情况下30天左右可逐渐使其松动脱落，处理后的水垢呈颗粒状，可随排污管路排出，不会堵塞管路系统。旧垢脱落以后，在一定范围内不再产生新垢。

3）设备体积小，安装简单方便，无需停产，在线安装，可长期无人值守使用。

4）水流经该设备以后，可使水变成磁化水，而且对于水中细菌有一定的抑制和杀灭作用。

5）不腐蚀设备，可延长伺服设备的使用寿命。

6）节能环保，长期使用可以节省大量的水处理费用。

【典型实例1】水管管道预制。

为了加快施工进度，保证施工质量，减少管道到位后固定位置的仰焊、死角焊，应尽量增加管道的预制工作量，按管道单线图加工预制管道，同时加工组合件，且应便于装配、垂直运输及吊装，并且要有足够的强度。

无缝钢管公称通径小于或等于50mm时，应采用机械或钢锯、管子割刀切断，断口不准有缩颈和飞边，必须采用气焊焊接。当公称通径大于或等于65mm时，可采用机械或氧乙炔气割割断和坡口，但表面不可有裂纹、飞边，焊接组对的对口，焊接质量必须达到GB 50236—2011《现场设备、工业管道焊接工程施工规范》的要求。

镀锌钢管螺纹联接时，管道螺纹应光滑完整，无飞边乱牙，断丝长度不得超过10%。用手拧入2～3牙，一次装紧不得倒回，同时要清除多余填料，并涂防锈油漆保护。

给水PVC管道采用承插粘接，用钢锯切断，断口应平整光滑，坡口倒角10°～15°。管道与配件的粘接处表面无油腻，粘接处应用细砂皮打毛或用清洁剂进行清洗，粘合剂先涂承口后涂插口，一次插入成形。粘接后接头在1h内不应受外力作用，固化牢固后，方可继续安装。

【典型实例2】管道阀门及附件的安装。

安装阀门时应按图样要求核对阀门的规格、型号及压力等级、安装位置、介质流向和安装高度。

阀门的手柄不得向下，电动阀、调节阀等仪表阀类的阀头均应向上安装，成排管线上的阀门应错开安装，其手轮间间距不得小于100mm。阀门应开启方便灵活，便于操作维修。

压力表、温度计与流量计等仪表的型号、规格及安装位置应符合设计与验收规范的要求，并应便于观察检修。

课题三　水泵结构与选择

相关知识

水泵是中央空调系统中主要的耗能设备之一，其装机功率占冷水机组的10%～15%，水泵节能是配置水泵时必须考虑的重要问题。空调设备一般都处在部分负荷工况下工作，因此中央空调系统在配置水泵时，要求水泵具有随着空调负荷变化而变化的良好的调节性能。

一、水泵的类型与结构

在空调的供、回水系统中输送冷、热媒水和冷却水的系统，普遍使用的水泵是离心式和轴流式两种。

1. 离心式水泵

（1）离心式水泵的分类　通常空调水系统所用的循环泵均为离心式水泵。它按水泵的安装形式来分，有卧式泵、立式泵和管道泵等；按水泵的构造来分，有单吸泵和双吸泵等。

1）卧式泵。卧式泵是最常用的空调水泵，其结构简单，造价相对低廉，运行稳定性好，噪声较低，减振设计方便，维修比较容易，但需占用一定的面积。如图 7-12 所示为卧式离心泵。

2）立式泵。当机房面积较为紧张时，可采用立式泵。由于电动机设在水泵的上部，其高宽比大于卧式泵，因而运行的稳定性不如卧式泵，减振设计相对困难，维修难度比卧式泵大一些，在价格上一般高于卧式泵。如图 7-13 所示为立式单吸离心泵。

3）单吸泵。其特点是水从泵的中轴线流入，经叶轮加压后沿径向排出。它的水力效率不可能太高，运行中存在着轴向推力。这种泵制造简单，价格较低，因而在空调工程中得到了较广泛的应用。

4）双吸泵。它采用叶轮两侧进水，其水力效率高于同参数的单吸泵，运行中的轴向不平衡力也得以消除，水泵的流量较大。这种泵的构造较为复杂，制造的工艺要求高，价格较贵。因此，双吸泵常用于流量较大的空调水系统。如图 7-14 所示为双吸离心泵。

图 7-12　卧式离心泵

图 7-13　立式单吸离心泵

图 7-14　双吸离心泵

（2）离心式水泵的基本结构　离心式水泵的基本结构如图 7-15 所示。

水泵的叶轮一般由两个圆形盖板组成，盖板之间有若干片弯曲的叶片，叶片之间的槽道为过水的叶槽。

（3）离心式水泵的工作过程　离心式水泵叶轮的前盖板上有一个圆孔，即叶轮的进水口，它装在泵壳的吸水口内，与水泵吸水管路相连通。离心泵在起动之前，要先用水灌满泵壳和吸水管道，然后起动电动机带动叶轮和水做高速旋转运动。此时，水受到离心力作用被甩出叶轮，经涡形泵壳中的流道而流入水泵的压力管道，由压力管道而输入到管网中去。与此同时，水泵叶轮中心处由于水被甩出而形成真空，集水池中的水便在大气压力作用下，沿

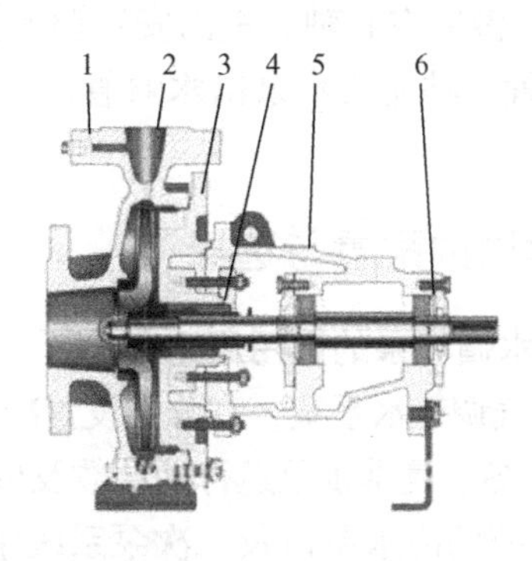

图 7-15　离心式水泵的基本结构

1—泵体　2—叶轮　3—泵盖　4—机械密封　5—悬架部件　6—泵轴

吸水管源源不断地被吸入到泵壳内，又受到叶轮的作用被甩出，进入压力管道形成了离心泵的连续输水过程。

（4）离心式水泵的一般特点

1）水沿离心式水泵叶轮的轴向吸入，垂直于轴向流出，即进出水流方向互成 90°。

2）由于离心式水泵靠叶轮进口形成真空吸水，因此在起动前必须向泵和吸水管内灌注引水，或用真空泵抽气，以排出空气形成真空，而且泵壳和吸水管路必须严格密封，不得漏气，否则形不成真空，也就吸不上水来。

3）由于叶轮进口不可能形成绝对真空，因此离心泵吸水高度不能超过 10m，加上水流经吸水管路带来的沿程损失，实际允许安装高度（水泵轴线距吸入水面的高度）远小于 10m。如安装过高，则不吸水。此外，由于山区比平原大气压力低，因此同一台水泵在山区，特别是在高山区安装时，其安装高度应降低，否则也不能吸上水来。

2. 轴流式水泵

轴流式水泵的基本结构如图 7-16 所示。轴流式水泵的外形很像一根水管，泵壳直径与吸水口直径差不多，既可垂直安装（立式）和水平安装（卧式），也可倾斜安装（斜式）。轴流式水泵主要由以下部件组成。

（1）吸入管　一般采用流线型的喇叭管或做成流道形式。

（2）叶轮　叶轮可分为固定式、半调式和全调式三种。

固定式轴流泵叶片与轮毂铸成一体，特点是叶片安装角度不能调节。

半调式轴流泵叶片用螺母紧固在轮毂体上，在叶片的根部刻有基准线，而在轮毂体上刻有几个相应的安装角度位置线。在使用过程中，如工况发生变化需要进行调节时，可把叶轮卸下来，将螺母松开转动叶片，使叶片的基准线对准轮毂体上某一要求的角度线，然后再把螺母拧紧。装好叶轮即可。

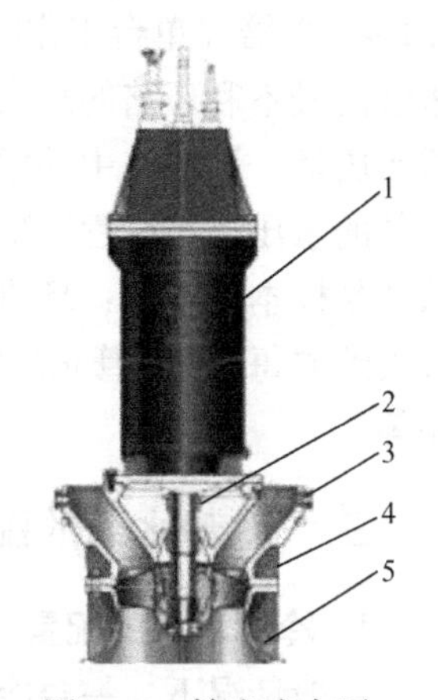

图 7-16　轴流式水泵

1—电动机　2—密封装置　3—导叶　4—叶轮　5—吸入管

（3）导叶　导叶的作用就是把叶轮中向上流出的水流旋转运动变为轴向运动。导叶是固定在泵壳上不动的，水流经过导叶时就消除了旋转运动，把旋转的动能变为压力能。

（4）轴与轴承　泵轴是用来传递转矩的。在大型轴流泵中，为了在轮毂体内布置调节操作机构，泵轴常做成空心轴，里面安置调节操作油管。

(5) 密封装置　轴流式水泵出水弯管的轴孔处需要设置密封装置，通常采用压盖填料型的密封装置。

二、冷冻水泵的配置与选择

1. 空气调节水循环泵的选用原则

1）两管制空气调节水系统，宜分别设置冷水和热水循环泵。当冷水循环泵兼作冬季的热水循环泵使用时，冬、夏季水泵运行的台数及单台水泵的流量、扬程应与系统工况相吻合。

2）一次泵系统的冷水泵以及二次泵系统中一次冷水泵的台数和流量，应与冷水机组的台数及蒸发器的额定流量相对应。

3）二次泵系统的二次冷水泵台数应按系统的分区和每个分区的流量调节方式确定，每个分区不宜少于两台。

4）空气调节热水泵台数应根据供热系统规模和运行调节方式确定，不宜少于两台；严寒及寒冷地区，当热水泵不超过3台时，其中一台宜设置为备用泵。

2. 冷冻水泵的配置

每台冷水机组（或热水器）应各配置一台冷（热）水泵。考虑维修需要，宜有备用水泵，并预先接在管路系统中，可随时切换使用。例如有两台冷水机组时，常配置3台冷（热）水泵，其中一台为可切换使用的备用泵。若冷水机组蒸发器或热水器有足够的承压能力，可将它们设置在水泵的压出段上，有利于安全运行和维护保养。若蒸发器或热水器承压能力较小，则应设在水泵的吸入段上。

3. 冷冻水泵的选择

通常选用比转数为30～150的离心式冷水泵。水泵的流量应为冷水机组额定流量的1.1～1.2倍（单台工作时取1.1，两台并联工作时取1.2）；水泵的扬程应为它承担的供回水管网最不利环路的总水压降的1.1～1.2倍。最不利环路的总水压降，包括冷水机组蒸发器水压降、该环路中并联的各台空调末端装置水压损失最大的一台的水压降、该环路中各种管件的水压降与沿程压降之和。冷水机组蒸发器和空调末端装置的水压降，可根据设计工况从产品样本中查知；环路管件的局部损失及环路的沿程损失应经水力计算求出。在估算时，可大致取每100m管长的沿程损失为6m水柱；管件的局部损失之和可取与环路的沿程损失相等。

三、冷却水泵的配置与选择

1. 冷却水泵的配置

一般情况下，一台冷水机组配置一台冷却水泵。冷却水泵应有备用的，例如两台冷水机组常设三台冷却水泵，其中一台为备用泵，并预先连接在冷却水管路系统中，可切换使用。为利于安全运行和维护保养，冷水机组的冷凝器宜设在冷却水管的压出段上。冷却水泵吸入段应设过滤器。

2. 冷却水泵的选择

冷却水泵的流量应为冷水机组冷却水量的1.1倍；冷却水泵的扬程应为冷水机组冷凝器水压降、冷却塔开式段高度、管路沿程损失及管件局部损失四项之和的1.1～1.2倍。

【典型实例1】水泵的安装方式。

空调水系统中，水泵的安装方式通常有压出式和吸入式两种。吸入式水系统是高层建筑常用的空调水系统方式，其特点是能减小制冷机蒸发器及冷凝器承受的压力，因而被广泛采用。但吸入式系统并不适用于所有情况，如某工程建筑高度为20m，冷、热水机组布置在一楼，冷却塔及膨胀水箱布置在屋顶，采用吸入式系统，因冷冻水、冷却水系统静压仅20m，而冷凝器、蒸发器的阻力损失为14~18m，加上管道系统的阻力，导致循环水泵吸入口处出现负压，从而产生气蚀和水击现象，系统不能正常运行。将吸入式系统改为压出式系统后，水系统恢复正常。

普通制冷机的蒸发器和冷凝器工作压力一般为1MPa，静压小于50m的空调水系统采用压出式系统较合理，不会造成蒸发器和冷凝器承压过大，也不会产生气蚀。当空调水系统静压大于50m时，则采用吸入式水系统，以降低系统的工作压力。

【典型实例2】冬、夏季水泵的选取。

很多空调设计都是冬夏两用的，即随着季节的变化，为盘管供应冷水或热水。冬季热负荷一般比夏季冷负荷小，且空调水系统供、回水温差夏季一般取5℃，冬季取10℃。根据空调水系统循环流量计算公式

$$G = 0.86Q/\Delta T$$

式中 Q——空调负荷（kW）；

ΔT——水系统温差（℃）；

G——水系统循环流量（m^3/h）。

则夏季空调循环水流量将是冬季的2~3倍。假设冬季流量为夏季流量的1/3，系统设计采用双管制系统，即管路特性曲线冬、夏季是一致的，由$H=SQ^2$（H为水泵的扬程管路阻力；S为与管路有关的常数；Q为系统设计流量），得到$H_1/H_2=Q_{12}/Q_{22}$，则冬季水泵流量为夏季的1/3，扬程为夏季的1/9。为节约能源，可考虑设计两组定速泵分别供冬、夏季使用，也可采用调速泵的运行方式。如果设计中冬季用泵和夏季用泵分别设置，并联运行，冬季工况运行低扬程泵，将获得显著的节能效果。如某大厦冬、夏季计算负荷分别为840kW和1002kW，循环水温度夏季为7~12℃，冬季为60~50℃，循环水量夏季为180m^3/h，冬季为80m^3/h，夏季最不利环路损失为230kPa，根据公式$H_1/H_2=Q_{12}/Q_{22}$，可得冬季的最大损失为45.4kPa。现采用两种设计方案：方案一是冬、夏季不同负荷及部分负荷时共用循环水泵，采用三台KQL100/150-11/2型号泵，夏季两用一备，冬季运行时只需一台泵的流量就能满足要求，而水泵的扬程远大于实际所需的压头，只能靠关小阀门来消耗掉；方案二是冬、夏季分设不同的水泵并联，采用阀门切换，此工程冬季用泵可选择KQL80/90-2.2/2型号泵三台，两用一备。

课题四 冷却塔的类型与选择

相关知识

一、冷却塔的类型与结构

冷却塔是利用空气的强制流动使冷却水部分汽化，将冷却水中一部分热量带走，而使水

温下降得到冷却的专用冷却水散热设备。在制冷设备的工作过程中，从制冷机的冷凝器中排出的高温冷却循环水通过水泵送入冷却塔，依靠水和空气在冷却塔中的热湿交换，使其降温冷却后循环使用。按我国不同行业的分类方法，冷却塔可分为如下几种类型。

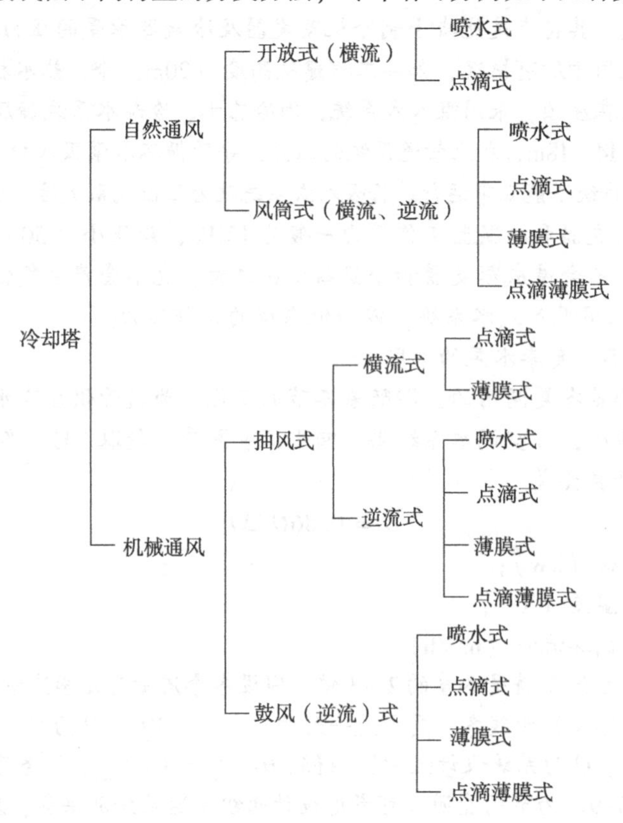

1. 冷却塔的技术术语

(1) 冷却度　水流经冷却塔前后的温差称为冷却度。它等于进入冷却塔的热水与离开冷却塔的凉水之间的温度差。

(2) 冷却幅度　冷却塔出水温度与环境空气湿球温度之差称为冷却幅度。

(3) 热负荷　冷却塔 1h“排放”的热量值称为热负荷。热负荷的大小等于循环水量乘以冷却温差。

(4) 冷却塔压头　冷却水由塔底提升到顶部并经喷嘴所需要的压力称为冷却塔压头。

(5) 漂损　水以细小的液滴形式混杂在循环空气中而造成的少量损失称为漂损。

(6) 泄放　泄放指连续或间接地排放少量循环水，以防止水中化学致锈物质的形成。

(7) 补给　为替补蒸发、漂损和泄放所需补充的水量称为补给。

(8) 填料　冷却塔内使空气和水同时通过并得到充分接触的填充物称为填料，有膜式、松散式、飞溅式之分。

(9) 水垢抑制剂　为防止或减少在冷却塔中形成硬水垢而添加在水中的物质称为水垢抑制剂，常用的有磷酸盐、无机盐、有机酸等。

(10) 防藻剂　为抑制在冷却塔中生成藻类植物而添加在水中的化学物质称为防藻剂，如氯、氯化苯酚等。

2. 自然通风冷却塔的特点

1）开放式冷却塔中的水被冷却的条件与喷水冷却池相似，冷却效果取决于风力和风向，适用于气候干燥，有较大和稳定风速的场合。

2）开放点滴式冷却塔由于有淋水装置，冷却能力比开放式冷却塔高，冷却水量在 $500m^3/h$ 以下。

3）塔式（风筒式）冷却塔中的水冷却，是靠塔内、外空气比重差所造成的通风抽力进行水与空气的热湿交换的，效果较为稳定。

3. 机械通风冷却塔的特点

机械通风冷却塔是依靠风机强迫通风使水冷却的冷却塔，可分为顺流式和逆流式两种，应用最多的是逆流式冷却塔。

机械通风逆流式冷却塔的典型结构如图 7-17 所示。

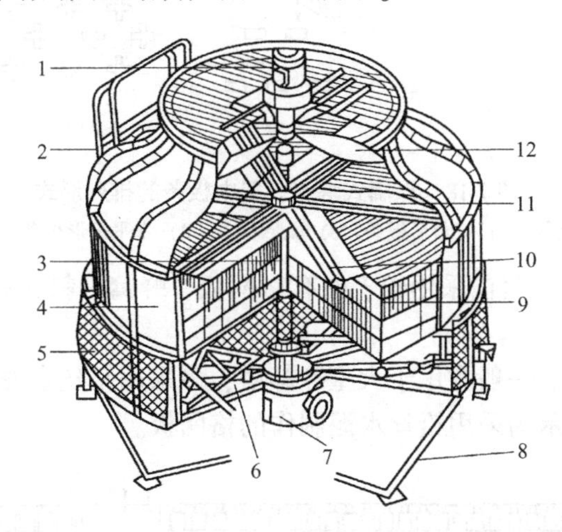

图 7-17　机械通风逆流式冷却塔的典型结构

1—电动机　2—梯子　3—进水立管　4—外壳　5—进风网　6—集水盘
7—进出水管接头　8—支架　9—填料　10—旋转配水器　11—挡水板　12—风机叶片

逆流式冷却塔主要由塔体、风机叶片、电动机和风叶减速器、旋转配水器、淋水装置、填料、进出水管系统和塔体支架等组成。塔体一般由上、中、下塔体及进风百叶窗组成，塔体材料为玻璃钢。风机为立式全封闭防水电动机，圆形冷却塔的风叶直接装在电动机一端。而对于大型冷却塔，风叶则采用减速装置驱动，以实现风叶平稳运转，布水器一般为旋转式，利用水的反冲力自动旋转布水，使水均匀地向下喷洒，与向上或横向流动的气流充分接触。大型冷却塔为了布水均匀和旋转灵活，布水器的转轴上安装有轴承。

逆流式冷却塔的填料多采用改性聚氯乙烯或聚丙烯等，当冷却水温度达到 80℃ 以上时，则采用铅皮或玻璃钢填料。

（1）冷却塔的淋水装置　淋水装置也称冷却填料。进入冷却塔的冷却水流经填料后，溅散成细小的水滴，形成水膜，增加水和空气接触的时间，使水与空气更充分地进行热交换，降低冷却水温。

淋水装置可由不同材料制成不同断面形状，并以不同方式排列。淋水装置按照水喷洒在冷却填料表面所形成的冷却表面形式不同，可分为点滴式、薄膜式和点滴薄膜式三种。

1）点滴式淋水装置。将矩形或三角形的木材、竹材、水泥格网板及塑料板条，按照一定的间距排列成水平布置或倾斜布置的各种形式，冷却水从上层板条落在下层板条上，大水滴被溅散成许多小水滴，增加水滴的散热面积，使水温降低。

点滴式淋水装置中板条的排列形式如图 7-18 所示。

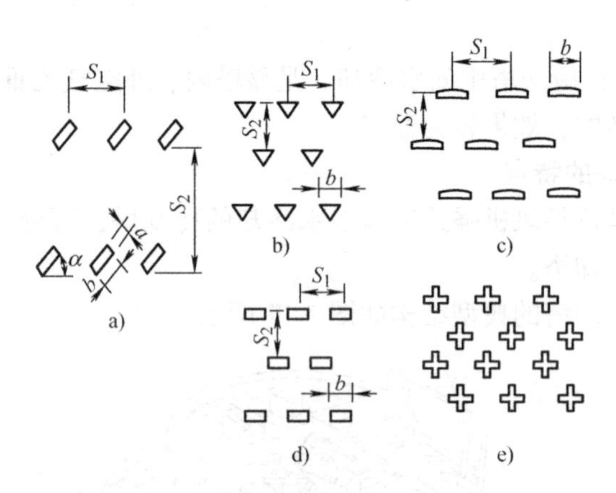

图 7-18　点滴式淋水装置中板条的排列形式

a）倾斜矩形板条　b）三角形板条　c）弧形板条　d）水平矩形板条　e）十字形板条

2）薄膜式淋水装置。目前采用较多的有格网板、蜂窝、斜交错和点波等形式。其散热以水膜为主。

① 格网板淋水装置。一般常用于大型冷却塔，多采用铅丝水泥格网板或用 3mm 塑料板插制格网板。图 7-19 所示为采用铅丝水泥制作的格网板。

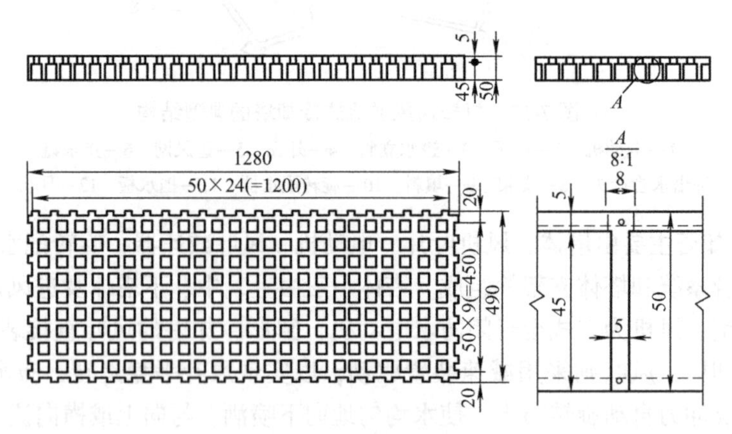

图 7-19　铅丝水泥格网板

② 蜂窝淋水装置。蜂窝淋水装置填料的样式如图 7-20 所示。其蜂窝淋水填料是聚氯乙烯斜管或支管。

③ 斜交错淋水装置。斜交错填料的构造如图 7-21 所示。

将浸渍绝缘纸用酚醛树脂粘接成纸芯，经张拉、浸树脂、烘干固化，制成蜂窝状的淋水板块。斜交错填料的淋水片是由厚 0.4mm 左右的塑料硬片压制成波纹倾

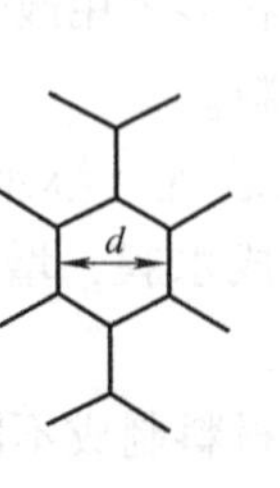

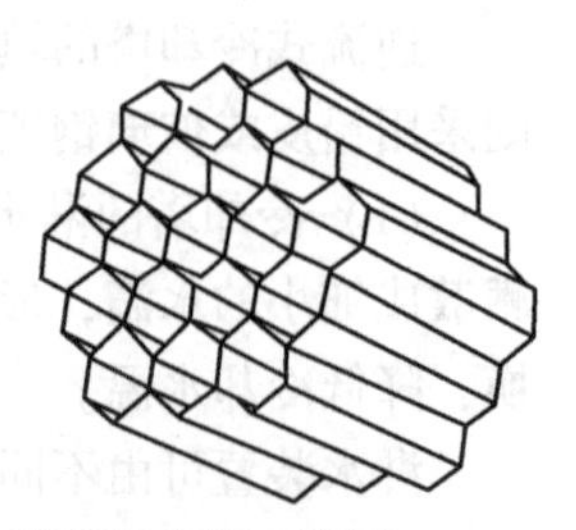

图 7-20　蜂窝淋水装置填料

斜瓦楞板状，然后将30～60片为一组捆成一捆，填充在淋水装置内。相邻两片的波纹反向组装，形成斜交错状波纹。水流在相邻两片的棱背接触点上均匀地分成两股，自上而下多次接触再分配，充分扩散到各个表面，增大散热效果。

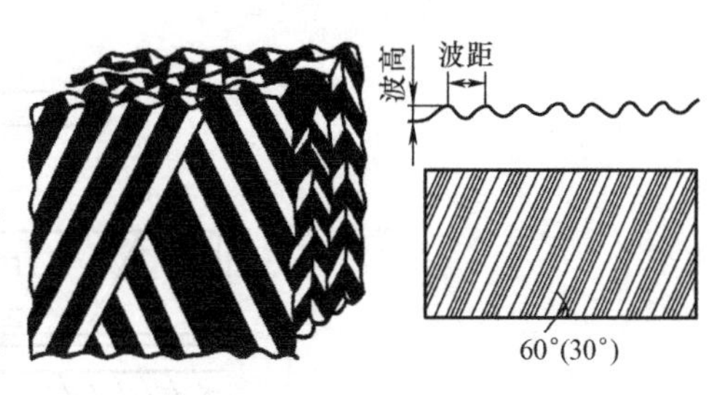

图7-21　斜交错填料

④ 点波淋水装置。其点波片是由0.3～0.5mm厚的塑料硬片压制而成的，呈凹凸波浪状，用铜丝正反串联或黏结成多层的空心体。其上、下、左、右均可相互沟通，使其与冷却水之间的热交换比较充分，冷却效果较好。

3）点滴薄膜式淋水装置。它是由点滴式和薄膜式两种淋水装置组合而成的新型淋水装置。一般冷却塔的上部为点滴式，下部为薄膜式，这将使配水均匀，冷却效率提高。

（2）冷却塔配水装置　配水装置的作用是把冷却水均匀地分配到淋水装置的整个淋水面积上。配水装置有管式、槽式和池式三种。

1）管式布水器。管式配水装置又有固定布水和旋转布水两种类型。

① 固定管式布水器。布水器的布水管一般布置成树枝状和环状，布水支管上装有喷头。喷头前的水压一般控制在0.04～0.07MPa范围内，如水压过低，会使喷水不均匀，反之则会消耗过多的能量。

② 旋转管式布水器。旋转管式布水器如图7-22所示，其进水管从冷却塔底部伸至淋水装置，在管口安装旋转布水管，靠喷头的反作用力来推动一组管子环绕中心轴旋转，并喷洒水滴至淋水装置的配水器上。旋转管式布水器适用于圆形冷却塔。

2）槽式和池式配水器。槽式配水器由配水槽、溅水喷嘴和溢水管等组成，其配水系统如图7-23所示。

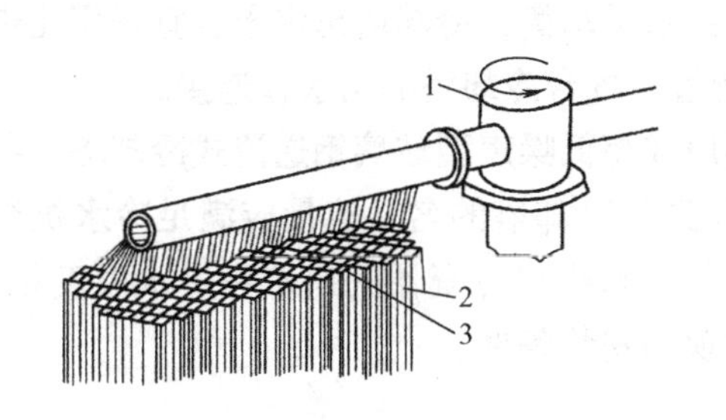

图7-22　旋转管式布水器

1—旋转头　2—填料　3—斜形长条喷水口

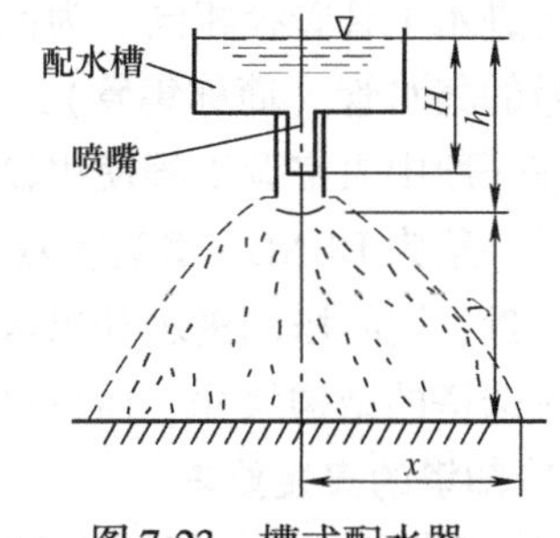

图7-23　槽式配水器

池式配水器由配水池、溢流管和溅水碟等组成，其配水系统如图7-24所示。

槽式和池式配水器的特点是供水压力低，可减少水泵的功耗。

3）冷却塔的通风设备。机械通风式冷却塔中的通风机一般采用轴流式风机，通过调整其叶片的安装角度来调节风压和风量。通风机的电动机多采用封闭式电动机，对其接线端子采取了密封、防潮措施。

4）冷却塔的空气分配装置。空气分配装置对逆流式冷却塔是指进风口和导风板部分；对横流式冷却塔只是指进风口部分。

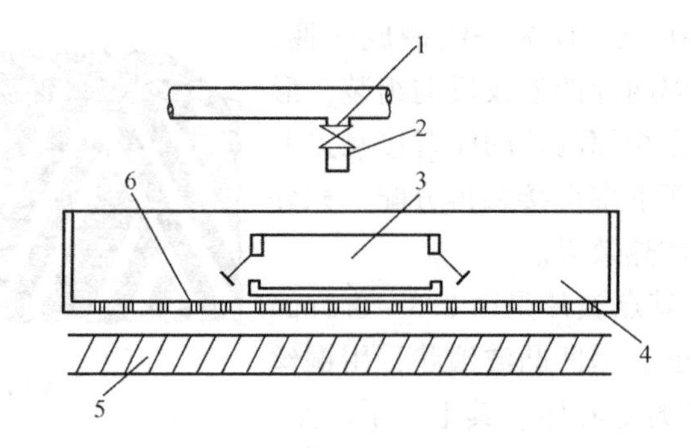

图 7-24　池式配水系统

1—流量控制阀　2—进水管　3—消能箱　4—配水池　5—淋水填料　6—配水孔

进风口的面积与淋水装置的面积比例范围一般为：薄膜式淋水装置为 0.7 ~ 1.0；点滴式淋水装置为 0.35 ~ 0.45。

抽风式和开放式冷却塔的进风口，应朝向塔内倾斜的百叶窗，以改善气流条件，并防止水滴溅出和杂物进入冷却塔内。

5）冷却塔的收水器。收水器的作用是将空气和水分离，减少由冷却塔排出的湿空气带出的水滴，降低冷却水的损耗量。它是由塑料板、玻璃钢等材料制成两折或三折的挡水板。冷却塔内的收水器可使冷却水的损耗量降低至 0.1% ~ 0.4%。

二、冷却塔的应用

1. 冷却塔的选择

一般情况下，一台冷水机组配置一台冷却塔。多台冷却塔并联运行时，各台冷却塔的进水管都应设调节阀，并用均压管（又称平衡管）将各台冷却塔的接水盘连接起来。均压管管径应与进水干管管径相同。为使各台冷却塔出水量均衡，冷却塔出水干管宜采用比进水干管大两号的集水管（简称集管），并用 45°的弯管与各台冷却塔的出水管连接。

现在一般中央空调工程使用较多的是低噪声或超低噪声型玻璃钢逆流式冷却塔，我国产品的代号一般为 DBNL – 水流量数（m^3/h）。初选的冷却塔的名义流量应满足冷水机组要求的冷却水量，同时塔的进水和出水温度应分别与冷水机组冷凝器的出水和进水温度相一致，并校核所选塔的结构尺寸、运行重量是否适合现场安装条件。

2. 冷却塔的安装要求

1）冷却塔入口端与相邻建筑物之间的最短距离不小于塔高的 1.5 倍。

2）冷却塔的安装位置不能靠近变电设备、锅炉房或其他有明火及有腐蚀性气体的场所。

3）冷却塔设置的间距要求如下：

① 逆流式冷却塔间距应大于塔高。

② 横流式冷却塔间距应大于塔高的 1/2。

③ 设置两台以上时，圆形逆流式冷却塔间距应大于塔体的半径；方形逆流式冷却塔间距应大于塔体长度的 1/2。

4）冷却塔基础的要求如下：

① 冷却塔基础最小高度应为30cm，多台冷却塔的基础必须在一个平面内。

② 冷却塔基础要按规定尺寸预埋好水平钢板，各基础面标高应在同一水平面上，标高的误差要求在1mm内，分角中心误差要求在2mm内。

③ 塔体放置应保持水平，在塔体脚座与基础之间应装设避振器。

5）冷却塔基本配管的要求如下：

① 配管管径不得小于冷却塔的出配管出入水管的管径。

② 冷却塔水泵和热交换器之间的出水管上应装控制阀。

③ 冷却塔与水泵之间的管道上应安装水过滤器。

④ 管径大于100mm的配管，在冷却塔与水泵之间的出入水管道上应安装防振接头或防振软接头。

【典型实例】民用建筑冷却塔选型一般选超低噪声逆流冷却塔，逆流冷却塔冷却水与空气逆流接触，热交换率高。当循环水量容积散质系数β_{xv}相同时，其填料容积比横流式要少约20%～30%。对于大流量的循环系统，可以采用横流塔，横流塔高度比逆流塔低，结构稳定性好，有利于建筑物立面布置和外观要求。

冷却塔选型时应考虑一定余地。在工程设计时，一般按制冷机样本所提供的冷却循环水量的110%～115%进行选型。其原因主要有：①冷却塔设计时，湿球温度为28℃，冷水温度为32℃，出水温度为37℃，冷水温度与湿球温度之差为4℃，而某些制冷机参数要求，制冷机进水温度为30℃，对于中南地区，湿球温度一般为27～29℃，冷却后水温难以达到30℃；②考虑到冷却塔布置时受周围环境影响，冷却效果达不到设计要求，如多塔布置湿空气回流的影响，建筑物塔壁、广告牌对气流通畅的影响；③冷却塔自身质量会影响其热工性能，目前国产冷却塔技术含量不高，市场准入条件较低，厂家生产规模不大，质量难以保证，冷却塔在运转一定时间后，出现填料塌陷、配水不均等都影响到冷却效果，在实际工程中经常出现冷却塔出水温度达不到设计参数要求的现象；④降低冷却塔出水温度，有利于制冷机高效运转。空调制冷机组用电量很大，远远高于冷却循环水系统，包括冷却塔风机的用电量。冷却塔选型时适当放大，对于制冷机高效运转，节约运转费用有很多好处。

习　题

一、填空题

1. 中央空调冷冻水系统按照冷媒水的循环方式不同分为________和________。按照冷热水的供应方式不同可分为________、________、________。按空调水系统的回水管布置方式不同可分为________、________。按流量大小可分为________和________。按泵的数量可分为________和________。冷却水系统的供水方式一般可分为________、________、________。

2. 中央空调的供水泵通常有________和________两种。冷却塔主要采用________，其作用是________。

3. 二次泵系统是指冷、热源侧与负荷侧分别________，冷热源侧的水泵称为________。
4. 空调水管网要注意管网的布局，尽量使系统水力平衡，不平衡时适当采用________。
5. 在中央空调水系统中，水过滤器安装在水泵及其他设备的________。
6. 中央空调冷却水系统通常采用循环水系统，冷却水经________时将热量带走，通过________再释放到大气中。

二、选择题

1. 计算管路的（　　），以此作为选择循环泵扬程的主要依据之一。

A. 沿程阻力　　B. 局部阻力　　C. 流量和管径　　D. 沿程阻力和局部阻力

2. 冷冻水、冷却水进出口管路应选用（　　）。

A. 止回阀　　B. 球阀　　C. 蝶阀　　D. 截止阀

3. 由于离心泵靠叶轮进口形成（　　）吸水，因此起动前须向泵和吸水管内灌注引水。

A. 真空　　B. 喷射　　C. 涡旋　　D. 高压

4. 水流需双向流动的管段上，不得使用（　　）。

A. 闸阀　　B. 电动调节阀　　C. 截止阀　　D. 蝶阀

5. 闭式空调冷水系统的阻力包括冷水机组阻力、调节阀阻力、（　　）和管路阻力。

A. 空调末端装置阻力　　B. 风阀阻力

C. 动态阻力　　D. 静态阻力

6. 衡量冷却塔的冷却效果，通常采用的两个指标是（　　）。

A. 冷却水温差和空气温差　　B. 冷却水温差和冷却幅度

C. 冷却水湿球温度和冷却水温差　　D. 冷却水露点温度和冷却水温差

三、简答题

1. 说明同程式和异程式水系统的特征及优缺点。
2. 说明离心泵的工作原理和特点。

附　　录

习题参考答案

绪　论

一、填空题

1. 相对湿度　压力　空调
2. 洁净度　控制的密闭性较好
3. 基准　一定波动范围
4. 供暖　通风

二、判断题

1. ✓　2. ×　3. ×　4. ✓

三、简答题

1. 1931 年，首先在上海纺织厂安装了带喷水室的空气调节系统。随后，在一些电影院和高层建筑的大旅馆也先后设置了全空气式的空调系统。在当时，高层建筑中装有空调，上海是居亚洲之冠的。

20 世纪 50 年代，组合式空调机组广泛应用于纺织工业。1966 年，我国成功研制了第一台风机盘管机组。一些专门生产空调设备的工厂，已能定型化、系列化生产各种空气处理设备和不同规格的空调机组，配用在空调系统上的测量和控制仪表以及控制机构的生产，也有了一定的基础。在全国范围内，从事暖通空调专业的设计、研究和施工队伍，已具有相当的规模。

2. 空气调节对国民经济各部门的发展和对人民物质文化生活水平的提高具有重要意义。在工艺性空调中，为了保证产品的质量和必要的工作条件，形成了各具特点的典型行业，如以高精度恒温恒湿为特征的精密机械及仪器制造业，对空气的洁净度有很高要求的电子工业。在纺织、印刷等工业部门，对空气的相对湿度要求较高，药品、食品工业以及生物实验室，医院病房及手术室等，不仅要求一定的空气温、湿度，而且要求控制空气的含尘浓度及细菌数量。通信、飞机、轮船等均需采用空气调节。

单元一

一、填空题

1. 空气　干空气　水蒸气
2. 温度　压力　焓
3. 摄氏温标　华氏温标
4. 各组成气体分压力
5. 绝对湿度　含湿量
6. 等含湿量线　等温线　等热湿比线
7. 达到饱和状态　未饱和区　过饱和区
8. 越大　相对湿度
9. 连线上　两段　质量
10. 凝结　降低　焓值

二、判断题

1. ×　2. ✓　3. ✓　4. ✓　5. ×　6. ×　7. ×　8. ✓　9. ×　10. ✓

三、应用题

1. $d=9\text{g/kg}$（干），$p_q=14.2\times10^2\text{Pa}$，$h=45\text{kJ/kg}$（干），$p_{qb}=26.2\times10^2\text{Pa}$，$t_S=16℃$。

2. $t_1=14.2℃$，$t_S=16.5℃$。

3. $h_N=40\text{kJ/kg}$（干），$d_N=8\text{g/kg}$（干），$h_W=85\text{kJ/kg}$（干），$d_W=20.2\text{g/kg}$（干）

单元二

一、填空题

1. 历年平均不保证 50h
2. 历年平均不保证 5 天　历年平均不保证 1 天
3. 温度湿度基数　空调精度
4. 24～28℃　18～22℃
5. 40%～65%　40%～60%
6. 送风量
7. 显热　对流热
8. 湿度
9. 总和
10. 热量　冷量

11. 冷负荷 Q　湿负荷 W

12. $\frac{Q}{W}$

13. 大

14. 尽可能大

15. 送风温度

16. 10

17. 30

18. 大

19. 5 ~ 10

20. $\Phi = q_m(h_W - h_N)$

21. 室内设计温度 t_N　送风温度 t_O

22. 不宜大于 10℃　不宜大于 15℃

23. 2 ~ 3℃

24. 30 ~ 40m^3

二、判断题

1. ×　2. ✓　3. ✓　4. ✓　5. ✓　6. ×　7. ×　8. ×　9. ×　10. ×　11. ×
12. ×　13. ✓　14. ✓　15. ✓

三、简答题

1. 室内空气温度、相对湿度和空气流速等室内空气的控制参数是影响人体热舒适性的主要原因。

2. GB 50019—2003《采暖通风与空气调节设计规范》中规定选择下列统计值作为空调室外空气计算参数：

(1) 夏季空调室外空气计算参数：

1) 夏季通风室外计算温度。

2) 夏季通风室外计算相对湿度。

3) 夏季空气调节室外计算干球温度。

4) 夏季空气调节室外计算湿球温度。

5) 夏季空气调节室外计算日平均温度。

(2) 冬季空调室外空气计算参数：

1) 冬季通风室外计算温度。

2) 冬季空气调节室外计算温度。

3) 冬季空气调节室外计算相对湿度。

3. 答：空调房间内的热负荷主要由下述因素构成：

1) 通过围护结构传入的热。

2) 通过外窗进入的太阳辐射热。

3) 人体散热。

4）照明散热。

5）设备、器具、管道及其他内部热源的散热。

6）食品或物料的散热（非饭店、宴会厅一类的民用建筑可不计）。

7）渗透空气带入的热。

8）伴随各种散湿过程产生的潜热。

4. 答：空调房间的自然湿量来源有室内湿源散发的湿量和室外空气渗透带入的湿量两类，统称为散湿量，主要包括：

1）人体散湿量（包括呼吸和汗液蒸发向空气散发的湿量）。

2）渗透空气带入的湿量。

3）化学反应过程的散湿量。

4）各种潮湿表面、液面或液流的散湿量。

5）食品或其他物料的散湿量。

6）设备散湿量。

5. 答：选定送风温差 Δt_0 之后，即可按以下步骤确定送风状态和计算送风量：

1）在 h-d 图上确定出室内状态点 N。

2）根据算出的 Q 和 W 求出热湿比 $\varepsilon = Q/W$，作出过 N 点的热湿比线 ε。

3）根据所取定的送风温差 Δt_0 求出送风温度 t_0，t_0 等温线与过程线 ε 的交点 O 即为送风状态点。

4）按公式计算送风量。

6. 为了保证空调效果，需要对空调房间的最小送风量给予保护，一般是通过规定房间换气次数来体现的，舒适性空调的房间换气次数不宜少于 5 次/h，但高大空间的换气次数应按其冷负荷通过计算确定。

7. 空调系统的夏季送风温差，不仅影响房间的温、湿效果，而且是决定空调系统经济性的主要因素之一。送风温差加大一倍，系统送风量可减少一半，系统材料消耗和投资减少约 40%，而动力消耗也可减少约 50%；送风温差在 4 ~ 8℃范围内每增加 1℃，风量可减少 10% ~ 15%。因此，设计规范要求在满足舒适性和工艺性的要求下，应尽量加大送风温差。

8. 1）满足室内空气卫生要求。

2）补充局部排风量。

3）保证房间的正压要求。

9. 实际工程中，按照第 8 题三条要求确定出新风量中的最大值作为系统的最小新风量。若以上三项中的最大值仍不足系统送风量的 10%，则新风量应按总送风量的 10% 计算，以确保卫生和安全。

单元三

一、填空题

1. 对空气进行加热、冷却或加湿、减湿

2. 水　水蒸气　制冷剂　液体吸湿剂　固体吸湿剂

3. 接触式热、湿处理设备　表面式热、湿处理设备
4. 溶液表面的水蒸气分压力差
5. 表面式换热器
6. 等湿加热过程（简称加热过程）　等湿冷却过程（又称为干冷过程）　减湿冷却过程
7. 空气侧的传热面积
8. 减湿冷却过程或称湿冷过程　潜热交换
9. 边界层空气温度低于主体空气温度，但高于或等于主体空气的露点温度
10. 蒸汽加湿　水加湿　雾化加湿
11. 等温加湿过程　气态的水
12. 等焓加湿
13. 超声波振子（又称振动子、雾化振动头）
14. 通风减湿　升温减湿　冷却减湿　液体吸收减湿　固体吸湿剂减湿　转轮减湿
15. 静态减湿　动态减湿
16. 吸湿区　再生区　氯化锂转轮　硅胶转轮　分子筛转轮
17. 喷嘴　挡水板　外壳和排管　底池
18. 加热　冷却　加湿　减湿　空气净化能力
19. 自流回水式水系统　压力回水式水系统
20. 减湿冷却（或冷却干燥）　等湿冷却　减焓加湿（或冷却加湿）　等焓加湿（或绝热加湿）　增焓加湿　等温加湿　升温加湿

二、选择题

1. D　2. C　3. A　4. B　5. D　6. D　7. A　8. B　9. B　10. C
11. D　12. B　13. D　14. C　15. A

三、简答题

1. 接触式热、湿处理设备在与空气进行热、湿交换时，介质直接与空气接触，既可以实现热交换又可以实现湿交换；而表面式热、湿处理设备在与空气进行热、湿交换时，其介质不与空气直接接触，只通过金属表面进行热、湿交换过程，就能实现空气的状态变化。只有当壁面的温度低于空气的露点温度时，才能进行降温减湿处理。若壁面温度高于空气露点温度，则没有湿交换，只能进行热交换。

2. 水既能直接与空气进行热、湿交换，又能间接与空气进行热、湿交换；水蒸气可以直接喷入空气中（传质过程），对空气进行加湿处理，也可以通过换热器间接与空气接触（传热过程）进行加热；制冷剂要借助换热器才能与空气进行热、湿交换；液体吸湿剂、固体吸湿剂可与空气进行热、湿交换。

3. 表面式换热器的热湿交换是依靠主体空气与紧贴换热器外表面的边界层空气之间的温差和水蒸气分压力差作用进行的。当边界层空气温度高于主体空气温度，将发生等湿加热过程；当边界层空气温度低于主体空气温度，但高于或等于主体空气的露点温度，将发生等湿冷却过程或称干冷过程（干工况）；当边界层空气温度低于主体空气的露点温度时，将发

生减湿冷却过程或称湿冷过程（湿工况）。

4. 饱和蒸汽从管道进入加湿器套管后，其中极少量蒸汽由于热交换（套管直接与空气接触）产生冷凝，凝结水随蒸汽进入蒸发室，在惯性、蒸发室扩容及挡板的共同作用下，凝结水被分离出来排出。蒸发室蒸汽通过顶部控制器进入干燥室，由于干燥室绝大部分处于蒸发室的高温包围之中，即使进入干燥室的蒸汽中还残留少量的凝结水，也会在干燥室高温壁面的作用下发生二次汽化，从而保证进入加湿喷管中的蒸汽为干蒸汽。最后，干燥后的蒸汽经设有消声设施（通常是金属网）的喷管上的加湿孔喷出。

5. 超声波加湿器利用超声波振子（又称振动子、雾化振动头）以 170 万次/s 的高频电振动把水破碎成微小水滴（平均粒径 3 ~ 5μm），然后扩散到空气中。

其特点是体积小、加湿强度大、加湿迅速、水滴颗粒小而均匀；控制性能好，水的利用率高；耗电量少；即使在低温下也能对空气进行加湿，不仅增温效果好，同时还可产生大量的负离子。但其价格较昂贵，对超声波振子的维护保养要求较高，必须使用软化水或去离子水。

6. 固体吸湿剂减湿的原理是：由于毛细孔的作用，使毛细孔表面上的水蒸气分压力低于周围空气中的水蒸气分压力，在这个分压力差的作用下，空气中的水蒸气被吸附，即水蒸气向毛细孔的空腔扩散并凝结成水，使空气减湿，同时水蒸气冷凝时放出的汽化热又加热了空气，减湿前后空气的焓不变，而温度升高了。

最适宜于要求空气既要干燥、又需要加热的场合。

7. 转轮减湿机的工作原理：转轮旋转时，需要减湿处理的空气由转轮一侧进入吸湿区，其所含水蒸气即被处于这个区域中的吸湿材料吸收或吸附，使空气得到干燥。与此同时，经过再生加热器加热的高温空气（再生空气）由转轮的另一侧进入转轮的再生区，将处于这个区域内的吸湿材料所含的水分汽化后带走，使吸湿材料获得再生，随着转轮旋转进入吸湿区进行循环吸湿。

结构示意图略。

8. 硅胶的吸水能力有一定限制。随着吸收水量的增加，其吸湿能力逐步达到饱和，最终失去吸水能力，称为失效。当硅胶失效后需再生，方法是用 150 ~ 180℃ 的热空气加热，将硅胶吸附的水分蒸发出去，使失去吸水能力的硅胶再生。

9. 喷水室处理空气的基本工作过程是：当被处理的空气以一定的速度（一般为 2 ~ 3m/s）经过前挡水板进入喷水空间时，借助喷嘴喷出的高密度小水滴与空气直接接触，进行热、湿交换。根据所喷水温的不同，与空气进行热、湿交换的过程也不同，可以使空气状态发生相应变化，达到所需的处理效果。交换过的空气经过后挡水板流走，从喷嘴喷出的水滴完成与空气的热湿交换后落入底池中，再由循环水系统循环使用。

10. 空调工程中，一般把温度高于被处理空气初态湿球温度的水称为热水，反之称为冷水，等于该湿球温度的水则称为循环水。

11. 喷水室主要由喷嘴、挡水板、外壳和排管、底池及其附属设施等部件构成。

喷嘴用于将水喷射成雾状，增加水与空气的接触面积，使它们更好地进行热湿交换。

挡水板分为前挡水板和后挡水板。前挡水板可防止水滴溅到喷水室之外，并能使进入喷水室的空气均匀分布；后挡水板设置在喷水室出口前，作用是分离空气中夹带的水滴，阻止混合在空气中较大的水滴进入管道和空调房间。

外壳具有良好的防水和保温作用，并支撑和保护其他部件。喷嘴排管的作用是布置喷嘴。

底池用来收集喷淋水，底池中的滤水器、供水管、补水管、溢水管、循环水管、三通阀等组成循环水系统。

12. 用喷水室可对空气实现的处理过程有：减湿冷却、等湿冷却、减焓加湿、等焓加湿、增焓加湿、等温加湿、升温加湿等。

13. 喷水室的水系统包括天然冷源水系统和人工冷源水系统，人工冷源水系统又包括自流回水式水系统和压力回水式水系统。

单元四

一、填空题

1. 一般　中等　超净

2. 重力作用　扩散作用　筛滤作用　惯性（或称撞击）作用　静电作用。

3. 过滤效率　穿透率　净化系数

4. 初效过滤器　中效过滤器　亚高效过滤器　0.3μm 级高效过滤器　0.1μm 级高效过滤器（又称超高效过滤器）

5. 过滤灭菌法　加热灭菌法　紫外线灭菌法　臭氧灭菌法　喷药灭菌法

6. 通风法　洗涤法　吸附法

二、判断题

1. ×　2. √　3. √　4. √　5. ×　6. √　7. ×　8. ×　9. √　10. √　11. √
12. √

三、简答题

1. 浸油过滤器属于初效过滤器，它只起到初步净化空气的作用，容尘量大，但效率低。由于滤料浸油空气会带油雾，并且需要时常清洗或更换滤芯，价格较高。

干式过滤器的应用范围很大，空气不会带油雾，因此可用于从初效到高效的各类过滤器。

静电过滤器的过滤效率在初效和中效之间，滤尘效率高、空气阻力小、积尘对气流的阻碍小，但需要高压直流电，故价格较贵，一般用于回收贵重金属以及有超净净化要求的特殊空调场合，并且积在集尘板上的灰尘还要定期清洗，清洗后需烘干再用。

2. 对于一般洁净度要求的房间，只选用一道初效过滤器进行初步净化即可。对于中等净化要求的房间，选用初效、中效两道过滤器。对于有高洁净度要求的房间，则至少要选用初效、中效、高效三道过滤器。在进风方向上设置初效和中效过滤器进行预过滤，滤掉较大的尘粒，可以起到保护高效过滤器的作用。高效过滤器一般安装在靠近出风口处，以避免风道对空气再污染。为了防止在进风中带有油，初效过滤器最好不选用浸油式。

3. 空气离子化处理是指为改善空气的品质，增加室内空气中的负离子含量，用人工方法产生负离子，使空气增加带电微粒的过程，即利用电晕放电、紫外线照射或利用放射性物质使空气电离的过程。

空气调节器中比较常用的空气离子化处理方法是电晕放电法。

单元五

一、填空题

1. 集中式空调系统　半集中式空调系统
2. 全空气系统　空气　水系统
3. 封闭式系统　混合式系统
4. 空气处理设备　回风设施　采集新风设施
5. 回风设施　冷热源设施　排放冷凝水设施
6. 冷却器　加湿器
7. 专用的空调机房　送风管
8. 定风量式　变风量式
9. 一次回风式　二次回风式
10. 规模　气象条件　参数要求

二、判断题

1. ×　2. ×　3. ×　4. ×　5. ✓　6. ×　7. ✓　8. ×　9. ✓　10. ✓

三、简答题

1. 中央空调常用的分类方法有按空气处理设备的设置情况分类、按负担室内负荷所用介质分类、按风管中的风速分类、按处理空气的来源分类等。

按空气处理设备的设置情况不同，中央空调系统可分为集中式系统、半集中式系统、集中冷却的分散型机组系统和全分散式系统。按负担室内负荷所用的介质不同，中央空调系统可分为全空气系统、全水系统、空气—水系统、制冷剂式系统；按风管中空气流动速度不同，空调系统可分为低速空调系统和高速空调系统；按处理空气的来源不同，可分为封闭式空调系统、直流式空调系统、混合式空调系统。

2. 风机盘管是风机盘管空调机组的简称，从结构形式看，风机盘管有立式、卧式、嵌入式和壁挂式等；从外表形状看，可分为明装和暗装两大类。风机盘管主要由风机、肋片管式水—空气换热器和接水盘等组成。

3. 回风与新风在表面式冷却器（或喷水室）混合后，经处理直接达到送风状态的集中式系统，称为一次回风式系统。其流程图为：

一次回风空调系统夏季空气处理过程为

$$\left.\begin{matrix} W \\ N \rightarrow N' \end{matrix}\right\rangle \rightarrow C \rightarrow L \rightarrow S \rightarrow N$$

室外新风状态 W 与室内一次回风状态 N'（由于考虑回风温升 $N \rightarrow N'$）混合后（混合点为 C），用表面式换热器（或喷水室）的一个减湿冷却到送风状态点 S 的机器露点，然后用

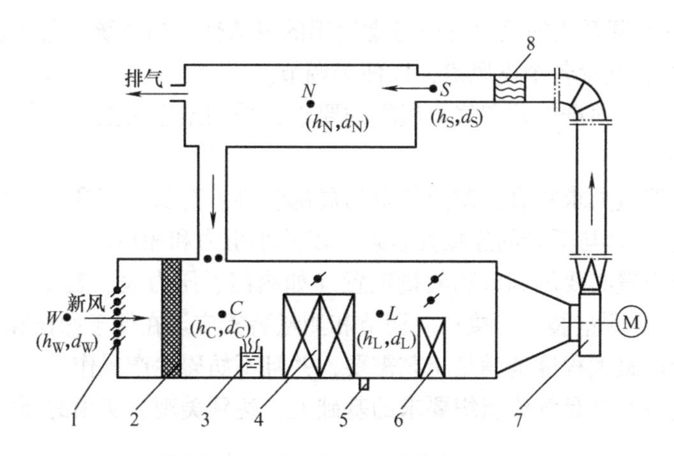

附图-1　一次回风空调系统流程图

1—新风口　2—过滤器　3—电极加湿器　4—表面式换热器　5—排水口　6—二次加热器　7—风机　8—精加热器

二次加热器来等湿加热到送风状态点 S，将 S 状态的空气送到房间，消除余热余湿达到室内要求状态点 N。

单元六

一、填空题

1. 侧送风口　散流器　喷射式风口　孔板送风口　旋流送风口
2. 侧送侧回式　上送下回式　上送上回式　下送上回式　中送风式
3. 镀锌薄钢板风管　无机玻璃钢风管　复合玻纤板风管　纤维织物风管
4. 离心式　轴流式
5. 辐射

二、选择题

1. B　2. D　3. C　4. B　5. A　6. C　7. A

三、简答题

1. 1）仔细了解需选用的风机的用途，被输送流体的状况，管路布置及安装的条件与要求。

2）根据工程要求，合理确定所需的最大流量与最大压头。

3）根据用途选用适当的风机类型。

4）根据已确定的流量、压头，利用产品样本或设备手册所提供的产品性能及性能曲线，选择风机的大小。

5）根据具体情况，考虑是否需要采用机组并联或串联的工作方式。风机一般应尽量避免并联或串联工作。

6）确定风机的型号时，要同时确定它的转速、配用电动机型号、功率、传动方式及带轮大小等。风机的进出口方向应与管路系统相配合，其噪声不应超过工程所允许的值。

7）进行初投资、运行管理费用的综合经济和技术比较，力求选择最合理的风机。

2. 1）在布置空调系统的风道时应考虑使用的灵活性。当系统服务于多个房间时，可根据房间的用途分组，设置各个支风道，以便于调节。

2）风道的布置应根据工艺和气流组织的要求，采用架空明敷设，也可以暗敷设于地板下、内墙或顶棚中。

3）风道的布置应力求顺直，避免复杂的局部管件。弯头、三通等管件应安排得当，管件与风管的连接、支管与干管的连接要合理，以减小阻力和噪声。

4）风管上应设置必要的调节和测量装置（如阀门、压力表、温度计、风量测定孔、采样孔等）或预留安装测量装置的接口。调节和测量装置应设在便于操作和观察的地方。

5）风道布置应最大程度地满足工艺需要，并且不妨碍生产操作。

6）风道布置应在满足气流组织要求的基础上，达到美观、实用的原则。

单元七

一、填空题

1. 开式系统　闭式系统　两管制　三管制　四管制　同程式回水方式　异程式回水方式　定流量水系统　变流量水系统　单式泵系统　复式泵系统　直流式　混合式　循环式

2. 离心式　轴流式　机械通风冷却塔　利用空气的强制流动，使冷却水部分汽化，将冷却水中一部分热量带走，而使水温下降，得到冷却的专用冷却水

3. 设置水泵　一次水泵

4. 平衡阀

5. 入口端

6. 冷凝器　冷却塔

二、选择题

1. D　2. D　3. A　4. C　5. A　6. B

三、简答题

1. 同程式回水方式：供、回水干管中的水流方向相同，经过每一环路的管路长度相等。由于经过每一并联环路的管长基本相等，如果通过1m长管路的阻力损失接近相等，则管网的阻力不需调节即可保持平衡。所以系统的水力稳定性好，流量分配均匀。异程式回水方式：供、回水干管中的水流方向相反，每一环路的管路长度不等。该方式的优点是管路配置简单，不需回程管，节省管材，但是由于各并联环路的管路总长度不相等，存在着各环路间阻力不平衡的现象，从而导致了流量分配不均。

2. 离心泵在起动之前，要先用水灌满泵壳和吸水管道，然后起动电动机带动叶轮和水做高速旋转运动，此时水受到离心力作用被甩出叶轮，经涡形泵壳中的流道而流入水泵的压力管道，由压力管道而输入到管网中去。与此同时，水泵叶轮中心处由于水被甩出而形成真空，集水池中的水便在大气压力作用下，沿吸水管源源不断地被吸入到泵壳内，又受到叶轮的作用被甩出，进入压力管道形成了离心泵的连续输水过程。

参考文献

[1] 邢振禧．空气调节技术与应用［M］．北京：高等教育出版社，2002.

[2] 赵继洪．中央空调运行与管理技术［M］．北京：电子工业出版社，2013.

[3] 周皞．中央空调施工与运行管理［M］．北京：化学工业出版社，2007.

[4] 徐德胜，韩厚德．制冷与空调——原理·结构·操作·维修［M］．上海：上海交通大学出版社，1998.

[5] 付小平，杨洪兴，安大伟．中央空调系统运行管理［M］．北京：清华大学出版社，2008.

[6] 吴继红，李佐周．中央空调工程设计与施工［M］．北京：高等教育出版社，2009.

[7] 李援瑛．中央空调操作与维护［M］．北京：机械工业出版社，2008.

[8] 冯玉琪，卢道卿．实用空调制冷设备维修大全［M］．北京：电子工业出版社，1997.

[9] 张伯虎．从零开始学制冷设备维修技术［M］．北京：国防工业出版社，2009.

[10] 徐勇．空调与制冷设备安装技术［M］．北京：机械工业出版社，2013.

[11] 谢晶，陈维刚．中央空调技师手册［M］．上海：上海交通大学出版社，2013.

[12] 姜湘山．暖通空调工程施工——专业技能入门与精通［M］．北京：机械工业出版社，2009.

[13] 余克志．制冷空调施工技术［M］．北京：机械工业出版社，2013.